Scala 程序设计

Scala PROGRAMMING

智酷道捷内容与产品中心　编著

中国铁道出版社有限公司

CHINA RAILWAY PUBLISHING HOUSE CO., LTD.

内 容 简 介

本书循序渐进地介绍了 Scala 编程语言的相关知识，共分为 10 章，首先详细介绍了 Scala 的一些基础知识，然后进一步介绍了 Scala 的数据类型、基本运算、内建控制、类和对象、自适应类型和函数等知识；另外，本书还介绍了 Scala 继承和多态、权限和集合、映射和模式匹配等，并系统地介绍了如何与 Java 进行互操作。本书案例简便易学，实用性强。

本书适合作为高等院校计算机相关专业程序设计课程的教材，也可作为 Scala 技术的培训用书。

图书在版编目（CIP）数据

Scala 程序设计/智酷道捷内容与产品中心编著 . —北京：中国铁道出版社有限公司 , 2021.2（2024.6重印）

ISBN 978-7-113-27611-9

Ⅰ. ① S… Ⅱ. ①智… Ⅲ. ① JAVA 语言 – 程序设计 Ⅳ. ① TP312.8

中国版本图书馆 CIP 数据核字（2021）第 000458 号

书　　名：Scala 程序设计
作　　者：智酷道捷内容与产品中心

策　　划：汪　敏　　　　　　　　　　　　编辑部电话：（010）51873135
责任编辑：汪　敏　包　宁
封面设计：尚明龙
责任校对：苗　丹
责任印制：樊启鹏

出版发行：中国铁道出版社有限公司（100054，北京市西城区右安门西街 8 号）
网　　址：https://www.tdpress.com/51eds/
印　　刷：三河市宏盛印务有限公司
版　　次：2021 年 2 月第 1 版　　2024 年 6 月第 6 次印刷
开　　本：850 mm×1 168 mm　1/16　印张：17.5　字数：466 千
书　　号：ISBN 978-7-113-27611-9
定　　价：48.00 元

前 言

很少有一门语言能够像 Scala 这样，因为成为大数据框架 Spark 的核心和首选开发语言而爆发式地普及起来的。据 Spark 官方统计，2014 年和 2015 年全世界范围内基于 Spark 开发采用最多的语言一直都是 Scala。另外，在大数据领域越来越多的其他技术框架，例如 Kafka 等也都把 Scala 作为实现和开发语言。因此，为了奠定大数据领域学习的基础，本书以实战为主导，以实战与理论相结合的方式来帮助读者学习 Scala 语言。

本书是由直接参与 Scala 研发的一线工程师编写的，因而对 Scala 原理的解读和应用更加值得信赖，目的是让读者能够全面理解和掌握 Scala 编程语言的核心特性，并能够深入理解 Scala 语言在设计取舍背后的动因。书中案例简便易学，实用性强，通过阅读本书，读者能够获得所需，成为一名合格的 Scala 程序员。

本书是为想要快速学习或者正在学习 Scala 编程语言的读者编写的，循序渐进地介绍了 Scala 编程语言的知识。 本书共分 10 章，首先详细介绍了 Scala 的一些基础知识，并和 Java 中的相关概念进行了对比学习，以方便读者快速掌握 Scala；然后进一步介绍了 Scala 的数据类型、基本运算、内建控制、类和对象、自适应类型和函数等知识，以及与 Java 的一些差异，方便读者编写出更简洁的代码；另外，本书还介绍了 Scala 继承和多态、权限和集合、映射和模式匹配等，并系统地介绍了如何与 Java 进行互操作。阅读本书不需要读者熟悉 Scala 和 Java 编程语言，但如果读者具备一些 Java、面向对象编程的背景知识，则更为理想。

通过大量实例，本书可以帮助读者更好地巩固所学知识，提升自己的编程能力；扫描书中的二维码，读者可以获得更多学习资源和技术支持，如教学视频、案例源代码、教师指导手册、教学 PPT、教学设计及其他资源等，还有和每章内容配合使用的 10 套作业和难易程度不同的 3 套试卷，以方便读者学习。

本书由北京智酷道捷教育科技有限公司组织多名一线 Scala 研发工程师联合编写，书中案例皆为当下流行的项目案例，极具参考价值，既可作为高等院校本、专科计算机相关专业的程序设计教材，也可作为 Scala 技术的培训图书。由于时间有限，书中难免有疏漏及不足之处，敬请广大读者批评指正！

编 者

2020 年 10 月

目 录

Scala 入门与基础

学习目标

- 了解 Scala 的发展和关键特性。
- 了解 Scala 的应用场景。
- 掌握 Scala 的安装和环境配置。
- 掌握 Scala 的编译原理与运行。
- 掌握 Scala 的解释器（REPL）和命令行编程技巧。
- 掌握 Scala 的标识符、命名规范、注解和换行符、常量与变量等。

本章主要讲解 Scala 的入门与基础，包括 4 部分内容：第 1 部分介绍何为 Scala 以及 Scala 的特点和应用；第 2 部分讲解 Scala 的环境配置和安装；第 3 部分讲解 Scala 的编译和运行；第 4 部分讲解 Scala 的基础语法。

1.1 Scala 的简介、特点和应用

1.1.1 为什么选择 Scala

为什么要学习 Scala 这门语言呢？

首先，业界两位技术大牛对 Scala 语言的评价非常高。第一位是 Java 之父 James Gosling，他在一次参加 JavaOne 会议期间被人问到除了 Java 之外，还会在 Java 虚拟机（JVM）上运行或者使用哪种语言，他脱口而出的答案就是 Scala，足见 Scala 语言在他心目中的地位。另一位是 Groovy 语言（Groovy 也是运行在 JVM 上的一门语言）的创始人 James Strachan，他认为将来可能代替 Java 的就是 Scala，他甚至说如果有人在 2003 年把 Martin Odersky、Lex Spoon 以及 Bill Venners 编写的那本 *Programming in Scala* 拿给他看的话，Groovy 语言很有可能就不会诞生了。因为在他看来，拥有众多出色特性的 Scala 语言不仅跟 Groovy 语言十分相似，而且还优于 Groovy 语言。

其次，使用 Scala 语言的程序员能够获得令人满意的收入。根据国外知名 IT 网站 Stack Overflow 2019 年关于编程语言薪酬排行开发者调查报告得出的数据，Scala 入选了全球前十大收入最高的编程语言排名，如图 1-1 所示。

不过这个收入与地域之间是有很大区别的。从图中可以看出，Scala 语言在全球范围内的薪酬收入排在第四；但在美国，Scala 语言的收入最高，年薪达到了 143k 美元，其次是 Clojure 语言（年薪 139k 美元）；在印度，Clojure 和 Rust 语言的收入最高；在国内，Scala 语言的整体薪水比 Go 语言略

高一些，大部分月薪集中在人民币 20~50k 元。我们学习一门语言，很重要的一点就是为了找到薪资具有竞争力的工作，所以 Scala 自然是不二之选。

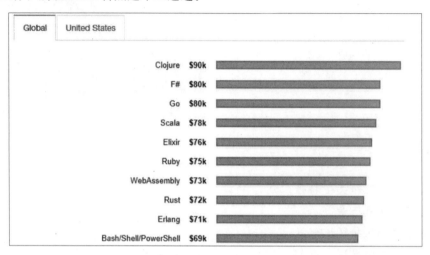

图 1-1　全球收入前十的编程语言

1.1.2　何为 Scala

● 视 频

Scala 的介绍

Scala 是 Scalable Language 的缩写，它是一门多范式的编程语言。Scala 最早由瑞士洛桑联邦理工学院（EPFL）的 Martin Odersky 于 2001 年基于 Funnel（Funnel 是把函数式编程思想和 Petri 网相结合的一种编程语言）的工作开始设计，并于 2003 年底、2004 年初发布 Java 平台的 Scala。.NET 平台的 Scala 发布于 2004 年 6 月，Scala v2.0 发布于 2006 年 3 月。

Scala 是一门将函数式编程和面向对象相结合的语言。这一点需要重点了解，下面分别进行讲解。

1．Scala 是一门纯面向对象的语言

众所周知，Java 是一种面向对象编程的语言，但 Java 中，Java 的基本类型、静态字段还有它的方法都不属于对象，这从某种程度上背离了面向对象这个编程的理念，因此限制了 Java 的可伸缩性（Scalable）。而 Scala 是一个纯面向对象的语言，它比 Java 更面向对象，Scala 将基本类型、方法都当作一个对象去处理。另外，Scala 没有静态成员，它采用单例对象来实现与 Java 静态成员同样的功能。即使是 +、-、*、/ 等操作符，Scala 也认为是一个方法的调用。

2．Scala 的函数式编程

函数式编程最主要有两个特性，下面简单介绍一下。

- 第一个特性就是在函数式编程中，函数的地位与整型、字符串等一样，它可以作为一个参数传给另一个参数，也可以作为一个方法的返回值，同时也可以把一个函数赋给一个变量。在 Java 1.7 之前，是没有函数这个概念的；在 Java 1.8 之后，出现了 Lambda 表达式，才引入了函数式编程的概念。

- 第二个特性就是函数式编程这个方法不应该有副作用。也就是说一个函数，在给定了一定的输入后，就应该用这个输入和算法来计算一个结果，整个中间过程中不应该有 IO，不应该改变对象的状态，也不应该去改变参数值。例如一个函数求和，这个函数的参数是 x 和 y，那算法就应该是 x+y，而不应该出现在计算 x+y 的同时，又去读取文件或者传输网络的算法。这都是不

符合函数式编程思想的, 也就说明函数是有副作用的, 在整个函数式编程中, 一般情况下, 要求这个函数的 80% 是没有副作用的, 剩下的 20% 也就是在上层应用上, 允许这个函数可以做一些像 IO、业务上的处理。

1.1.3 Scala 的面向对象和函数式编程示例

视频 ●……

Scala 编程
演示

上面讲解了 Scala 的两个主要特性——面向对象和函数式编程, Scala 的学习就是围绕这两个特性进行的。

先看第一个特性——面向对象编程。面向对象其实就是说所有成员都可以看作一个对象, 而所有这些成员产生的行为或者是操作都可以看作方法的一次调用, 下面举例说明。

(1) 在 Scala 的解释器中输入 1+3 并按【Enter】键, 可以看到得出了结果 4, 如图 1-2 所示。这里的 + 是操作符, 也就是说在 Java 中, 1+3 实际上是一个操作符的运算。

图 1-2　求 1+3 的结果

(2) 而在 Scala 中这个 1+3, 实际上是一个方法的调用。Scala 通过"对象.方法名 + 方法的参数"这种形式调用一个方法, 所以尝试是否可以按照这种方式去写。在 Scala 的解释器中输入 1.+(3) 并按【Enter】键, 发现同样得到了正确的结果 4, 如图 1-3 所示。在 Scala 中, 认为 1 是一个对象, 调用的方法名是 +, 方法的参数是 3。

图 1-3　通过方法调用的形式求 1+3 的值

通过以上例子, 可以得出两点结论: 第一, Scala 把基本类型看作一个对象, 所以它能用对象调用方法的方式; 第二, 所有操作实际也是一个方法的调用。也就是说, 在 Scala 中, 1+3 实际调用的就是整型的加号这个方法, 而 1+3 是 Scala 的一个语法糖。

检验一下 Scala 是否可以将整型基本类型看成对象。在 Scala 的解释器中输入 2.toString 并按【Enter】键, 可以看到显示出正确的结果 2, 如图 1-4 所示, 这又一次验证了 Scala 是把基本类型看作一个对象, 它调用的实际是一个整型的 toString 方法。

```
scala> 1.+(3)
res1: Int = 4

scala> 2.toString()
res2: String = 2
```

图 1-4   验证了 Scala 将整型基本类型也看成对象

相信通过上面的例子，大家就能够理解面向对象的一些特性了，总之，在 Scala 中，一切皆对象，Scala 是一个纯面向对象编程的语言。

前面讲解过，在函数式编程中，可以把函数赋给一个变量，下面举例说明。

（1）定义一个两个整数求和的函数，并将函数赋给变量 sum。在 Scala 的解释器中输入 sum=(x:Int,y:Int)=>x+y 并按【Enter】键，可以看到结果得到了一个变量 sum，变量的类型是一个函数，该函数的参数是两个整型，函数的返回值也是一个整型，如图 1-5 所示，整个输出结果就是一个 Lambda 表达式。

```
scala> 2.toString()
res2: String = 2

scala> val sum=(x:Int,y:Int)=>x+y
sum: (Int, Int) => Int = $$Lambda$1050/1178861747@58182b96
```

图 1-5   求和函数的执行结果

（2）上一步中把函数赋给了变量 sum，其实这个 sum 就可以理解成是这个函数的名称。现在传入函数 sum 的两个参数值 3 和 5，看看函数的求和结果。在 Scala 的解释器中输入 sum(3,5) 并按【Enter】键，可以看到得到了正确的求和结果 8，如图 1-6 所示。

```
scala> val sum=(x:Int,y:Int)=>x+y
sum: (Int, Int) => Int = $$Lambda$1050/1178861747@58182b96

scala> sum(3,5)
res3: Int = 8
```

图 1-6   得到正确的求和结果

（3）尝试传入参数 3 和 5.0，看看函数 sum 能否正确求和。在 Scala 的解释器中输入 sum(3,5.0) 并按【Enter】键，结果发现报错，提示参数类型不匹配，如图 1-7 所示。出错的原因是传入的参数类型与函数定义的参数类型不匹配，因为函数在定义时的两个参数都是整型的，但是这里传入的其中一个参数 5.0 是 double 型的，所以就会出错，这是函数式编程时需要注意的问题。

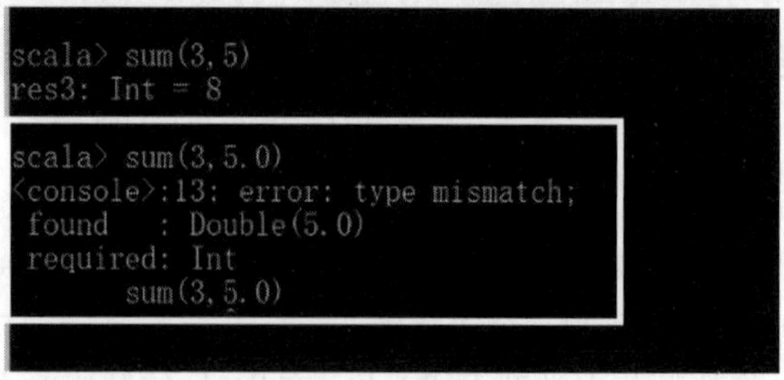

```
scala> sum(3,5)
res3: Int = 8

scala> sum(3,5.0)
<console>:13: error: type mismatch;
 found   : Double(5.0)
 required: Int
       sum(3,5.0)
```

图 1-7   结果报错

在函数式编程中，函数还可以作为一个方法的返回值，下面举例说明。

（1）定义一个方法并使用一个函数作为该方法的返回值。在 Scala 的解释器中输入 def saySome

thing(prefix:String)=(text:String)=>{prefix+""+text}，这条语句中的 saySomething 是定义的方法名，整个 def saySomething(prefix:String) 是一个方法，(text:String)=>{prefix+""+text} 是方法 saySomething 的返回值，同时它也是一个函数。按【Enter】键后，运行结果显示 saySomething：(prefix:String) String=>String，如图 1-8 所示，返回了一个方法的名称 saySomething，方法的参数 (prefix:String)，方法的返回类型 String=>String。

```
scala> def saySomething(prefix:String)=(text:String)=>{prefix+" "+text}
saySomething: (prefix: String)String => String
```

图 1-8　定义 saySomething 方法

（2）验证方法的返回值是否是一个函数。只需调用上一步定义的方法 saySomething，将它赋给一个变量，查看变量是否是一个函数即可。在 Scala 的解释器中输入 val f=saySomething("hello") 并按【Enter】键，发现运行结果与之前的 sum 函数求和十分相似，只是变量名不一样，如图 1-9 所示，可以看到，变量 f 是一个参数为 String、返回值也为 String 的函数，整个输出结果就是一个 Lambda 表达式。

```
scala> def saySomething(prefix:String)=(text:String)=>{prefix+" "+text}
saySomething: (prefix: String)String => String

scala> val f=saySomething("hello")
f: String => String = $$Lambda$1105/312243725@361fa478
```

图 1-9　查看变量是否为函数

（3）应用变量 f（或者说函数 f）。与前面的 sum 一样，变量 f 的用法与函数的用法是一样的，只是此处的函数仅需要一个变量，假设这里将参数传为 scala，那么函数的返回值应该是一个由方法的参数加上函数的参数拼接而成的字符串，也就是说，应该返回方法的参数 hello 和刚刚传的函数的参数 scala，即 hello scala。在 Scala 的解释器中输入 f("scala") 并按【Enter】键，得到的结果是 hello scala，与预期是一样的，如图 1-10 所示。

```
scala> val f=saySomething("hello")
f: String => String = $$Lambda$1105/312243725@361fa478

scala> f("scala")
res5: String = hello scala
```

图 1-10　得到结果 hello scala

另外，在函数式编程中，函数还可以作为一个参数传递，下面举例说明。

（1）要将函数作为一个参数传递，只需定义一个参数是函数类型的方法即可。在 Scala 的解释器中输入 def exeFuntion(say:()=>Unit)= {say()}，这条语句中，exeFuntion 是方法名，say:()=>Unit 是方法的参数，同时也是一个函数，这个函数的参数为空，返回值也为空（Unit 在 Scala 中相当于 Java 中的 void，表示函数没有返回值），大括号中的方法体直接调用 say 函数。按【Enter】键后，运行结果显示 exeFuntion: (say:()=>Unit)Unit，如图 1-11 所示，返回了一个方法的名称 exeFuntion，方法的参数 (say:()=>Unit)，方法的返回值 Unit。

（2）定义一个函数，然后把定义的函数赋给一个变量。在 Scala 的解释器中输入 val function=()=>{println("say hello")} 并按【Enter】键，运行结果如图 1-12 所示。

```
scala> f("scala")
res5: String = hello scala

scala> def exeFuntion(say:()=>Unit)={say()}
exeFuntion: (say: () => Unit)Unit
```

图 1-11　将函数作为参数传递的执行结果

```
scala> def exeFuntion(say:()=>Unit)={say()}
exeFuntion: (say: () => Unit)Unit

scala> val function=()=>{println("say hello")}
function: () => Unit = $$Lambda$1106/830608444@7cb38a6a
```

图 1-12　成功定义函数 function

注意： 这一步定义的函数 function 一定要与上一步中 exeFuntion 方法接收的函数类型相匹配，也就是说得是一个没有输入参数、没有返回值的函数，因此这里将函数定义成 function=()=>{println("say hello")}。这里的 println("say hello") 就相当于 Java 中的 System.out，表示没有返回值。

（3）把函数变量 function 传给方法 exeFuntion，只需用方法名 exeFuntion 加上传递的参数 function 即可。在 Scala 的解释器中输入 exeFuntion(function) 并按【Enter】键，可以看到运行后输出 say hello，与预期是相符的，如图 1-13 所示。

```
scala> exeFuntion(function)
say hello
```

图 1-13　运行后输出 say hello

注意： 在 Scala 的解释器中输入方法名时一定要注意拼写，要是输入的方法名和前面定义的方法名不一致，运行后就会报错。

以上就是对面向对象和函数式编程的几个实例，希望通过实例讲解，能让大家更深刻地理解这两个特性。

1.1.4　Scala 的特性

视频

Scala 的主要特性

前面已经讲过 Scala 的面向对象和函数式风格两大特性，除此之外，它还有另外五个关键特性，正是由于这些特性，才使得 Scala 能够优于 Java，并在大数据中得到广泛应用，下面分别进行介绍。

1．支持命令式风格

Scala 提供了交互式命令行功能，用户可以通过交互式命令行方便地进行代码的调试，但

Java 并无此项功能。

2. 自适应静态类型

Scala 和 Java 一样都是一门静态语言，但 Scala 作为静态语言与 Java 不同的地方是比 Java 多了"自适应"的特点。在 Scala 中可以根据传递的变量进行类型的推断，例如在 Scala 中传入一个整型变量，Scala 就会自动推断出这个变量是整型的，要是传入一个字符串变量，则 Scala 会自动判断出变量的类型是字符串型的；而 Java 中每使用一个变量都要指定一次变量类型，十分烦琐。

3. 简洁性

Scala 中用一行代码可以实现的功能，换做 Java 的话可能要用 5 ～ 10 行代码才能实现，如图 1-14 所示。可以看到图中两个程序员都在开发一个函数式的功能，其中 Java 程序员使用了遍历的方式来解决这个问题，代码写了很多行，显得压力很大；而反观 Scala 程序员则非常轻松，只用了一行代码就解决了问题。图 1-14 的这个例子很好地说明了 Scala 的简洁性这个特性，而这种简洁性正是得益于函数式编程，用户可以直接使用 Scala 封装的众多高阶函数，从而使编程变得非常简单。

图 1-14　Scala 的简洁性

4．基于事件的并发模型

解决多线程并发有两种通信方式：第一种是共享内存；第二种是消息传递。Java 使用共享内存的方式实现多线程通信，但是共享内存就势必会带来线程安全的问题。为了解决这个问题，Java 在多线程编程时使用了 synchronized、notify、wait 等关键字，实际上 Java 解决问题的方式是通过加锁，但是一旦程序复杂，加锁就容易出现死锁的问题，即使是一个有着多年编程经验的 Java 程序员，也很难避免死锁问题。Scala 则是使用消息传递的方式实现多线程通信的，具体是把线程封装在一个 Scala 的 Actor 模型中，从而实现线程隔离，这样就以无锁的消息传递方式解决了并发问题。

5．能与 Java 很好地兼容

前面讲解过，其实 Scala 也运行在 Java 虚拟机即 JVM 平台上，也就是说，Scala 运行时先把程序编译成一个 .class 文件，然后再把这个 .class 文件运行在 JVM 平台上，所以这也就决定了 Scala 和 Java 之间有一个很好的交互。例如，Scala 可以扩展 Java 的类，反之在 Java 里可以使用 Scala 的类；Java 集合可以转换成 Scala 集合，Scala 集合也可以转换成 Java 集合。这个特性非常有用，尤其是在一个有很多人参与开发代码的大型工程里。

1.1.5　Scala 的自适应静态类型和简洁性示例

● 视 频

Scala 的静态
类型和简洁性

前面已经举例说明了 Scala 的面向对象编程和函数式编程这两个特性，下面举例帮助大家理解 Scala 的自适应静态类型和简洁性这两个特性。

首先举例说明 Scala 的自适应静态类型这个特性。

（1）声明一个变量并赋予其整型值。要是在 Java 中实现的话，必须首先将变量类型指定为整型，接着给出变量名，然后赋值，而在 Scala 中，只需用 var 声明一个变量，然后赋值即可。在 Scala 的解释器中输入 var a=9 并按【Enter】键，可以看到 Scala 自动推断出变量 a 的数据类型是整型，如图 1-15 所示。

```
C:\windows\system32\cmd.exe - scala
Microsoft Windows [版本 10.0.17134.1130]
(c) 2018 Microsoft Corporation。保留所有权利。

C:\Users\CGZ>scala
Welcome to Scala 2.12.10 (Java HotSpot(TM) 64-Bit Server VM, Java 1.8.0_144).
Type in expressions for evaluation. Or try :help.

scala> var a=9
a: Int = 9
```

图 1-15　自动推断出变量类型为整型

（2）为声明的变量赋予一个 Double 型的值，确认一下 Scala 是否可以自动推断出变量类型。在 Scala 的解释器中输入 var a=9.0 并按【Enter】键，运行后可以看到 Scala 自动推断出变量 a 的数据类型是 Double 型，如图 1-16 所示。

```
scala> var a=9
a: Int = 9

scala> var a=9.0
a: Double = 9.0
```

图 1-16　自动推断出变量类型为 Double 型

（3）为声明的变量赋予一个字符串型的值，确认一下 Scala 是否依然可以准确推断出变量类型。在 Scala 的解释器中输入 var a="scala" 并按【Enter】键，运行后可以看到 Scala 自动推断出变量 a 的数据类型是字符串型，如图 1-17 所示。

```
scala> var a=9.0
a: Double = 9.0

scala> var a="scala"
a: String = scala
```

图 1-17　自动推断出变量类型为字符串型

（4）接着为上一步声明的字符串变量赋一个整型值。在 Scala 的解释器中输入 a=9 并按【Enter】键，可以看到结果报错，提示类型不匹配，如图 1-18 所示。这里报错的原因是因为上一步 Scala 已经根据所赋的值推断出变量 a 的数据类型是字符串型，这时再为变量 a 赋一个整型值就是类型不匹配，肯定是不允许的，这就是 Scala 自适应静态类型的体现。

```
scala> a=9
<console>:12: error: type mismatch;
found   : Int(9)
required: String
       a=9
```

图 1-18　提示类型不匹配

接着举例说明 Scala 的简洁性特性。

（1）有如下一段写好的 Java 代码：

```java
package scala01;
public class Person {
  private String name;
  private int age;
  public Person(String name, int age) {
    this.name = name;
    this.age = age;
  }
  public String getName() {
    return name;
  }
  public void setName(String name) {
    this.name = name;
  }
  public int getAge() {
    return age;
  }
  public void setAge(int age) {
    this.age = age;
  }
}
```

上面的代码是在 Java 中定义了一个 Person 类，并提供了 name 和 age 两个属性；然后编写了一个 Scala 的构造器，也就是在创建对象的时候，需要传两个参数给 name 和 age 属性赋值；还提供了访问和修改 name 和 age 两个属性的 get 和 set 方法。

（2）对上一步中的代码进行应用，创建一个 Person 对象并将其赋给一个变量 p。创建 Person 对象时必须同时赋一个名字和一个年龄，变量 p 必须指定变量类型，代码如下：

```
Person p=new Person("scala",10)
```

（3）调用步骤（1）中写好的 name 属性的 get 方法，访问变量 p 的名字，代码如下：

```
p.getName()
```

在 Java 中运行这段代码，返回的结果是 scala。

（4）调用步骤（1）代码中写好的 name 属性的 set 方法，修改变量 p 的名字，这里把名字修改成 java，代码如下：

```
p.setName("java")
```

（5）这时用同样的方法再次访问变量 p 的名字，代码如下：

```
p.getName()
```

这次运行代码后，返回的结果是 java。

（6）要在 Scala 中实现步骤（1）中 Java 代码的功能，只需定义一个名为 Person 的类，然后构造一个字符串类型的 name 参数和一个整型的 age 参数即可。在 Scala 的解释器中输入 class Person(var name:String,var age:Int) 并按【Enter】键，结果提示定义了一个 Person 类，如图 1-19 所示。

图 1-19　定义了 Person 类

注意：这里在 Scala 的解释器中定义变量类型时一定要输入英文状态的冒号，否则运行后会提示报错。

（7）和步骤（2）一样，在 Scala 中，创建一个 Person 对象并将其赋给变量 p。在 Scala 的解释器中输入 val p=new Person("scala",10) 并按【Enter】键，结果提示定义了一个 Person 对象 p，如图 1-20 所示。

图 1-20　创建了一个 Person 对象

（8）访问对象 p 的 name 属性。在 Scala 的解释器中输入 p.name 并按【Enter】键，可以看到对象 p 的 name 属性值为 scala，如图 1-21 所示。

图 1-21　访问对象 p 的 name 属性

（9）修改对象 p 的 name 属性值为 java。在 Scala 的解释器中输入 p.name="java" 并按【Enter】键，如图 1-22 所示。

```
scala> p.name="java"
p.name: String = java
```

图 1-22　修改对象 p 的 name 属性值

（10）再次访问对象 p 的 name 属性，查看属性值是否修改成功。在 Scala 的解释器中输入 p.name 并按【Enter】键，可以看到对象 p 的 name 属性值已成功修改为 java，如图 1-23 所示。

```
scala> p.name
res1: String = java
```

图 1-23　对象 p 的 name 属性值修改成功

1.1.6　Scala 的应用

Scala 主要有以下几方面的应用，简单介绍如下。

- 客户端应用程序。
- Web 应用。Java 在 Web 应用中有 Spring 框架，而 Scala 中的 Lift 和 Play 框架就相当于 Java 中的 Spring 框架，它可以做一些外部应用程序。现在比较热门的微服务，Scala 也有对应的框架可供开发。
- 大数据，如 Spark、Flink 等。无论是 Spark 还是 Flink，都支持用 Scala 编写应用程序。大数据里常用的一个消息队列 Kafka，它的底层也是用 Scala 写的。
- Scala 还能像 shell 一样，作为脚本语言。
- Scala 与 Java 的无缝调用。Scala 可以调用 Java 的一些应用程序和接口。

视频
Scala 应用

1.2　Scala 环境配置和安装

下面学习 Scala 的环境配置和安装。

1.2.1　Scala 的环境准备

Scala 语言可以运行在 Windows 系统、Linux 系统、UNIX 系统和 Mac 系统中。由于 Scala 是运行在 JVM 上的一种语言，所以想要安装 Scala，就必须先安装 Java 环境，也就是说必须先安装 JDK。学习本书需要安装的 Java 版本是 1.8，Scala 的版本是 2.12.x（这也是为后期讲解 Spark 做准备）。

视频
Scala 环境配置和安装

1.2.2　Scala 在 Windows 平台上的安装

在 Windows 平台上安装 Scala 主要有三个步骤：第一步是安装 JDK；第二步是下载和安装 Scala；第三步是安装完后配置一个环境变量。因为学习过 Java 的同学都安装过 JDK，所以第一步 JDK 的安装就不再讲解了。下面主要讲解一下 Scala 的下载与安装以及环境变量的配置。

1. Scala 的下载和安装

登录 Scala 的官网（https://www.scala-lang.org/），可以看到 Scala 的最新版本是 2.13.1，如图 1-24 所示。

图 1-24　Scala 官网

要下载 Scala 的话，直接单击 Scala 官网首页的 DOWNLOAD 切换到下载页面。进入下载页面后默认提供的是最新版本 2.13.1 的下载链接，而前面提到过我们需要安装的是 2.12.x 版本的，这时可以向下滚动页面到 Other Releases（其他版本）处，在这里可以看到所需的 2.12.x 版本的文字链接 Scala 2.12.10，如图 1-25 所示，单击该链接即可切换到 2.12.10 版本 Scala 的下载页面，如图 1-26 所示。

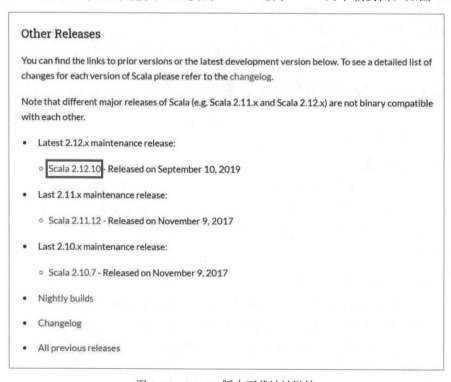

图 1-25　2.12.10 版本下载地址链接

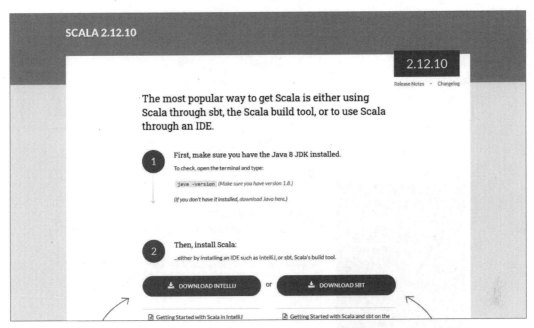

图 1-26　Scala 2.12.10 版本下载页面

在下载页面中提示第一步可通过 java -version 命令确定是否安装了 JDK，第二步就是安装 Scala。这里向下滚动页面，找到 Other resources 处的安装包进行下载。由于是在 Windows 平台上安装 Scala，因此这里单击 scala-2.12.10.msi 链接进行下载，如图 1-27 所示。

Other resources

You can find the installer download links for other operating systems, as well as documentation and source code archives for Scala 2.12.10 below.

Archive	System	Size
scala-2.12.10.tgz	Mac OS X, Unix, Cygwin	19.71M
scala-2.12.10.msi	Windows (msi installer)	124M
scala-2.12.10.zip	Windows	19.75M
scala-2.12.10.deb	Debian	144.88M
scala-2.12.10.rpm	RPM package	124.52M
scala-docs-2.12.10.txz	API docs	53.21M
scala-docs-2.12.10.zip	API docs	107.63M
scala-sources-2.12.10.tar.gz	Sources	

License

The Scala distribution is released under the .

图 1-27　下载 Windows 平台的 Scala 安装包

下载得到的 scala-2.12.10.msi 安装包如图 1-28 所示，之后双击安装包进行安装，弹出图 1-29 所示的对话框，后面每一步操作都是单击 Next 按钮，直到完成安装。

名称	修改日期	类型	大小
Git-2.18.0-64-bit	2018-12-18 0:53	应用程序	40,164 KB
jdk-8u144-windows-x64	2017-11-11 23:01	应用程序	202,523 KB
scala-2.12.10	2019-12-10 22:27	Windows Installer ...	127,208 KB

图 1-28　下载好的安装包

图 1-29　安装对话框

2. Scala 环境变量配置

Scala 的环境变量配置如表 1-1 所示。

表 1-1　Scala 的环境变量配置

系统环境	变　量	值（举例）
UNIX	$SCALA_HOME	/usr/local/share/scala
	$PATH	$PATH:$SCALA_HOME/bin
Windows	%SCALA_HOME%	c:\Progra~1\Scala
	%PATH%	%PATH%;%SCALA_HOME%\bin

　　Scala 的环境变量配置与 Java 的环境变量配置是相同的，只是在 Java 配置环境下，环境变量为 JAVA_HOME，而在 Scala 配置环境下，环境变量为 SCALA_HOME。在 UNIX 系统，其实不一定非得将 Scala 环境变量配置到 /usr/local/share/scala 路径下，只要是一个用户的系统路径即可，比如说可以配置在 /etc/profile 路径下，该路径是一个全局的系统路径，而 /usr/local/share/scala 只是配置在用户级别的一个路径。

　　下面讲解 Windows 系统中 Scala 环境变量的配置。这里要强调的是，Windows 10 系统下，安装 Scala 的同时会自动完成环境变量的配置（若是较早的 Windows 版本则需要手动配置变量，此处不予讲解）。下面先来介绍确认 Windows 系统中是否已配置 Scala 环境变量的方法。

（1）单击"开始"按钮，在打开的菜单中右击"此电脑"图标，在弹出的快捷菜单中选择"更多"→"属性"命令，如图 1-30 所示。

图 1-30　打开系统属性界面

（2）弹出系统属性界面后，单击左侧的"高级系统设置"选项，如图 1-31 所示。

图 1-31　单击"高级系统设置"选项

（3）在弹出的"系统属性"对话框的"高级"选项卡中，单击"环境变量"按钮，如图 1-32 所示。

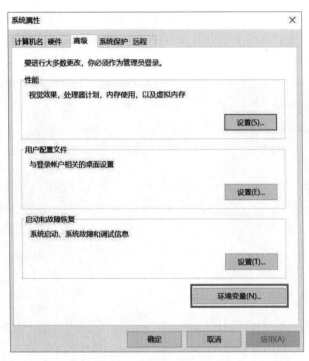

图 1-32   单击"环境变量"按钮

（4）打开"环境变量"对话框后，拖动"系统变量"列表框的滚动条，找到并双击 Path 变量，弹出"编辑环境变量"对话框，在其中查看是否存在 C:\Program Files(x86)\scala\bin 选项，若存在则说明 Scala 环境变量已配置，如图 1-33 和图 1-34 所示。

图 1-33   双击 Path 变量

图 1-34　确认 Scala 环境变量是否存在

下面讲解在 Windows 控制台中验证环境变量是否配置成功的方法。

（1）按快捷键【Win+R】打开"运行"对话框，如图 1-35 所示，在其中输入 cmd 后单击"确定"按钮，打开 Windows 控制台。

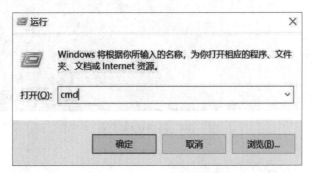

图 1-35　打开 Windows 控制台

（2）打开 Windows 控制台后，输入 path 并按【Enter】键，输出结果如图 1-36 所示。

图 1-36　输出结果

（3）在输出结果中可以看到，Scala 的环境变量已配置到如图 1-37 所示的路径下了。

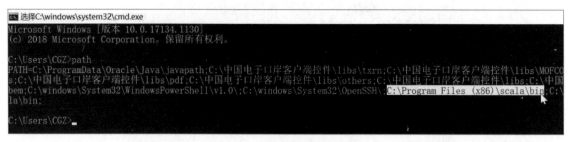

图 1-37　环境变量配置路径

（4）输入 scala 命令并按【Enter】键后，可以看到输出了 Scala 的版本信息等内容，说明 Scala 已经安装成功，此时已经进入了 Scala 的交互式命令控制台，如图 1-38 所示。

```
C:\Users\CGZ>scala
Welcome to Scala 2.12.10 (Java HotSpot(TM) 64-Bit Server VM, Java 1.8.0_144).
Type in expressions for evaluation. Or try :help.

scala>
```

图 1-38　进入 Scala 的交互式命令控制台

（5）此时输入 1+4 并按【Enter】键，可以看到得到了正确的结果 5，如图 1-39 所示。至此，就说明 Scala 的环境变量已经安装成功了。

```
C:\Users\CGZ>scala
Welcome to Scala 2.12.10 (Java HotSpot(TM) 64-Bit Server VM, Java 1.8.0_144).
Type in expressions for evaluation. Or try :help.

scala> 1+4
res0: Int = 5

scala>
```

图 1-39　得到正确结果

1.3　Scala 的编译和运行

上面讲解了 Scala 的安装和环境配置，下面学习如何编写和运行一个 Scala 程序。

1.3.1　Scala 的编译和运行原理

1. Scala 与 Java 的编译和运行

● 视 频

Scala 的编译
和运行原理

可以通过两种方式编写 Scala 代码：第一种方式是通过 Scala 解释器（REPL）；第二种方式是使用 IDE。Java 有 Eclipse 和 IDEA 两个常用的 IDE。实际上 Scala 也可以用这两个 IDE 进行程序的编写，只是需要在这两个 IDE 上安装对应的插件。这里推荐使用 IDEA 编写 Scala 代码，因为其上集成的 Scala 插件非常出色。

当编写完 Scala 程序之后，可以通过以下三种方式运行代码。

- 在命令行上运行。Java 也可以在命令行上运行代码，具体是通过 javac 命令来编译写好的 Java 类，然后通过 java 命令运行编译好的这个类对应的 class 文件，Scala 也是同样的方式，只是 Scala 使用的命令和 Java 不同。
- 使用 Scala 的解释器（REPL）。在 REPL 中可以一边编写 Scala 程序，一边运行 Scala 程序。
- IDE。也就是说既可以使用 IDE 开发程序，也可以直接在 IDE 上运行开发好的程序。

上述三种运行方式实际上对应了一个软件开发的三个不同周期。在软件的开发、调试和测试阶段，使用 IDE 和解释器这两种方式是非常方便的；而当开发、调试好代码后，往往使用第一种方式运行 Scala 程序，也就是说使用 shell 方式把命令代码封装进去，然后直接执行编写好的 jar 包。实际上，上述三种方式都做了一样的工作，即把一个 Scala 代码转换成了计算机能接受的 01 指令。

2．Scala 与 Java 的编译和运行原理

下面学习 Scala 和 Java 的编译与运行原理。当编译和运行一个编写好的 Java 程序或 Scala 程序时，第一步就是通过一个编译器把这种高级语言的文件（如 Java 就是 .java，Scala 就是 .scala）编译成对应的 class 文件，然后 class 文件通过执行器运行在 JVM 上，最后 JVM 把该 class 文件转换成对应平台上的不同指令，如图 1-40 所示。

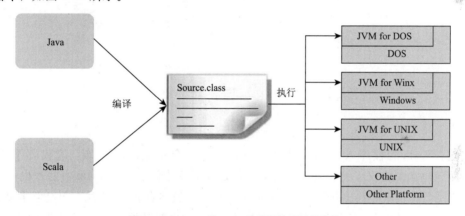

图 1-40　Scala 与 Java 的编译与运行原理

图 1-40 中展示的就是一个从编译一直到运行的整个流程。从图中可以看到，在最后阶段，Java 和 Scala 对应的 class 文件都转换成了不同平台上的不同指令，也就是说它们完成了跨平台，那么这是如何实现的呢？我们都知道，不同的平台需要不同的指令，所以同一份 class 文件是不可能在不同平台上运行的，要想实现跨平台就必须提供一个转换器，由它负责将 class 文件转换到不同的平台，显然这里的转换器就是 JVM。JVM 对编译器提供了一个相同的接口，同一份 class 文件都可以用同一个接口去接收，但是对不同的平台它有不同的接口，也就是说 JVM 对上所有接口都是相同的，对下采用了不同的接口。其实这里的 JVM 就像是一位精通各国语言的全能翻译，他负责将中文（同一份 class 文件）翻译成各种不同的语言（不同平台上的不同指令）。

1.3.2　Scala 的编译、运行和反编译

了解了 Scala 的运行方式、编译还有跨平台的原理后，下面学习如何正确地编写、编译、运行一个 Scala 程序。

1．Scala 程序的入口

大家知道任何一个可执行的 Scala 程序都要有一个程序的入口，因此要想正确编写一个

视　频 ●······

Scala 编译运行和反编译

●··············

可执行的 Scala 程序，必须有一个正确的程序入口。那么什么是程序的入口呢？以 Java 和 Scala 为例，当 Java JVM 要想运行一段程序时，它一定会以运行某一个类的某一个方法开始，这就称为程序的入口。Java 的程序入口必须满足两个条件：首先，必须是一个类；其次，类中必须得定义一个 main 方法。只有这样的程序才是可执行的 Java 程序。同样 Scala 也有程序入口，并且 Scala 的程序入口有两种，通过任何一种方式都可以定义一个可执行的程序：

- 定义一个 object 对象，然后在 object 对象中实现一个 main 方法；
- 定义一个 object 对象，继承 APP 的一个特质（这里的特质可以理解成对应 Java 中的一个接口，后面会详细讲解）。

综上，Scala 的程序入口是定义一个对象，而 Java 是定义一个类，从这里可以看出，Scala 是一门比 Java 更面向对象编程的语言。实际上，object 对象中定义的往往都是 Scala 的静态成员，因为不像 Java 有静态成员，作为纯面向对象编程的 Scala 语言是没有静态成员的。

下面给出三段代码，判断一下哪段代码是可以输出 hello scala 的：

```
class Person{
  println("hello scala")
}
object Person{
  println("hello scala")
}
class Person{
  defmain(args:Array[String]):Unit{
    println("hello scala")
  }
}
```

刚刚讲过，Scala 的程序入口不能是类，而必须是一个对象，所以第一段代码不能输出 hello scala；第二段代码虽然定义了一个 object 对象，但是在对象中没有实现 main 方法，也没有继承 APP 特质，所以该段代码也不能输出 hello scala；第三段代码中虽然有 main 方法，但是它定义的还是一个类而不是对象，因此该段代码同样也不能输出 hello scala。也就是说，这里的三段代码都没有办法输出 hello scala，但是只要把第三段代码中的 class 改成 object 即可输出 hello scala。需要注意的是，第一段代码其实也是一段正确的代码，只不过不能执行而已。

至此，读者已经学会了如何编写一个可执行的 Scala 程序，接下来学习如何运行编写好的程序。

2．Scala 的编译和运行

之前讲过，要想运行一个 Scala 程序，有三种方式：第一种方式是使用命令行；第二种方式是使用 Scala 解释器；第三种方式是直接利用 IDE 来运行。

这里就以命令行方式为例讲解编译和运行 Scala 程序的过程：首先使用 scalac 命令将编写好的 Scala 程序文件（.scala）编译成 class 文件；然后使用 scala 命令＋编译得到的 class 文件名就可以运行 Scala 程序，如图 1-41 所示。可以看到整个流程与 Java 是非常相似的，Java 中 .java 文件通过 javac 命令进行编译，然后通过 java 命令进行运行。

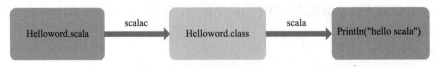

图 1-41　使用命令行方式运行 Scala 程序的整个过程

3. Scala 的反编译

在 Scala 和 Java 中进行编译时，编译器会在背后帮用户完成许多工作，此时编译生成的 class 文件中除了原先的程序代码外，会自动添加很多内容，所以要想知道编译器做了哪些工作，就必须通过反编译的方式进行查看。以图 1-42 所示的内容为例，可以看到左侧方块中的 Scala 代码在经过编译后得到了 class 文件，当反编译这个 class 文件时，发现代码与原来编写的代码不一样了，里面多出了一个 AnyRef 的部分，这个 Ref 就相当于 Java 的 object 类，也就是说 Scala 中任何一个引用对象，它都会继承这个类，就相当于刚才讲的 Scala 的任何类都继承 object 对象一样；代码中还多出了一个无参的构造器 def this()。这两处多出的代码在实际编写代码时并没有显式地指定，而是在编译时默认添加的，这个工作就是由编译器做的。

图 1-42　Scala 的反编译示例

编译后的 class 文件通过一般的文本编辑器打开会显示乱码，无法进行查看，如果需要查看编译后的 class 文件的内容，想知道编译器为我们做了哪些工作时，可以通过以下三种方式来实现：

- 使用 scalap 命令反编译后查看；
- 由于 class 文件是运行在 JVM 上的，因此也可以使用 javap 命令反编译后查看；
- 利用一些第三方的反编译插件查看。

反编译 class 文件主要有以下三个作用。

- 通过对 class 文件的反编译，可以更深入地了解所编写代码在编译器中的工作原理。
- 通过对 class 文件的反编译，可以查看编写的代码转换成的汇编指令。汇编指令非常有用，尤其是在理解高并发编程的时候。
- 当实际开发工作中其他程序员所提供 Java 包中的 class 文件无法看懂时，可以反编译查看源代码。

课堂案例

HelloWord 案例的编译与运行。

需求描述：

在控制台输出 hello word。

使用技能：

scalac、scala。

操作步骤：

（1）新建记事本并命名为 HelloWord，将记事本的扩展名 ".txt" 改为 ".scala"，如图 1-43 所示。

（2）在记事本中输入符合 Scala 语法规范的代码并保存。具体代码如下：

```
object HelloWord extends App{
    println("hello word !")
}
```

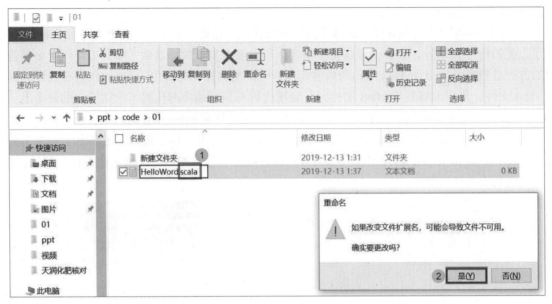

图 1-43　修改记事本文件的扩展名

（3）按快捷键【Win+R】打开"运行"对话框，输入 cmd 后单击"确定"按钮，打开命令控制台准备进行代码编译。首先输入"cd Desktop\ppt\code\01"命令切换到 Desktop\ppt\code\01 文件夹下，然后输入"scalac HelloWord.scala"命令对 HelloWord.scala 文件进行编译，如图 1-44 所示。编译完成后会在 01 文件夹中自动生成三个 class 文件，如图 1-45 所示。

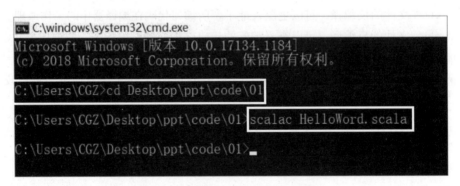

图 1-44　编译 HelloWord.scala 文件

图 1-45　编译代码生成三个 class 文件

（4）输入 scala HelloWord 命令执行 class 文件，在命令控制台中显示结果为 hello word！文本，如图 1-46 所示。

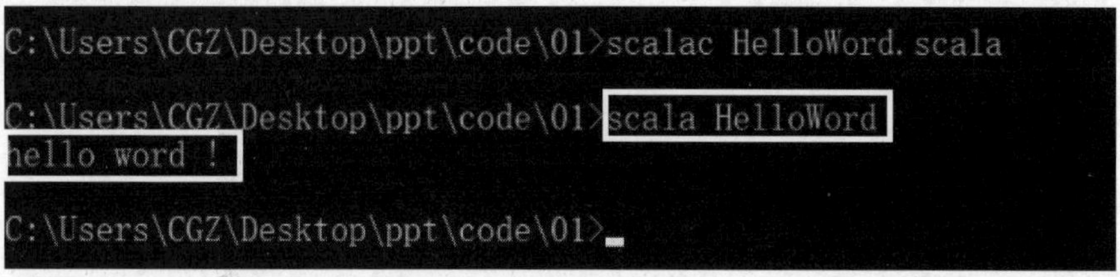

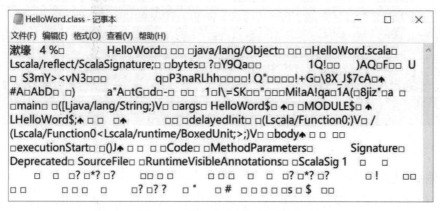

图 1-46　运行代码结果

至此，HelloWord 案例制作完成。

如果用记事本打开自动生成的 class 文件，会发现里面全是乱码，如图 1-47 所示。

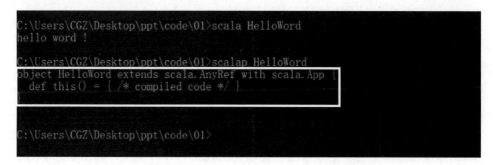

图 1-47　用记事本打开显示乱码

那么如何才能将 class 文件的内容变成我们能看懂的代码呢？这时就需要使用 scalap 命令对 class 文件进行反编译。例如，要对 HelloWord.class 文件进行反编译，只需输入 scalap HelloWord 命令即可，反编译后得到的可读内容显示在控制台中，如图 1-48 所示。

图 1-48　用 scalap 命令对 class 文件进行反编译

同样对另两个 class 文件 HelloWord$.class 和 HelloWord$delayedInit$body.class 进行反编译，输出结果如图 1-49 所示。

```
C:\Users\CGZ\Desktop\ppt\code\01>scalap HelloWord$
package HelloWord$;
final class HelloWord$ extends scala.AnyRef with scala.App {
  final val scala$App$$initCode: scala.collection.mutable.ListBuffer;
  final var scala$App$$_args: scala.Array[java.lang.String];
  final val executionStart: scala.Long;
  def this(): scala.Unit;
  def delayedEndpoint$HelloWord$1(): scala.Unit;
  def scala$App$_setter_$scala$App$$initCode_=(scala.collection.mutable.ListBuffer): scala.Unit;
  def scala$App$_setter_$executionStart_=(scala.Long): scala.Unit;
  def scala$App$$initCode(): scala.collection.mutable.ListBuffer;
  def scala$App$$_args_=(scala.Array[java.lang.String]): scala.Unit;
  def scala$App$$_args(): scala.Array[java.lang.String];
  def executionStart(): scala.Long;
  def main(scala.Array[java.lang.String]): scala.Unit;
  def delayedInit(scala.Function0): scala.Unit;
  def args(): scala.Array[java.lang.String];
}
object HelloWord$ {
  final var MODULE$: HelloWord$;
}
C:\Users\CGZ\Desktop\ppt\code\01>scalap HelloWord$delayedInit$body
package HelloWord$delayedInit$body;
final class HelloWord$delayedInit$body extends scala.runtime.AbstractFunction0 {
  final val $outer: HelloWord$;
  def this(HelloWord$): scala.Unit;
  def apply(): scala.Any;
}
C:\Users\CGZ\Desktop\ppt\code\01>
```

图 1-49　反编译结果

1.3.3　指定编译和运行路径

首先以 HelloWord 案例为基础，在其中引入一个其他类，再使用 scala、scalac 命令编译和运行程序。

（1）对 HelloWord.scala 程序进行改造，引入一个 Person 类型，改造后的代码如下：

```
object HelloWord extends App{
    println("person hello word!")
    def say(person:Person){
    }
}
```

（2）定义对应的 Person 类型（文件名为 Person.scala），具体内容如下：

```
class Person(var name:String){
}
```

（3）查看使用 scalac 命令是否能够成功编译 HelloWord.scala。首先打开 Windows 命令控制台，输入 cd C:\Users\CGZ\Desktop\code\01 并按【Enter】键切换到 HelloWord.scala 所在的目录；输入 scalac HelloWord.scala 并按【Enter】键，结果报错并提示无法找到 Person 类型，如图 1-50 所示。这一步明明已经切换到 Person.scala 文件所在目录下了，为什么会提示找不到呢？这里要强调一点，编译一个 Scala 代码的时候，实际运行的是 class 文件，所以说应该找的是 Person 类型对应的 class 文件，而不是它的源代码文件。

图 1-50　提示报错

（4）对 Person.scala 文件进行编译。输入 scalac Person.scala 并按【Enter】键，可以看到已经编译得到了 Person.class 文件，如图 1-51 所示。

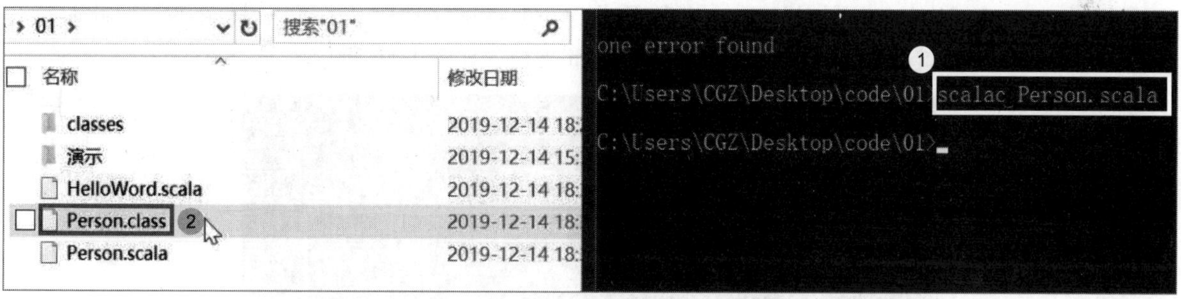

图 1-51　对 Person.scala 文件进行编译

（5）再次尝试编译 HelloWord.scala 文件，查看是否可以编译成功。输入 scalac HelloWord.scala 并按【Enter】键，可以看到编译成功并在同目录下生成了三个 class 文件，如图 1-52 所示。

图 1-52　成功编译 HelloWord.scala 文件

（6）运行 Scala 程序，查看是否和预期一致。输入 scala HelloWord 并按【Enter】键，可以看到成功输出了 person hello word!，如图 1-53 所示。

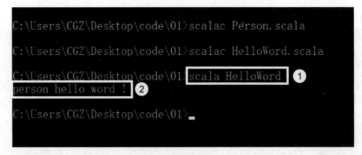

图 1-53　成功输出 person hello word!

接下来，把上面例子中的 Person.class 文件移动到 classes 文件夹下，再次编译和运行代码，学习一下如何指定编译和运行时的路径，以及相对路径的使用。

（1）正常情况下，使用 scalac 命令编译一个 Scala 程序文件时，会在当前目录下寻找所需要的 class 文件。前面在编译 HelloWord.scala 时，因为 HelloWord.scala 和 Person.class 文件同在 C:\Users\CGZ\Desktop\code\01 目录下，所以能正常编译，但当 Person.class 文件被移动到 C:\Users\CGZ\Desktop\code\01\classes 目录下后，它和 HelloWord.scala 文件就不在同一目录下了，此时编译 HelloWord.scala 的话就会报错，提示无法找到 Person 类型，如图 1-54 所示。

图 1-54　结果提示无法找到 Person 类型

（2）当要编译的文件和类文件不在一个路径下时，可以使用 scalac -cp 命令强制指定类文件所在的目录。输入 scalac -cp C:\Users\CGZ\Desktop\code\01\classes HelloWord.scala 并按【Enter】键，结果提示编译成功，如图 1-55 所示。

```
C:\Users\CGZ\Desktop\code\01>scalac -cp C:\Users\CGZ\Desktop\code\01\classes HelloWord.scala
C:\Users\CGZ\Desktop\code\01>_
```

图 1-55　编译成功

（3）接着运行 Scala 程序，查看是否运行成功。输入 scala HelloWord 并按【Enter】键，结果报错，提示找不到 Person 类，如图 1-56 所示。

（4）步骤（2）中编译的时候指定了路径，那么运行的时候也同样应该指定路径。输入 scala -cp C:\Users\CGZ\Desktop\code\01\classes HelloWord 并按【Enter】键，结果还是报错，提示指定路径下没有文件或者类，如图 1-57 所示。

```
C:\Users\CGZ\Desktop\code\01>scalac -cp C:\Users\CGZ\Desktop\code\01\classes HelloWord.scala

C:\Users\CGZ\Desktop\code\01>scala HelloWord
java.lang.NoClassDefFoundError: Person
        at java.lang.Class.getDeclaredMethods0(Native Method)
        at java.lang.Class.privateGetDeclaredMethods(Unknown Source)
        at java.lang.Class.privateGetMethodRecursive(Unknown Source)
        at java.lang.Class.getMethod0(Unknown Source)
        at java.lang.Class.getMethod(Unknown Source)
        at scala.reflect.internal.util.ScalaClassLoader.run(ScalaClassLoader.scala:102)
        at scala.reflect.internal.util.ScalaClassLoader.run$(ScalaClassLoader.scala:98)
        at scala.reflect.internal.util.ScalaClassLoader$URLClassLoader.run(ScalaClassLoader.scala:132)
        at scala.tools.nsc.CommonRunner.run(ObjectRunner.scala:28)
        at scala.tools.nsc.CommonRunner.run$(ObjectRunner.scala:27)
        at scala.tools.nsc.ObjectRunner$.run(ObjectRunner.scala:45)
        at scala.tools.nsc.CommonRunner.runAndCatch(ObjectRunner.scala:35)
        at scala.tools.nsc.CommonRunner.runAndCatch$(ObjectRunner.scala:34)
        at scala.tools.nsc.ObjectRunner$.runAndCatch(ObjectRunner.scala:45)
        at scala.tools.nsc.MainGenericRunner.runTarget$1(MainGenericRunner.scala:73)
        at scala.tools.nsc.MainGenericRunner.run$1(MainGenericRunner.scala:92)
        at scala.tools.nsc.MainGenericRunner.process(MainGenericRunner.scala:103)
        at scala.tools.nsc.MainGenericRunner$.main(MainGenericRunner.scala:108)
        at scala.tools.nsc.MainGenericRunner.main(MainGenericRunner.scala)
Caused by: java.lang.ClassNotFoundException: Person
        at java.net.URLClassLoader.findClass(Unknown Source)
        at java.lang.ClassLoader.loadClass(Unknown Source)
        at java.lang.ClassLoader.loadClass(Unknown Source)
        ... 19 more

C:\Users\CGZ\Desktop\code\01>
```

图 1-56 运行报错

```
C:\Users\CGZ\Desktop\code\01>scala -cp C:\Users\CGZ\Desktop\code\01\classes HelloWord
No such file or class on classpath: HelloWord

C:\Users\CGZ\Desktop\code\01>
```

图 1-57 提示找不到文件或类

（5）当没有使用 -cp 命令强制指定路径的时候，Scala 会在当前目录下寻找文件；当已经用 -cp 命令强制指定了要加载的路径之后，则只会强制在指定的目录下去寻找，而不会在当前目录下查找文件了，这就导致了上一步运行程序时的错误。该如何解决这个问题呢？其实在指定路径的时候，只需把 HelloWord 所在的路径也一并指定即可，也就是说一次指定多个路径，多个路径间用英文状态的分号分隔。输入 scala -cp C:\Users\CGZ\Desktop\code\01\classes;C:\Users\CGZ\Desktop\code\01 HelloWord 并按【Enter】键，可以看到程序运行成功，如图 1-58 所示。

```
C:\Users\CGZ\Desktop\code\01>scala -cp C:\Users\CGZ\Desktop\code\01\classes;C:\Users\CGZ\Desktop\code\01 HelloWord
person hello word !
```

图 1-58 程序运行成功

（6）上面指定路径时使用的都是绝对路径，其实像 C:\Users\CGZ\Desktop\code\01\classes 和 C:\Users\CGZ\Desktop\code\01 这类路径完全可以使用相对路径，它们中相同的 C:\Users\CGZ\Desktop\code\01 部分也就是当前路径，完全可以用 . 代替。用相对路径再次运行 HelloWord 程序。输入 scala -cp .;classes HelloWord 并按【Enter】键，可以看到程序同样运行成功，如图 1-59 所示。

```
C:\Users\CGZ\Desktop\code\01>scala -cp .;classes HelloWord
person hello word !
```

图 1-59 使用相对路径成功运行程序

注意：在 Windows 平台上用英文状态的分号分隔多个路径，如果是在 Linux 平台，则多个路径的分隔符是英文状态的冒号。

● 视 频

反编译的三种方式

1.3.4 反编译的三种方式

之前讲过，要想反编译一个 class 文件有三种方式，可以根据不同的需求选择不同的方式。前面已经练习过如何使用 scalap 命令反编译 class 文件，下面举例说明如何使用 javap 命令反编译 Scala 生成的 class 文件。

（1）用记事本打开上一节使用过的 Person 类（Person.scala），如图 1-60 所示。

```
Person.scala - 记事本                          —    □    ×
文件(F)  编辑(E)  格式(O)  查看(V)  帮助(H)
class Person(var name:String){
}
```

图 1-60 打开一个类

（2）输入 cd C:\Users\CGZ\Desktop\code\01\classes 并按【Enter】键，切换到类文件所在目录下。然后输入 scalap Person 并按【Enter】键，反编译 Person 类，可以看到反编译得到的内容如图 1-61 所示。

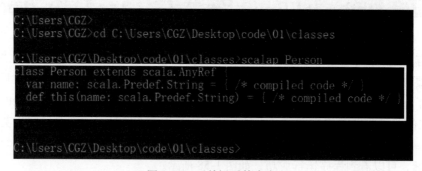

图 1-61 反编译后的内容

（3）使用 javap 命令反编译 Scala 生成的类文件，帮助读者理解 Scala 的运行机制。输入 javap Person 并按【Enter】键，得到的反编译内容如图 1-62 所示，可以看到，在 Scala 里 class Person 这段代码实际上相当于 Java 中的两句话，既定义了一个 Java 的类，同时又定义了一个 Java 的构造器。Scala 实际为这个变量也就是这个构造器中的属性生成了两个方法，这两个方法就相当于 Java 中的 set 和 get 方法：其中 name() 相当于 get 方法，name_$eq 相当于 set 方法。也就相当于为这个属性生成了读取和访问的两个方法。

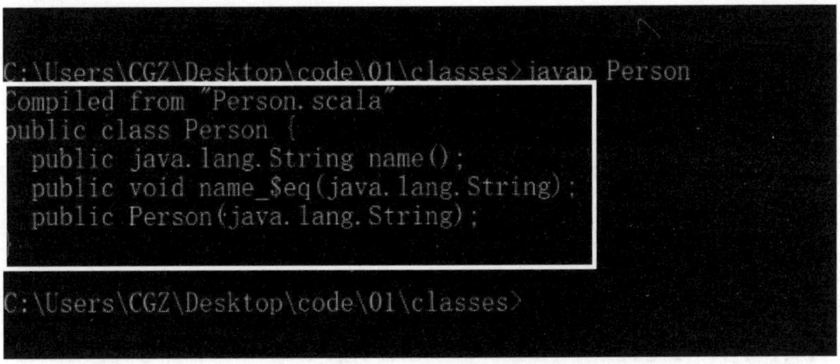

图 1-62　使用 javap 反编译后的内容

通过这个案例可以得出如下结论：如果想要了解一个 Scala 代码对应的 Java 代码，就可以使用 javap 编译这个 class 文件；如果只想了解 Scala 编译器做了哪些工作，就可以直接用 scalap 编译。也就是说，根据需求的不同，使用不同的编译方式。

下面举例讲解一种可以在编译的同时查看 Scala 的代码是如何执行的方式。

（1）定义一个 Control 类，代码如下：

```
class control {
    for(i<-1 to 5)println(i)
}
```

（2）之前是先通过 scalac 编译一个类，然后再通过 scalap 反编译查看这个类生成了什么样的代码。其实可以通过 scalac 的 -Xprint:parse 命令，在编译的同时查看 Scala 的代码是如何执行的，以及编译器是如何把代码转换成内部的一些其他操作的。输入 scalac -Xprint:parse Control.scala 并按【Enter】键，查看编译的同时编译器做了哪些工作，如图 1-63 所示，可以看到 Scala 将 for 循环（for(i<-1 to 5) println(i)）转换成了 1.to(5).foreach(((i)=>println(i)))。

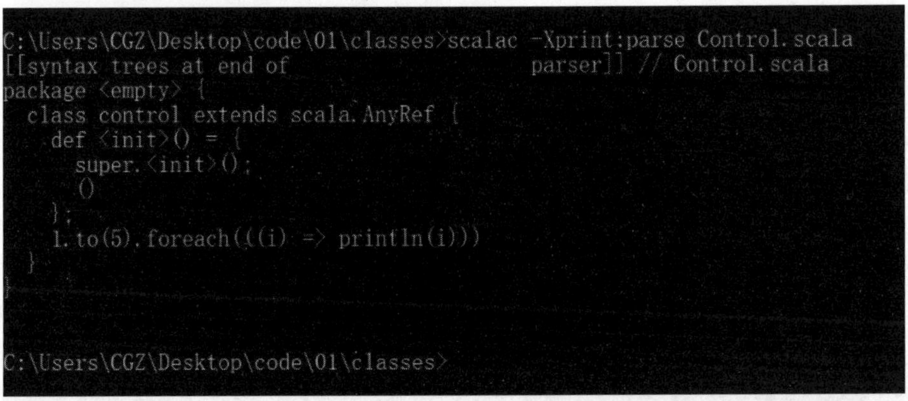

图 1-63　编译的同时查看编译器所做的工作

💡**注意：** 可以用 scalac -help 命令查看 scalac 支持的其他命令。其中有些命令之前已经使用过，例如 -classpath（即 -cp）、-Xprint 等。另外一些命令单看字面意思就知道其功能，例如 -encoding 用于指定字符集，-version 用于查看 Scala 编译器的版本，这里就不再详细介绍了。

这里推荐一款反编译工具 JD-GUI。后面讲解类时，会遇到非常多的类，所以不可能通过命令逐个编译类，而使用 JD-GUI 反编译工具可以把所有类放到一起编译，非常方便。

1.3.5 REPL 基本操作

● 视频

REPL 基本操作

下面学习运行 Scala 的第二种方式——使用 Scala 的解释器 REPL。REPL 是 Read-Eval-Print Loop（交互式解释器）的缩写，它是 Scala 中一个评估表达式的工具，可以把它理解成一个交互式的命令行工具。

如何才能进入到这个解释器中呢？前面讲过，在 Windows 控制台中输入 scala 命令＋编译好的类名后按【Enter】键就会运行这个类，如果只输入 scala 命令就是直接进入到 Scala 解释器中。REPL 的常用命令介绍如表 1-2 所示。

表 1-2　REPL 的常用命令

命　　令	功　　能
use//print<tab>to show typed desugarings	用 // print <tab> 显示键入的重复标记
use:helpfor a list of commands	获取命令列表
use:loadto load a file of REPL input	加载 REPL 输入文件
use:pasteto enter a class and object as companions	以输入类和对象作为伴侣
use:paste -rawto disable code wrapping, to define a package	禁用代码包装，以定义软件包
use:javapto inspect class artifacts	检查类工件
use-Yrepl-outdirto inspect class artifacts with external tools	使用外部工具检查类工件
use:powerto enter power mode and import compiler components	进入电源模式并导入编译器组件
use:settingsto modify compiler settings; some settings require:replay	修改编译器设置；某些设置要求：重播
use:replayto replay the session with modified settings	以修改后的设置重播会话

课堂案例

使用 REPL 命令交互编程。

需求描述：

熟悉常见的 REPL 命令和编程技巧。

使用技能：

REPL 命令和 Scala 基础。

操作步骤：

（1）按快捷键【Win+R】打开"运行"对话框，输入 cmd 后单击"确定"按钮，打开 Windows 命令控制台。在其中输入 scala 命令并按【Enter】键，进入 Scala 的交互式解释器，如图 1-64 所示。

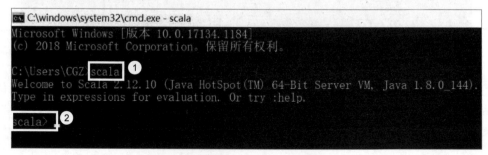

图 1-64　进入 Scala 的交互式解释器

（2）定义两个整型变量 x 和 y，并均赋值为 1。在解释器中输入 val x,y=1 并按【Enter】键，输出结果是 x=1，y=1，如图 1-65 所示。

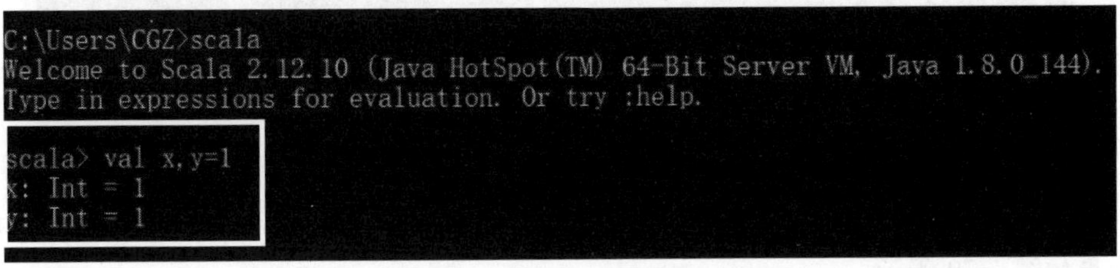

```
C:\Users\CGZ>scala
Welcome to Scala 2.12.10 (Java HotSpot(TM) 64-Bit Server VM, Java 1.8.0_144).
Type in expressions for evaluation. Or try :help.

scala> val x,y=1
x: Int = 1
y: Int = 1
```

图 1-65　定义两个变量并赋值

（3）对上一步中赋值的 x 和 y 求和。在解释器中输入 x+y 并按【Enter】键，得到 x 和 y 求和的结果 2，如图 1-66 所示。

```
scala> val x,y=1
x: Int = 1
y: Int = 1

scala> x+y
res0: Int = 2

scala>
```

图 1-66　对赋值的两个变量求和

（4）定义一个数组 a，数组元素为 1、2、3。在解释器中输入 val a=Array(1,2,3) 并按【Enter】键，输出结果如图 1-67 所示。

```
scala> x+y
res0: Int = 2

scala> val a=Array(1,2,3)
a: Array[Int] = Array(1, 2, 3)

scala>
```

图 1-67　定义一个数组 a

（5）调用上一步定义的数组 a 的求和方法，求数组中各元素之和。在解释器中输入 a.sum 并按【Enter】键，输出了数组元素之和的结果为 6，如图 1-68 所示。

```
scala> val a=Array(1,2,3)
a: Array[Int] = Array(1, 2, 3)

scala> a.sum
res1: Int = 6

scala>
```

图 1-68　数组元素求和

（6）查看前面创建的数组 a 的数据类型是字符串型还是整型。在解释器中输入 a.getClass 并按【Enter】键，输出结果显示数组 a 的数据类型是整型，如图 1-69 所示。

```
scala> a.sum
res1: Int = 6

scala> a.getClass
res2: Class[_ <: Array[Int]] = class [I

scala>
```

图 1-69　查看数组的数据类型

(7)定义一个字符串 s,字符串的内容为 hello scala。在解释器中输入 val s="hello scala" 并按【Enter】键，输出结果如图 1-70 所示。

```
scala> val s="hello scala"
s: String = hello scala

scala>
```

图 1-70　定义字符串 s

(8) 当想对上一步定义的字符串进行一些操作，但又不知道有哪些可用的方法时，可以输入 s. 并按【Tab】键。此时解释器中会显示所有字符串 s 可用的方法，如图 1-71 所示。继续按【Tab】键会显示更多方法内容。

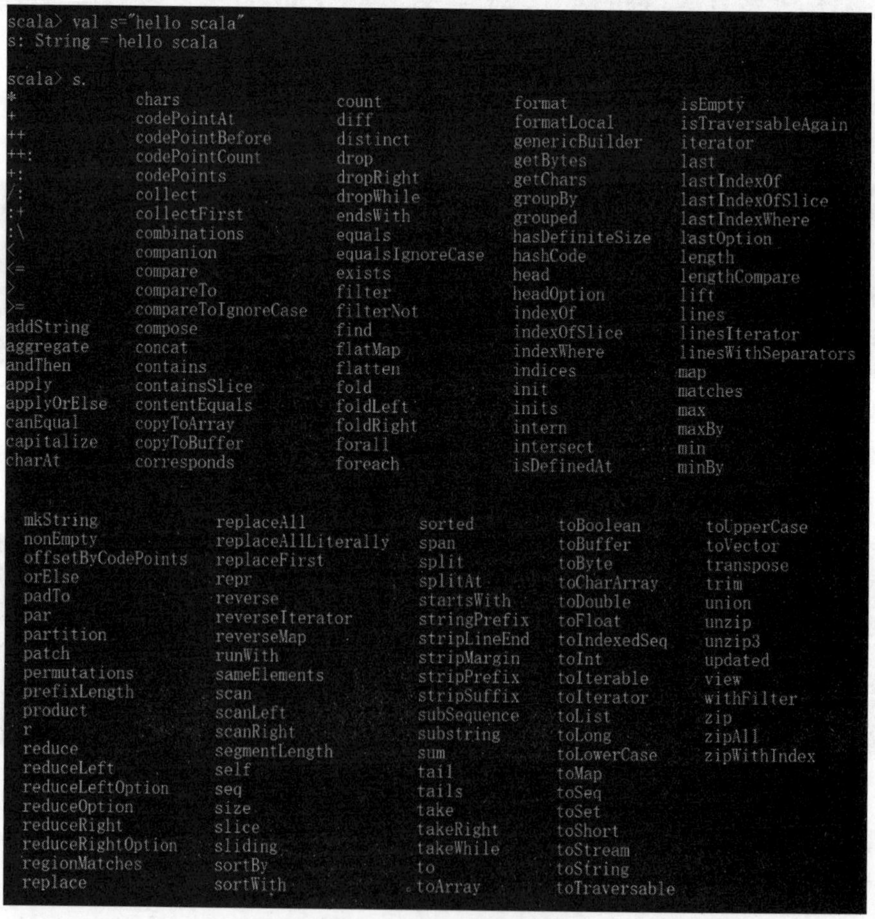

```
scala> val s="hello scala"
s: String = hello scala

scala> s.
*                chars            count            format           isEmpty
+                codePointAt      diff             formatLocal      isTraversableAgain
++               codePointBefore  distinct         genericBuilder   iterator
++:              codePointCount   drop             getBytes         last
+:               codePoints       dropRight        getChars         lastIndexOf
/:               collect          dropWhile        groupBy          lastIndexOfSlice
:+               collectFirst     endsWith         grouped          lastIndexWhere
:\               combinations     equals           hasDefiniteSize  lastOption
<                companion        equalsIgnoreCase hashCode         length
<=               compare          exists           head             lengthCompare
>                compareTo        filter           headOption       lift
>=               compareToIgnoreCase filterNot     indexOf          lines
addString        compose          find             indexOfSlice     linesIterator
aggregate        concat           flatMap          indexWhere       linesWithSeparators
andThen          contains         flatten          indices          map
apply            containsSlice    fold             init             matches
applyOrElse      contentEquals    foldLeft         inits            max
canEqual         copyToArray      foldRight        intern           maxBy
capitalize       copyToBuffer     forall           intersect        min
charAt           corresponds      foreach          isDefinedAt      minBy

mkString         replaceAll       sorted           toBoolean        toUpperCase
nonEmpty         replaceAllLiterally span           toBuffer         toVector
offsetByCodePoints replaceFirst   split            toByte           transpose
orElse           repr             splitAt          toCharArray      trim
padTo            reverse          startsWith       toDouble         union
par              reverseIterator  stringPrefix     toFloat          unzip
partition        reverseMap       stripLineEnd     toIndexedSeq     unzip3
patch            runWith          stripMargin      toInt            updated
permutations     sameElements     stripPrefix      toIterable       view
prefixLength     scan             stripSuffix      toIterator       withFilter
product          scanLeft         subSequence      toList           zip
r                scanRight        substring        toLong           zipAll
reduce           segmentLength    sum              toLowerCase      zipWithIndex
reduceLeft       self             tail             toMap
reduceLeftOption seq              tails            toSeq
reduceOption     size             take             toSet
reduceRight      slice            takeRight        toShort
reduceRightOption sliding         takeWhile        toStream
regionMatches    sortBy           to               toString
replace          sortWith         toArray          toTraversable
```

图 1-71　字符串 s 可用的方法

（9）此时就可以对字符串 s 进行相应操作了，比如要对字符串进行求和。在解释器中输入 s.sum 并按【Enter】键，输出结果如图 1-72 所示。

```
scala> s.sum
res3: Char = и

scala>
```

图 1-72　对字符串 s 求和

（10）若想查看字符串 s 可使用的以 c 开头的方法，只需在解释器中输入 s.c 并按【Tab】键，输出的部分结果如图 1-73 所示。

```
scala> s.c
canEqual     charAt     codePointAt      codePointCount    collect
capitalize   chars      codePointBefore  codePoints        collectFirst
```

图 1-73　输出以 c 开头的方法

（11）定义一个字符串 a，字符串的内容为 4，在解释器中输入 val a="4" 并按【Enter】键，输出结果如图 1-74 所示。

```
scala> val a="4"
a: String = 4
```

图 1-74　定义字符串 a

（12）查询字符串 4 可使用的以 to 开头的方法，在解释器中输入 4.to 并按【Tab】键，输出的部分结果如图 1-75 所示。

```
scala> 4.to
to   toBinaryString   toByte   toChar   toDegrees   toDouble
```

图 1-75　查询以 to 开头的方法

（13）使用 toInt 方法把字符串 a 转换成整型。在解释器中输入 a.toInt 并按【Enter】键，输出结果显示字符串 a 已转换成整型，如图 1-76 所示。

```
scala> a.toInt
res4: Int = 4
```

图 1-76　将字符串转换成整型

1.3.6　REPL 常见命令的应用

前面已经学习了如何使用 Scala 解释器编写 Scala 程序，以及 Scala 解释器中的一些技巧，接下来通过实例讲解 REPL 常见命令的应用。

1. 在 Scala 解释器中使用自定义类或者第三方类

在使用 Scala 解释器的时候，可以直接使用像字符串、整型、浮点型等这些常用类型的对

视　频

REPL 常见命令

象和方法，这是由于 Scala 解释器在启动时会自动加载 Scala 和 Java 的环境变量，从而把 Scala 和 Java 的一些默认定义好的方法和类加载进来的缘故。也就是说，当运行 scala 命令启动 Scala 解释器时，除了要加载已经配置好的环境变量外，它还会加载当前目录下的所有 class 文件。但是自定义类或者第三方类往往放置在特定目录中而不在当前目录下，那要调用它们时该如何操作呢？下面就以调用 Person 类为例来讲解使用自定义类或第三方类的方法。

（1）在 Windows 命令控制台中输入 scala 并按【Enter】键，进入 Scala 解释器。

（2）打开 Person 类（内容如下），发现只有一个类和一个参数，因此只要创建一个对象、传一个参数就可以了。

```
class Person(var name:String){
}
```

（3）输入 new Person("scala")，即创建一个 Person 对象并传递一个参数，该参数的类型是一个字符串。按【Enter】键执行，结果提示报错，表示找不到 Person 类型，如图 1-77 所示，这就说明 Person 类没有被引入。

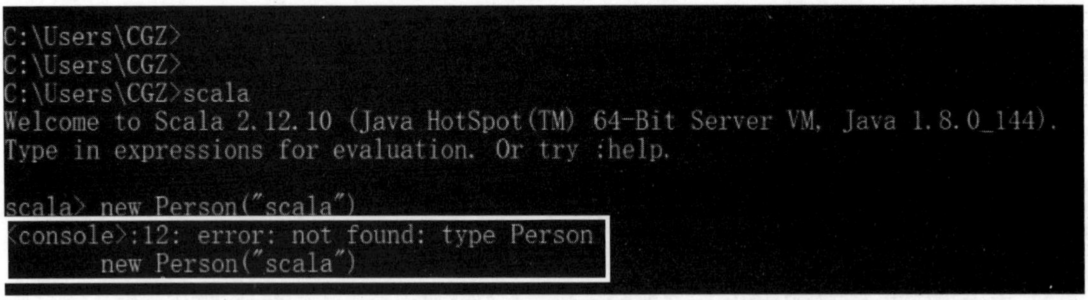

图 1-77　提示报错

（4）为解决上一步的问题，切换到 Person 类所在的目录下启动 Scala 解释器即可。按快捷键【Ctrl+C】，根据提示输入 y 并按【Enter】键退出 Scala 解释器，如图 1-78 所示。

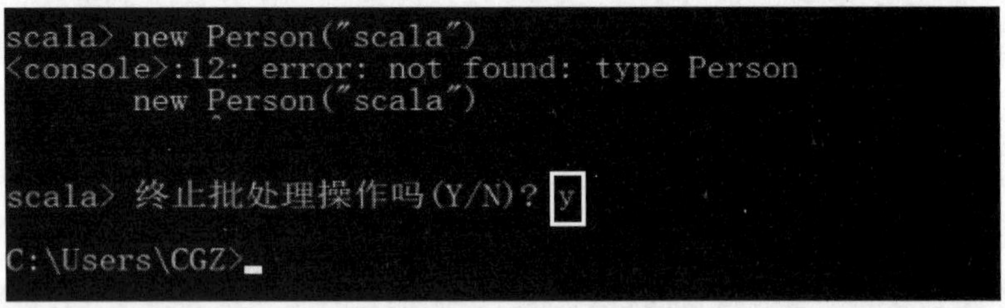

图 1-78　退出 Scala 解释器

（5）切换到 Person 类所在的目录下，复制地址栏中的路径，如图 1-79 所示。

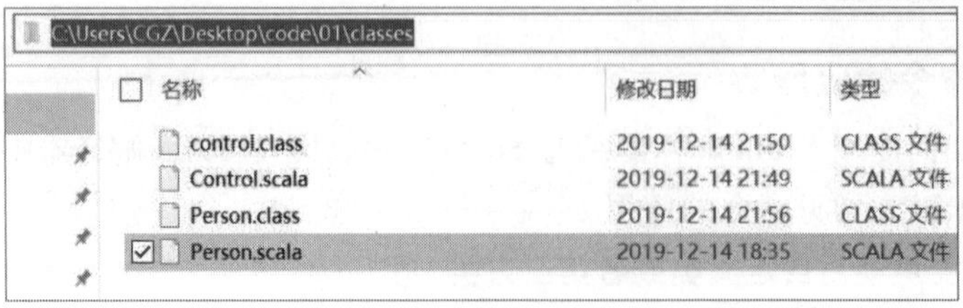

图 1-79　复制路径

（6）返回控制台后输入 cd 加上上一步复制的路径，按【Enter】键，即可切换到 Person 类所在的目录下。这时输入 scala 命令并按【Enter】键，再次进入 Scala 解释器，如图 1-80 所示。

图 1-80　切换路径后再次打开 Scala 解释器

（7）再次输入 new Person("scala") 并按【Enter】键，这次没有报错，并且成功创建一个 Person 对象，并赋给了 res0，如图 1-81 所示。

图 1-81　创建 Person 对象成功

（8）查看 res0 的 name 属性。输入 res0.name 并按【Enter】键，得到了 name 属性值为 scala 并赋给了 res1，如图 1-82 所示。

图 1-82　查看 res0 的 name 属性

> 注意：当没有把一个表达式或者对象赋给一个变量时，Scala 会自动将其赋予一个名为 res+ 数字的变量，这个变量名中的数字是按照 0、1、2、3……的排序递增的。上面步骤（7）和步骤（8）中的 res0 和 res1 就是这种自动创建的变量。

（9）以上方法只能加载当前路径下的类，如果要加载多个目录下的类文件，则需要使用 -cp 命令。因此接着使用 -cp 命令指定要加载的类路径，以解决前面步骤（3）的问题。首先连续按两次快捷键【Ctrl+C】退出 Scala 解释器，然后输入 cd ..，退出 class 文件所在目录（这样默认就不能加载类了）。输入 scala -cp . ; C:\Users\CGZ\Desktop\code\01\classes 并按【Enter】键，表示加载当前目录下的所有类和指定的 C:\Users\CGZ\Desktop\code\01\classes 路径下所有类的情况下启动 Scala 解释器，如图 1-83 所示。

图 1-83　启动 Scala 解释器时加载多个目录下的类文件

（10）再次输入 new Person("scala") 并按【Enter】键，没有报错并且成功创建了一个 Person 对象，并赋给了 res0；接着输入 res0.name 并按【Enter】键，调用 res0 的 name 方法，得到 name 属性值为 scala 并赋给了 res1，如图 1-84 所示。

```
C:\Users\CGZ\Desktop\code\01>scala -cp .;C:\Users\CGZ\Desktop\code\01\classes
Welcome to Scala 2.12.10 (Java HotSpot(TM) 64-Bit Server VM, Java 1.8.0_144).
Type in expressions for evaluation. Or try :help.

scala> new Person("scala")
res0: Person = Person@53aa38be

scala> res0.name
res1: String = scala
```

图 1-84　成功创建 Person 对象并调用 name 方法

（11）上面是解决步骤（3）问题的两种办法，其实还有第三种方式，那就是使用 Scala 解释器的命令。首先输入 :help 并按【Enter】键，查看有哪些解释器命令可以使用，如图 1-85 所示。

```
scala> :help
All commands can be abbreviated, e.g., :he instead of :help.
:completions <string>     output completions for the given string
:edit <id>|<line>         edit history
:help [command]           print this summary or command-specific help
:history [num]            show the history (optional num is commands to show)
:h? <string>              search the history
:imports [name name ...]  show import history, identifying sources of names
:implicits [-v]           show the implicits in scope
:javap <path|class>       disassemble a file or class name
:line <id>|<line>         place line(s) at the end of history
:load <path>              interpret lines in a file
:paste [-raw] [path]      enter paste mode or paste a file
:power                    enable power user mode
:quit                     exit the interpreter
:replay [options]         reset the repl and replay all previous commands
:require <path>           add a jar to the classpath
:reset [options]          reset the repl to its initial state, forgetting all session entries
:save <path>              save replayable session to a file
:sh <command line>        run a shell command (result is implicitly => List[String])
:settings <options>       update compiler options, if possible; see reset
:silent                   disable/enable automatic printing of results
:type [-v] <expr>         display the type of an expression without evaluating it
:kind [-v] <type>         display the kind of a type. see also :help kind
:warnings                 show the suppressed warnings from the most recent line which had any
```

图 1-85　解释器可用的命令

💡注意：在 Scala 解释器中使用命令时，输入的命令名前必须加上英文状态的 : 才能被正确识别，否则执行后会报错。

（12）从上一步得知，解释器命令 load 可以用来加载定义好的 Scala 文件，因此输入 :load C:\Users\CGZ\Desktop\code\01\classes\Person.scala 并按【Enter】键，结果提示 Person 类已定义，如图 1-86 所示。

```
scala> :load C:\Users\CGZ\Desktop\code\01\classes\Person.scala
Loading C:\Users\CGZ\Desktop\code\01\classes\Person.scala...
defined class Person
```

图 1-86　加载 Scala 文件

（13）输入 new Person("scala") 并按 Enter 键，没有报错并且成功创建了 Person 对象，并赋给了 res3；接着输入 res3.name 并按【Enter】键，调用 res3 的 name 方法，得到了 name 属性值为 scala 并赋给了 res4，如图 1-87 所示。

图 1-87　成功创建 Person 对象并调用 name 方法

至此，在 Scala 解释器中使用自定义类或者第三方类的三种方式就介绍完了。这里更推荐使用 -cp 这种方式，因为这种方式更灵活一些，尤其是当文件和类很多的时候。希望大家习惯用这种方式来加载外部的一些类，当然也可以用这种方式来加载 jar 包。

2．在 Scala 解释器中输入 if…else…语句

if…else…语句在编程时使用频率很高，主要用来实现当条件为真时执行 A 操作，当条件为假时执行 B 操作的功能。那么 Scala 解释器中是否可以使用 if…else…语句呢？实践发现，当在 Scala 解释器中输入 if…else…语句时，只要一按【Enter】键就会退出，无法完成整个 if…else…语句的编写，如图 1-88 所示。

图 1-88　无法输入整个 if…else…语句

导致上述结果的原因是，当 Scala 解释器遇到一个结束符时，它就会认为一个语句已经结束了。所以说，像 if…else…这种带有多行结束符的语句，是没法在 Scala 解释器中运行的。就算是提前编写好的一段 if…else…代码，复制过来一样是无法使用的，因为解释器会认为代码在第一行就已经结束了。那是不是就没有任何办法能够在 Scala 解释器中使用 if…else…语句了呢？其实可以使用解释器命令 paste 完成 if…else…代码的输入，具体实现方法介绍如下。

（1）输入 :paste 并按【Enter】键，提示已进入粘贴模式，如图 1-89 所示。

图 1-89　进入粘贴模式

（2）此时输入 if(false){} 并按【Enter】键，发现并没有像前面图中那样直接退出，而是进行了换行，如图 1-90 所示。

图 1-90　输入一句后没有退出

（3）通过多次输入并按【Enter】键，完成整个 if…else…语句的输入，可以看到整个输入过程中一直都没有退出编写，如图 1-91 所示。

```
scala> :paste
// Entering paste mode (ctrl-D to finish)

if(false){}
println("false")
if(false)
println("i am false")
else
println("iam true")
```

图 1-91　完成整个 if…else…语句的输入

（4）按下快捷键【Ctrl+D】，退出粘贴模式并输出整个上一步输入语句的执行结果，如图 1-92 所示。

```
// Exiting paste mode, now interpreting.

false
iam true

scala>
```

图 1-92　退出粘贴模式并输出结果

> **注意：** 其实还可以使用之前讲过的 load 命令实现在 Scala 解释器中使用 if…else…语句。只需把相关 if…else…语句写在一个可运行的 Scala 文件中，然后通过 load 方式即可将它加载进来。

1.4　Scala 基础语法

1.4.1　Scala 的标识符

● 视频

Scala 标识符

下面简单介绍标识符及其作用。

1. 标识符的定义

标识符是用户编程时使用的名字，可用于给变量、常量、函数、语句块等命名，以建立起名称与使用之间的关系。

2. Scala 中标识符的作用

Scala 组件都需要名称，所以标识符的作用是给对象、类、变量和方法命名。

在 Scala 中使用标识符时需要注意以下两点：

- 标识符不能以数字开头，并且不能是 Scala 中的关键字（但可以包含关键字）。例如，Scala 中的关键字 def 用来定义一个方法，所以像 val def=3 这样把 def 作为标识符来使用就是错误的，但若把 def 改成 adef 则是正确的。
- 符号 $ 在 Scala 中也可以看作字母。然而以 $ 开头的标识符被保留作为 Scala 编译器产生的标识符之用，应用程序应该避免使用 $ 开头的标识符，以免造成冲突。

3. Scala 中标识符的分类

Scala 中的标识符分为字母数字标识符、运算符标识符、混合标识符和字面量标识符四大类，分别介绍如下。

- 字母数字标识符:字母数字标识符以字母或下画线开头,后面可以有更多的字母、数字或下画线。不建议在标识符中使用 $ 开头的标识符。
- 运算符标识符:运算符标识符由一个或多个运算符字符组成。运算符字符是可打印的 ASCII 字符,如 +、:::、:->($colon$minus$greater)、?、~、# 等。
- 混合标识符:混合标识符是字母数字标识符后面跟着一个下画线和一个运算符标识符,如 a_+。
- 字面量标识符:一个字面量标识符是一个随意的字符串,包含在反引号 (' ') 中。前面讲过,Scala 中的关键字不可以作为标识符使用,但是用反引号括起来就可以使用了,比如 'def'、'yield' 等。

练一练

请指出以下哪些选项是合法的标识符。若判断为不合法的标识符,请给出原因。

A. age   B. abc#@   C. salary   D. a b   E. name_+

F. _value   G. _1_value   H. $salary   I. yield   J. 123abc

K. def   L. implicit   M. For   N. -salary

> 注意:选项 M 中的 For 由于首字母是大写的,因此不属于保留关键字,所以是合法的标识符,但是 for 属于保留关键字,不能作为标识符使用。

1.4.2 Scala 的关键字和注释

1. Scala 与 Java 的关键字

下面学习 Scala 的关键字,在讲解时会与 Java 做一个对比。Scala 中有特殊用途的单词称为关键字,也就是说,在开发 Scala 语言时,其开发者就已经为这些单词赋予了特殊的用途,作为使用者只能去使用它,而不能改变它的用途。所以上一节在讲解标识符时强调了关键字不能作为标识符,即定义一个变量或者常量的时候,不能使用关键字声明变量名或者常量名,定义一个方法、类或者对象时,同样不能使用关键字,否则就会报错。

视频 ●······

Scala 的关键字和注释

●············

图 1-93 中列出了 Scala 和 Java 中的关键字,可以看到其中有 Scala 和 Java 共有的关键字,也有各自独有的关键字。

assert、boolean、break、byte char、continue、default、double、enum、float、implements、instanceof、int、interface、long、native、public、short、static、strictfp、switch、synchronized、throws、transient、volatile、void、const goto

abstract、case、catch、class、do、else、extends、false、final finally、for、if、import、new、null、package、private、protected、return、super、this throw、true、try、while

def、forSome、implicit、lazy、match、object、override、sealed、trait、type、val、var、with、yield

图 1-93 Scala 与 Java 中的关键字

　　图 1-93 中间两框相交的部分是 Scala 和 Java 共有的关键字，其中，关键字 abstract 用于定义抽象类，关键字 catch 用于捕获异常，关键字 case 在模式匹配时使用，关键字 class 用于定义类，关键字 final 用于定义一些变量方法，关键字 finally 用于异常捕获……这里重点说明一下关键字 null，虽然 Scala 和 Java 中都有 null 这个关键字，但在 Scala 中不提倡使用 null 关键字。关键字 return 也比较特殊，虽然 Scala 和 Java 中都有该关键字，但在 Scala 中除某些特殊场景必须使用 return 外，同样不提倡使用 return。

　　图 1-93 右侧框中列出的是 Scala 特有的关键字，其中的关键字 def 之前已经接触过，它用于定义方法；关键字 implicit 是 Scala 在做隐式转换的时候前面标识的一个定义；关键字 lazy 是懒加载，稍后在学习变量的时候会讲解；关键字 match 在 Scala 中的作用相当于做一个模式匹配，类似于 Java 中的 switch；关键字 object 用来定义一个对象，因为 Scala 中没有静态成员，所以一般静态成员都写在 object 里，它同时也是一个可执行程序入口；在 Java 中，要想重写的方法，需要使用 override 注解来标识，而在 Scala 中将 override 这个关键字写在 def 方法前面，就代表重写一个方法；关键字 trait 类似于 Java 中的接口和抽象类，其用法也类似于接口和抽象类的结合，正是由于关键字 trait，Scala 可以存在多继承，或者准确地说应该是可以混入多个特质，后面也会单独作为一个重点章节来讲解；关键字 type 用于在 Scala 中自定义一个类型；val、var 这两个关键字，用于在 Scala 中定义变量，在 Java 中定义变量时必须指定其类型，但在 Scala 中则不需要，是由 Scala 自动推断；关键字 with 用在 Scala 中继承多个类的时候，而在 Java 中是不支持多继承的；关键字 yield 非常重要，Scala 正是由于引入了这个关键字，使得 Scala 中的 for 循环，也可以作为一个带返回值的 for 循环，而 Java 中在 for 循环的时候是没有返回值的。

　　图 1-93 左侧框中列出的是 Java 特有的关键字，其中，关键字 break 和 continue 的作用是控制一个循环语句何时结束，在 Scala 中并没有 break 和 continue 关键字，而是用其他的方式来控制循环结构；关键字 native 用于调用本地方法，在 C 语言和 Java 交互的时候使用；关键字 synchronized 在并发的时候使用；在 Java 中，方法要是没有任何返回值的话可以定义成 void，而在 Scala 中则会定义成 unit，其实 void 和 unit 关键字的功能相同，只是名称不同而已。

　　以上简要介绍了 Java 和 Scala 的关键字，大家需要重点记忆的是 Scala 关键字的作用，以及哪些是与 Java 类似的。其他关键字只需了解一下即可，通过后面的学习，会更深入了解这些关键字。

2．Scala 代码中的注释

　　在代码中添加注释可以解释说明程序，提高程序的可读性。和 Java 一样，在 Scala 中，主要有单行注释、多行注释和文档注释这三种类型，它们的语法格式分别如下。

　　单行注释的语法格式：

```
// 注释文字
```

　　多行注释的语法格式：

```
/* 注释文字 */
```

　　文档注释的语法格式：

```
/** 注释文字 */
```

　　人们工作当中最困难的就是阅读别人写的没有注释的代码，因为一个没有注释的代码，同样的一段逻辑，只有编写者本人才能理解它的思路。所以强调代码一定要规范，一定要添加注释，尤其是在大的项目中，会有多人阅读同一代码的情况，这时代码中有详尽的注释，就可以节省许多宝贵的时间。

在编写一段比较复杂的程序时，注释还可以帮我们理清思路。可以先把整个思路通过注释写下来，然后再去实现一些复杂的逻辑，这样当过了很长一段时间发现可能忘了最初思路的时候，可以通过注释快速地回想起来。

在工作中可能要写一些文档来解释编写的方法或类的代码，这时采用文档注释就可以把程序员编写的一些方法、类的代码，自动转换成一种 Java 的文档（Javadoc），通过这种文档，就能够理解程序员编写这个方法或类的代码到底是什么含义了。

1.4.3　Scala 的分号

分号是表达式的分隔符，Scala 具有自动推断分号的功能。

在 Scala 和 Java 中，分号都是一个语句的分隔符，都起到判断一个语句或表达式是否结束的作用。在 Java 中编写代码时，每一个表达式或者一条语句，都要用一个分号作为结尾然后才能再写下一行；当在一行中写多个表达式的时候，也要用分号进行分隔。与 Java 中编写代码换行时必须用分号结束这一强制性要求不同，Scala 具有自动推断分号的功能。也就是说，在 Scala 中编写代码换行时，可以不加分号，当没有加分号时，Scala 会在编译时自动加上分号。虽然 Scala 具有自动推断分号的功能，但是必须遵守以下规则：

- 如果一行只有一条语句或一个表达式时，则分号可以加，也可以不加；
- 如果一行有多条语句或多个表达式时，则分号必须加。

以上就是 Scala 中自动推断分号时的强制规则。实际编写代码时不建议在一行写多个表达式或多条语句，除非有特殊要求，否则都应该是一条语句、一个表达式占用一个代码行。所以说在 Scala 中大部分情况下都是不需要加分号的，当然加上分号也不算错。

Scala 在自动推断分号时一般以换行代表一条语句或一个表达式的结束，但是在遇到以下任何一种情况时都会推断出表达式尚未结束，从而把当前表达式延续到下一行：

- 如果当前行以一个不能结尾的词结尾，如英文句号或中缀操作符；
- 如果当前行结尾出现在 () 或 [] 内。

下面举例说明。

若 x=4，y=2，则分别依据以下三段代码来求 z 的值。

（1）val z=x
　　　-y
（2）val z=x-
　　　y
（3）z=(x
　　　+y)

根据刚才所讲，如果一行只有一个表达式，Scala 一般会自动添加分号。所以在第 1 个例子中，会在 val z=x 句末添加一个分号，于是 -y 就被看成第 2 条语句了，所以这时 z=4。在第 2 个例子中，val z=x- 也是一个表达式，Scala 按理说也应该在句末添加一个分号，但因为 - 属于中缀操作符，会延续到下一行，从而把 x-y 放在一起计算，所以此时的 z=x-y=2。在第 3 个例子中，第一行表达式的结尾包含在 () 内，所以不会在第一行加分号，会延续到下一行，从而把 (x+y) 放在一起计算，所以这里的 z=(x+y)=6。

练一练

（1）判断以下语句是否为合法的语句。

```
val s = hello" println(s)
```

（2）如果 x=2，y=3，根据以下代码段分别求 z 的值。

A.z=x*   B.z=x   C.z=(x

y   *y   *y)

1.4.4 Scala 分号示例演示

视频

Scala 分号
示例演示

下面举例复习一下 Scala 分号的使用。

（1）进入 Windows 命令控制台，输入 scala 并按【Enter】键，进入 Scala 解释器。

（2）检验一下 Scala 中在一行输入多个表达式时是否可以不输分号。输入 val a=2 println("a="+2) 并按【Enter】键，结果提示错误的打印值，如图 1-94 所示。

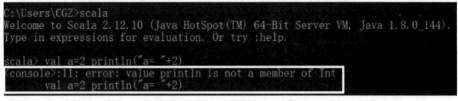

图 1-94 提示错误

（3）从上一步的结果可知，在 Scala 中，如果一行要写多个表达式，必须用分号进行分隔，否则 Scala 无法自行推断而去加分号。所以加上分号，即重新输入代码 val a=2;println("a="+2) 并按【Enter】键，得到了 a=2 的正确结果，如图 1-95 所示。

（4）输入 :paste 并按【Enter】键，进入粘贴模式。然后通过手动输入各种表达式来检验 Scala 自动推断加分号的情况，如图 1-96 所示。

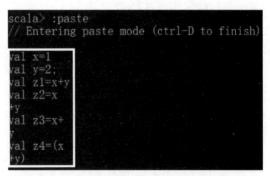

图 1-95 得到了正确结果   图 1-96 进入粘贴模式输入测试表达式

💡**注意**：这里举例时分多行输入表达式，尤其是将一个表达式分写在两行中的情况完全是为了验证 Scala 自动添加分号的规则，虽然这样写在 Scala 中可以运行，但在实际编写代码中不建议这样做。除非一条语句的运算特别多，否则都应该一行写一条完整的表达式，也就是说，编写代码时一条语句和表达式最好占用一行，除特殊情况外不使用分号。

（5）紧接着输入 4 条 println 语句，如图 1-97 所示，打印出由上一步输入表达式计算出的 z1、z2、z3、z4 的结果。

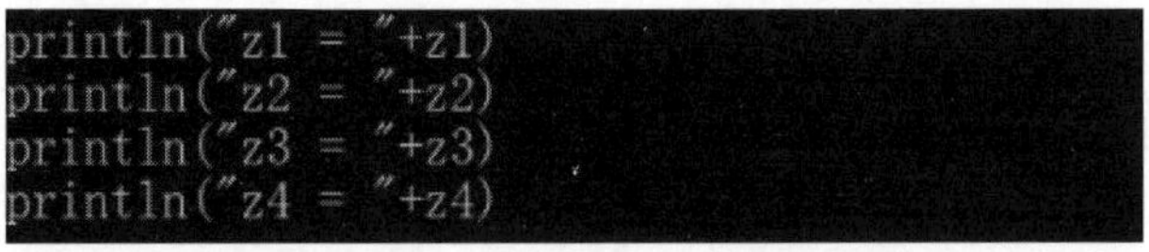

```
println("z1 = "+z1)
println("z2 = "+z2)
println("z3 = "+z3)
println("z4 = "+z4)
```

图 1-97　输入 println 语句

（6）按快捷键【Ctrl+D】退出粘贴模式，打印出的计算结果如图 1-98 所示。

```
// Exiting paste mode, now interpreting.

z1 = 3
z2 = 1
z3 = 3
z4 = 3
x: Int = 1
y: Int = 2
z1: Int = 3
z2: Int = 1
z3: Int = 3
z4: Int = 3
```

图 1-98　计算结果

（7）输入 :paste 并按【Enter】键，再次进入粘贴模式。通过复制粘贴和手动输入编辑如下代码：

```
val x=1
val y=2;
val z=
x+y
def out(s:String)={
    println("String="+s)
}
out("scala")
```

代码编辑完毕后按快捷键【Ctrl+D】退出粘贴模式，得出的结果如图 1-99 所示。

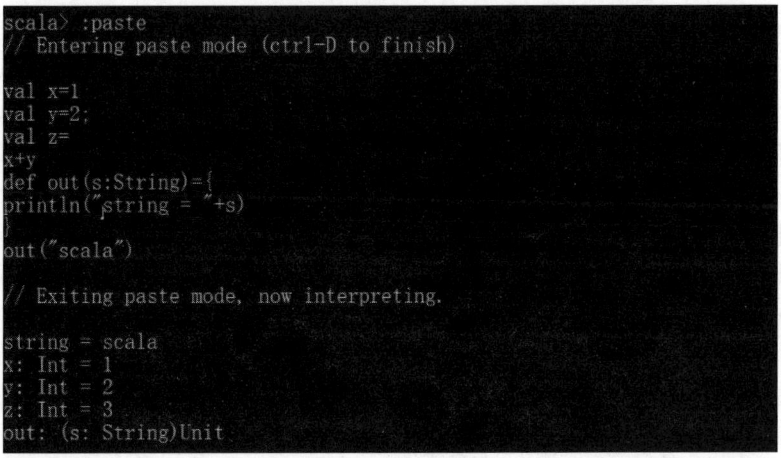

```
scala> :paste
// Entering paste mode (ctrl-D to finish)

val x=1
val y=2;
val z=
x+y
def out(s:String)={
println("string = "+s)
}
out("scala")

// Exiting paste mode, now interpreting.

string = scala
x: Int = 1
y: Int = 2
z: Int = 3
out: (s: String)Unit
```

图 1-99　运行结果

(8)举一个对象调用方法的例子,并使对象和调用的方法不在一行,检验一下 Scala 是否会正确识别。输入 :paste 并按【Enter】键, 再次进入粘贴模式, 然后输入如下代码。

```scala
class Person{
    def sayHello(){println("hello scala")}
}
new Person().
sayHello()
```

代码编辑完毕后按快捷键【Ctrl+D】退出粘贴模式,可以看到正确输出了 hello scala, 如图 1-100 所示。代码中对象 Person 和方法 sayHello() 虽然不在一行, 但是因为 Person() 后有一个英文句号, 所以 Scala 会认为这是不完整语句而把分号加到下一行的 sayHello() 后。

```
scala> :paste
// Entering paste mode (ctrl-D to finish)

class Person{
def sayHello(){println("hello scala")}
}
new Person().
sayHello()

// Exiting paste mode, now interpreting.

hello scala
defined class Person
```

图 1-100　正确输出了 hello scala

1.4.5　Scala 的变量

●视频

Scala 的变量

下面学习 Scala 的变量, 首先给出变量的定义, 变量是一种使用方便的占位符, 用于引用计算机内存地址, 变量创建后会占用一定的内存空间。编程的本质实质上是对存储在内存中数据的修改和访问, 而要想修改和访问内存中的数据, 就需要由变量去实现。可以把内存理解成一个很大的空间, 每个变量都会占用这个空间中的一小块, 并且每一小块空间都有一个名称和地址, 这样一来当需要访问或修改某一块数据时, 就可以通过对应的名称和地址找到这个空间, 从而找到该空间内所存的数据, 这就是变量和变量的作用。

在 Scala 中, 要想使用变量必须先对它进行声明。因为 Scala 和 Java 一样, 都是一个强类型语言, 所以说要想使用一个变量, 就必须得先声明后使用, 并且该变量只能接收与声明时指定类型相匹配的值。假设声明时定义了一个字符串变量, 那么以后这个变量就只能接收字符串类型的值。这样做的好处在于, 在编译时由于已经强制指定了变量和类型, 因此编译器就可以对编写的代码进行一个严格的语法检查, 从而减少运行中出错的概率。

在 Java 中声明变量时一定要明确指明变量的类型, 而 Scala 中则不同, 声明任何类型的变量时用 var 或者 val 声明即可, Scala 会自动推断变量的类型。不过 var 和 val 的使用还是有一些区别的, 具体介绍如下。

- var : 用于声明可变变量。如果一个变量是用 var 声明的, 那么这个变量既可访问也可修改。
- val : 用于声明不可变变量。如果一个变量是用 val 声明的, 那么这个变量只可访问而不可修改。

上面提过, 声明变量时 Scala 会自动推断变量的类型, 但是用户也可以在声明时直接指定类型。

声明一个带类型的变量的语法格式如下：

```
var/val 变量名：类型
```

Scala 还支持在一行声明多个变量，这在 Java 中是不被允许的。在一行声明多个变量时，只需用英文逗号分隔开各变量即可，但要注意各变量的类型必须相同。

在一行声明多个变量的语法格式如下：

```
var/val 变量1,变量2,... = 变量值
```

练一练

以下哪些是合法的语句？若判断为不合法的语句，请给出原因。

A．val a=10

B．var b:String=100

C．val s="hello";

　　s=" 您好 "

D．var age=10;

　　age=20

课堂案例

分别使用 val 和 var 定义一个变量 name。

使用 val 同时声明多个变量。

操作步骤：

（1）打开 Windows 命令控制台，输入 scala 并按【Enter】键，进入 Scala 的解释器。

（2）使用 val 定义一个变量 name。输入 val name="scala" 并按【Enter】键，可以看到变量定义成功，并且成功推断出其变量类型为 String，如图 1-101 所示。

```
scala> val name="scala"
name: String = scala

scala>
```

图 1-101　使用 val 定义一个变量 name

（3）修改上一步定义的变量 name 的值。输入 name="java" 并按【Enter】键，结果提示报错，原因就是用 val 声明的变量值不能进行修改，如图 1-102 所示。

```
scala> name="java"
<console>:12: error: reassignment to val
        name="java"
```

图 1-102　提示报错

（4）要想修改变量值，可以使用 var 定义变量。使用 var 重新定义变量 name。输入 var name="scala" 并按【Enter】键，可以看到变量已定义成功，接着输入 name="java" 并按【Enter】键，

可以看到变量值已被成功修改，如图 1-103 所示。

```
scala> var name="scala"
name: String = scala

scala> name="java"
name: String = java

scala> _
```

图 1-103　使用 var 定义变量 name 并修改变量值

注意：其实 Scala 中使用 val 声明的变量不可重赋值这一点，就相当于 Java 中用 final 关键字修饰的变量，因为经过 final 修饰的变量值同样不可被改变。

（5）使用 val 同时声明多个变量。输入 val a,b=3 并按【Enter】键，可以看到成功声明了两个整型变量 a、b 并均赋值为 3，如图 1-104 所示。

（6）使用 var 同时声明多个变量。输入 var x,y="scala" 并按【Enter】键，可以看到成功声明了两个字符串型变量 x、y 并均赋值为 scala，如图 1-105 所示。

```
scala> val a,b=3
a: Int = 3
b: Int = 3
```

图 1-104　用 val 同时声明多个变量

```
scala> var x,y="scala"
x: String = scala
y: String = scala
```

图 1-105　用 var 同时声明多个变量

（7）修改变量值的类型，使其与声明变量时指定的类型不同。输入 var name="scala" 并按【Enter】键，声明一个字符串类型的变量 name，接着输入 name=2 并按【Enter】键，结果提示类型不匹配，如图 1-106 所示，这里出错的原因就在于重新赋予的变量值类型（2 是整型值）与声明变量时指定的类型（字符串型）不一致。

```
scala> var name="scala"
name: String = scala

scala> name=2
<console>:12: error: type mismatch;
 found   : Int(2)
 required: String
       name=2
```

图 1-106　结果报错

注意：由于 Scala 是一种强类型的语言，因此在声明变量时指定的数据类型与所赋值的数据类型一定要匹配，否则就会报错。

视频

Scala 变量内存结构

1.4.6　Scala 变量内存结构

前面学习了如何定义和使用 Scala 中的变量，下面深入研究 Scala 中变量的内存结构。

前面已经讲过，变量的三要素是变量的名称、变量的地址，以及真正存储数据的内存空间，通过变量的名称和地址来找到真正存储数据的空间。在 JVM 中，变量和变量的地址还有数据是分开存储的，整个内存被划分为两大部分："栈"和"堆"，如图 1-107 所示。"栈"里主要存储引用的地址，也就是内存空间的地址；而"堆"里存的是内存空间。每一个声明的变量都会被分配"堆"里的一部分内存空间，并为该部分内存空间分配一个标号，这个标号实际就是内存空间的地址，该地址和变量存储在"栈"中。当一个变量想要访问其内存空间中的数据时，就要先在"栈"中找到该变量对应的内存空间的地址，然后通过该地址指向或者引用"堆"中的数据。

讲解 val 和 var 时提到过，用 val 声明的是一个不可变的变量，用 var 声明的是一个可变的变量，那么这里的可变与不可变指的是什么呢？

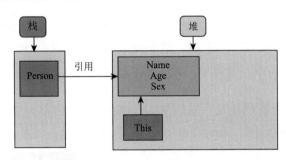

图 1-107　Scala 中变量的内存结构

了解了 Scala 中变量的内存结构后，就很容易明白所谓的可变与不可变指的是声明的这个变量是否可以再引用其他内存空间中的数据。也就是说，如果是用 val 声明的变量，那么这个变量在最开始指向一个内存空间后就不可以再引用其他内存空间了；如果是用 var 声明的变量，那么这个变量在最开始指向一个内存空间后还可以再引用其他内存空间。

> 注意：这里的可变与不可变与内存空间中的数据是否可变是没有关系的，内存空间中的数据是否可变还是由这个数据的变量到底是由 val 定义的还是由 var 定义的所决定。

练一练

以下代码中标注的①、②、③哪个是合法的语句。

```scala
class Person {
  val name="Scala"
  val sex="wo"
  var age=20
}
val person=  new Person
  person.name="scala"        // ①
  person.age=30              // ②
  person=  new Person        // ③
```

课堂案例

定义一个数组 array，数组中有 java、scala 和 go 三个字符串，用两种方式实现下面的要求：将数组 array 中的字符串改为 python、rust 和 c 三个字符串。

操作步骤：

（1）打开 Windows 命令控制台，输入 scala 并按【Enter】键，进入 Scala 解释器。

（2）用 val 定义一个数组。输入 val array=Array("java","scala","go") 并按【Enter】键，可以看到数组定义成功，如图 1-108 所示。

```
scala> val array=Array("java","scala","go")
array: Array[String] = Array(java, scala, go)

scala>
```

图 1-108 定义一个数组

（3）将一个新的数组赋给上一步的变量 array，查看能不能实现对数组元素的替换。输入 array=Array("python","go","rust") 并按【Enter】键，结果提示报错，如图 1-109 所示。出错的原因是因为数组变量 array 是用 val 声明的，所以不能为它重新赋予一个新数组，也就是说之前定义的数组不能再引用其他内存空间。

（4）为了实现对数组元素的修改，可以逐一为数组中的每个元素重新进行赋值。依次输入 array(0)="python"、array(1)="rust"、array(2)="c" 并按【Enter】键，如图 1-110 所示。

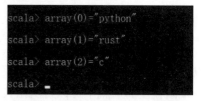

```
scala> array=Array("python","go","rust")
<console>:12: error: reassignment to val
       array=Array("python","go","rust")
```

图 1-109 结果提示报错

图 1-110 为数组元素逐一赋值

（5）验证数组中的元素是否已被修改，只需把数组变量 array 赋给新变量 a，查看变量 a 的内容即可。输入 val a=array 并按【Enter】键，可以看到变量 a 中数组元素已经修改完成，如图 1-111 所示。

```
scala> val a=array
a: Array[String] = Array(python, rust, c)

scala>
```

图 1-111 数组元素修改完成

（6）使用 var 创建数组，然后重新赋值数组变量。输入 var array=Array("java","scala","go") 并按【Enter】键，成功定义一个数组；然后输入 array=Array("python","c","rust") 并按【Enter】键，看到数组已经重赋值，如图 1-112 所示。

```
scala> var array =Array("java","scala","go")
array: Array[String] = Array(java, scala, go)

scala> array=Array("python","c","rust")
array: Array[String] = [Ljava.lang.String;@4e02f17d

scala>
```

图 1-112 重赋值数组

（7）要想验证数组重赋值是否成功，只需逐个访问这个数组的每一个元素即可。依次输入 array(0)、array(1)、array(2) 并按【Enter】键，分别得到结果 python、c、rust，说明数组重赋值成功，如图 1-113 所示。

```
scala> array(0)
res3: String = python

scala> array()
<console>:13: error: not enough arguments for method apply: (i: Int)String in class Array.
Unspecified value parameter i.
        array()


scala> array(1)
res5: String = c

scala> array(2)
res6: String = rust
```

图 1-113　数组重赋值成功

1.4.7　Scala 的 lazy 变量

下面讲解 Scala 的 lazy 变量。当在 Java 中定义一个单例对象时，会把对象的定义写在所定义对象的方法中，而不是在静态块中。因为若是写在静态块中，则在加载类时该对象就已经定义好了，即它已经被分配了内存空间，但实际使用中并不会马上应用该对象，这样一来，就会造成内存空间的浪费，所以应该在实际应用时再去定义这个对象。Scala 中的 lazy 变量和上述情况类似，也就是说，如果一个变量在声明时，使用 lazy 进行修饰，那么这个变量只有在使用时才会被赋值。

视 频

Scala 的 lazy 变量

声明一个 lazy 变量的语法如下：

`lazy val 变量名`

从上面的声明语法可以看出，声明 lazy 变量时使用的是 val 而不是 var。但是前面讲解变量时提到过，声明变量时既可以使用 val，也可以使用 var，那这里为什么只能用 val 呢？这主要是为了防止声明的变量在程序运行过程中被重新赋值。前面讲过，使用 val 声明的变量只能读取访问而不能修改，所以这里使用 val 后就能保证变量值在程序运行过程中的统一，如果在程序中试图去修改变量就会报错。

在 Scala 中使用 lazy 变量主要有以下两个作用。

- 优化程序的性能。由于 lazy 变量只有在使用时才会被分配一个内存空间，而不是在最开始声明时就把内存空间占用了，所以自然会节省一定的内存资源。

- 解决继承变量为空的问题。在 Java 中，继承的一般是一个方法或者是属性，然后方法是可以重写的，属性是没有多态的。而 Scala 不同，Scala 是有抽象属性概念的。例如，在一个接口中定义一个抽象属性 a，可以先不给它赋值，等到在子类中调用时，再对 a 进行赋值。即假设当子类调用父类的方法 a 时，也就是说调用父类这个构造器的时候，如果构造器中使用了 a，那么 a 就是空，因为此时 a 还没有被赋值，最后出现空指针的问题，这种问题就可以用 lazy 变量解决。

下面演示一个 lazy 变量惰性求值的案例。

课堂案例

演示 Scala 的 lazy 变量的惰性求值。

操作步骤：

（1）打开 Windows 命令控制台，输入 scala 并按【Enter】键，进入 Scala 解释器。

（2）用 val 声明一个变量并赋值。输入 val name="shf" 并按【Enter】键，可以看到值 shf 马上就赋给了变量 name，如图 1-114 所示。

```
scala> val name="shf"
name: String = shf
```

图 1-114　声明变量并赋值

（3）重复上一步的操作，但是这次使用 lazy 修饰变量。输入 lazy val name="scala" 并按【Enter】键，可以看到值 scala 并没有马上赋给变量 name，而是显示 <lazy>，如图 1-115 所示。

```
scala> lazy val name="scala"
name: String = <lazy>
```

图 1-115　使用 lazy 修饰变量的结果

（4）用 lazy 修饰的变量，只有在使用时才会被真正赋值，此处调用一下 name。输入 name 并按【Enter】键，可以看到值 scala 已赋给变量，如图 1-116 所示。

```
scala> name
res7: String = scala
```

图 1-116　值 scala 已赋给变量

（5）用 var 声明的变量能否用 lazy 修饰。输入 lazy var name="df " 并按【Enter】键，结果报错，提示 lazy 不可与 var 合用，只能用来修饰用 val 声明的变量，如图 1-117 所示。

```
scala> lazy var name="df"
<console>:1: error: lazy not allowed here. Only vals can be lazy
       lazy var name="df"
```

图 1-117　结果报错

这就是一个惰性求值的简单案例。所谓惰性求值，其实就是说在声明变量时，并不会给变量分配内存空间，只有在使用变量时才会分配。

至此，关于变量的所有知识点就全部讲解完毕了。

小　结

本章通过 Scala 的特征学习，向学生展示了 Scala 与 Java 的关系，以及 Scala 相对 Java 的优势和新特性；并通过对 scala 和 scalac 命令的学习，展示了如何编写、运行和编译一个 Scala 程序；然后通过 REPL 的案例练习，展示了如何在 REPL 中编写程序，以及 REPL 编程常用技巧；最后通过 Scala 和 Java 对比的基础语法学习，展示了 Scala 在标识符、关键字和变量的定义等方面与 Java 的相同点和不同点。

习　题

一、选择题

1. 下列用来编译 Scala 文件的命令是（　　　）。

A. scala   B. scalac   C. scalap   D. javac

2. Java 文件编译之后产生的文件的扩展名是（   ）。

     A. .java   B. .scala   C. .class   D. .bat

     E. .exe

3. 对于 Test.class 文件而言，能够正确运行出结果的命令是（   ）。

     A. javac Test.class   B. javac Test   C. scala Test.class   D. scala Test

4. Scala 程序能够跨平台的基础是（   ）。

     A. JDK   B. JRE   C. JVM   D. SDK

     E. J2SE

5. 下列各项中是 Scala 关键字的是（   ）。

     A. break   B. static   C. public   D. val

     E. yeild

6. 下列各项中可以用作标识符的是（   ）。

     A. def   B. Int   C. lazy   D. 123abc

     E. sum

7. 下列关于注释的说法正确的是（   ）。

     A. Java 中注释一共只有两种格式：单行注释、多行注释

     B. 单行注释之间可以嵌套

     C. 多行注释之间不能嵌套

     D. 文档注释可以嵌套多行注释

二、填空题

1. Scala 源程序文件的扩展名是_____，Scala 字节码文件的扩展名是_____。

2. Scala 程序实现可移植性，依靠的是_____。

三、简答题

1. 简述 Scala 实现可移植性的基本原理。

2. 简述 Java 中 Path 的作用。

3. 简述 Scala 中标识符的组成。

4. 简述 val 和 var 定义变量的区别。

四、编程题

Scala 编写一个注册类，含有用户名和密码两个属性，要求：

（1）用户名不可修改；

（2）密码可修改。

在 REPL 分别输出原始信息（用户名和密码）和修改后的信息。

💡**注意：** 连续按两次快捷键【Ctrl+C】，可直接退出 Scala 解释器，不用再输入 y 进行确认。也可直接使用 Scala 解释器命令 quit 完成退出，只需输入 :quit 并按【Enter】键即可。

第 2 章

Scala 数据类型与基本运算

学习目标

- 掌握 Scala 的常见数据类型，并学习 Scala 和 Java 数据类型的相同和不同之处。
- 掌握 Scala 的基本运算，包括算术运算、逻辑运算和位运算等运算符，并理解其内部的调用原理。
- 深入理解 Scala 的 String 类型及其常用的操作。
- 通过一些实际应用，掌握 Scala 在使用数据类型和运算符时容易出错的点。

······● 视频

Scala 的数据
类型分类

本章主要讲解 Scala 数据类型与基本运算，包括 4 部分内容。第 1 部分介绍 Scala 的数值类型；第 2 部分介绍 Scala 的非数值类型；第 3 部分讲解 Scala 的基本运算；第 4 部分讲解 Scala 的数据类型与运算的应用。

2.1 Scala 的数值类型

2.1.1 数据类型的作用及分类

第 1 章中讲过，可以用 val 或 var 定义一个变量，定义变量时，变量名可自行命名，在 Java 中还必须定义变量的数据类型，不过在 Scala 中，通常不用指定数据类型，因为 Scala 会自动推断出变量的数据类型。对于一个变量来说，变量名和数据类型是其两大要素。

变量的数据类型有以下作用：

- 限制一个变量能被赋予的值和这些值的操作；
- 限制一个表达式可产生的值。

Scala 的数据类型可以分为"数值类型"和"非数值类型"两大类。其中，数值类型与 Java 中的数值类型是相同的，而非数值类型类似于 Java 中的引用类型，如对象、字符串等。

2.1.2 Scala 支持的数据类型

Scala 支持的数据类型如表 2-1 所示。

表 2-1 Scala 支持的数据类型

数据类型	描述
Byte	8 位有符号补码整数。数值区间为 -128 ~ 127
Short	16 位有符号补码整数。数值区间为 -32 768 ~ 32 767

续上表

数据类型	描述
Int	32 位有符号补码整数。数值区间为 -2 147 483 648 ～ 2 147 483 647
Long	64 位有符号补码整数。数值区间为 -9 223 372 036 854 775 808 ～ 9 223 372 036 854 775 807
Float	32 位 IEEE 754 标准的单精度浮点数
Double	64 位 IEEE 754 标准的双精度浮点数
Char	16 位无符号 Unicode 字符，区间值为 U+0000 ～ U+FFFF
String	字符序列
Boolean	true 或 false
Unit	表示无值，和其他语言中的 void 等同。用作不返回任何结果的方法的结果类型。Unit 只有一个实例值，写成 ()
Null	null 或空引用
Nothing	Nothing 类型在 Scala 的类层级的最底端，它是任何其他类型的子类型
Any	Any 是所有其他类的超类
AnyRef	AnyRef 类是 Scala 中所有引用类（reference class）的基类

💡**注意：** Scala 中数据类型名称的首字母是大写的，而 Java 中都是小写。

2.1.3　Scala 中的数值数据类型

下面学习 Scala 的数值类型。在 Scala 中，它的很多对象都是基于 Java 来实现的，当然也有一些是自己特有的。Scala 的基本类型与 Java 的基本类型对应的取值区间完全相同，使得 Scala 编译器可以在产生的字节码中将 Scala 的数值类型转成 Java 的基本类型。也就是说，Scala 中的数值类型是可以转换成 Java 中的基本类型的，例如 Scala 中的整型可以转换成对应的 Java 中的整型。

视频 ●
Scala 的整型
字面量
● ··········

Scala 中的数值类型可以分为三大类，分别为整数类型、字符类型和浮点类型，如图 2-1 所示。其中整数类型包括字节、短整型（占 16 位）、整型（占 32 位）、长整型（占 64 位），浮点类型有单精度和双精度之分。

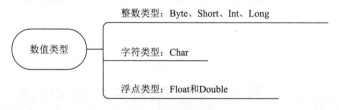

整数类型：Byte、Short、Int、Long

数值类型

字符类型：Char

浮点类型：Float和Double

图 2-1　Scala 中数值类型的分类

2.1.4　Scala 中的字面量

下面介绍 Scala 中的字面量。在 Scala 中，如果在编译时变量的值就可以确定的话，那么此时的变量值就是一个字面量。比如在 Scala 中声明一个变量 a 并为它赋值整数 3，这时 Scala 就可以自动推断出变量的数据类型为整型，这时的 3 就是一个字面量；而假如把一个方法的返回值赋给变量 a，那么在编译时，如果不运行这个方法，Scala 就无法获知该方法的返回值，于是也就无法确定变量的值和类型，这时赋给变量的方法的返回值就不是一个字面量。所以字面量一般对应的都是常量。

Scala 中常见的字面量有以下几种。

- 整型字面量：像上面举例时的整数 3 就是一个整型字面量。需要注意的是，Scala 中不支持八进制和以 0 开头的字面量，但 Java 中是支持八进制字面量的。
- 浮点字面量：Scala 中的浮点字面量与 Java 非常相似，它既可以用小数点表示，也可以用科学计数法表示。如果要表示 Float 型，就在值的后面加 F 或 f；如果要表示 Double 型，就在值的后面加 D 或 d。
- 符号字面量：符号字面量是 Scala 中特有的一种类型，表示方法为 'identifier，其中 identifier 是由数字、字母或下画线组成的标识符，但第一个字符不能是数字。
- 布尔字面量：由 0 和 1 或者 true 和 false 组成。

接下来举例演示一下前面讲解的知识点。

（1）定义一个整型变量。在 Scala 解释器中输入 val a=3 并按【Enter】键，可以看到 Scala 自动推断出变量的数据类型是整型，如图 2-2 所示。这里的 3 是整型字面量。

```
scala> val a=3
a: Int = 3
```

图 2-2　定义整型变量

（2）定义一个长整型变量。在 Scala 解释器中输入 val b=3L 并按【Enter】键，可以看到定义的变量的数据类型为长整型，如图 2-3 所示。这里的 3 是整型字面量。

```
scala> val b=3L
b: Long = 3
```

图 2-3　定义长整型变量

（3）定义一个十六进制值的变量。在 Scala 解释器中输入 val hex=0x000F 并按【Enter】键，可以看到 Scala 自动将十六进制值转换为十进制值 15，如图 2-4 所示。这里的 0x000F 是整型字面量。

```
scala> val hex=0x000F
hex: Int = 15
```

图 2-4　定义十六进制值的变量

（4）定义一个八进制值的变量。在 Scala 解释器中输入 val d=06 并按【Enter】键，结果报错，提示不支持以 0 开头的数据，如图 2-5 所示，这是因为 Scala 不支持八进制数值，自然这里的 06 不是字面量。

```
scala> val d=06
<console>:1: error: Decimal integer literals may not have a leading zero. (Octal syntax is obsolete.)
       val d=06
```

图 2-5　提示不支持以 0 开头的数据

（5）定义一个浮点型变量，不指定是单精度还是双精度。在 Scala 解释器中输入 val d=1.2 并按【Enter】键，可以看到 Scala 自动推断出变量的数据类型为双精度浮点型，如图 2-6 所示。这里的 1.2 是浮点字面量。

```
scala> val d=1.2
d: Double = 1.2

scala>
```

图 2-6   定义浮点型变量

（6）定义一个单精度浮点型变量。在 Scala 解释器中输入 val d=1.2f 并按【Enter】键，可以看到定义的变量的数据类型为单精度浮点型，如图 2-7 所示。这里的 1.2 是浮点字面量。

```
scala> val d=1.2f
d: Float = 1.2

scala>
```

图 2-7   定义单精度浮点型变量

（7）定义一个双精度浮点型变量。在 Scala 解释器中输入 val d=1.2d 并按【Enter】键，可以看到定义的变量的数据类型为双精度浮点型，如图 2-8 所示。这里的 1.2 依旧是浮点字面量。

```
scala> val d=1.2d
d: Double = 1.2

scala>
```

图 2-8   定义双精度浮点型变量

（8）定义一个用科学计数法表示值的变量。在 Scala 解释器中输入 val d1=12E2 并按【Enter】键，可以看到 Scala 自动计算出科学计数法 12E2 的结果为 1200.0 并推断出变量数据类型为双精度浮点型，如图 2-9 所示。这里的 12E2 是浮点字面量。

```
scala> val d1=12E2
d1: Double = 1200.0
```

图 2-9   定义用科学计数法表示值的变量

（9）定义一个用科学计数法表示值的单精度变量。在 Scala 解释器中输入 val d1=12E2f 并按【Enter】键，可以看到 Scala 自动计算出科学计数法 12E2 的结果为 1200.0，变量的数据类型为单精度浮点型，如图 2-10 所示。这里的 12E2 是浮点字面量。

```
scala> val d1=12E2f
d1: Float = 1200.0
```

图 2-10   定义用科学计数法表示值的单精度变量

（10）定义一个布尔型的变量。在 Scala 解释器中输入 val a=true 并按【Enter】键，可以看到 Scala 自动推断出变量的数据类型为布尔型，如图 2-11 所示。这里的 true 是布尔字面量。

```
scala> val a=true
a: Boolean = true
```

图 2-11   定义布尔型变量

（11）定义一个符号类型的变量。在 Scala 解释器中输入 val s='fhg 并按【Enter】键，可以看到 Scala 自动推断出变量的数据类型为符号类型，如图 2-12 所示。这里的 'fhg 是符号字面量。

```
scala> val s='fhg
s: Symbol = 'fhg
```

图 2-12　定义符号类型的变量

（12）查看一下符号类型变量都有哪些方法可用。在 Scala 解释器中输入 s. 并按【Enter】键，可以看到列出了符号类型变量支持的方法，如图 2-13 所示。

```
scala> s.
equals    hashCode    name    toString

scala> s.
```

图 2-13　符号类型变量支持的方法

（13）通过调用符号类型变量的 name 方法来获取符号。在 Scala 解释器中输入 s.name 并按【Enter】键，可以看到获取到的符号为 fhg，如图 2-14 所示。

```
scala> s.name
res0: String = fhg
```

图 2-14　获取到符号类型变量的符号

（14）尝试对不同的数据类型进行转换。输入 3. 并按【Enter】键，查看整数都支持调用哪些方法，可以看到其中有很多以 to 开头的方法，这些就是用来转换数据类型的方法。用 toDouble 方法将整数 3 的数据类型转换成 Double 型。在 Scala 解释器中输入 3.toDouble 并按【Enter】键，可以看到整数 3 已经变成了双精度浮点数 3.0，如图 2-15 所示。

```
scala> 3.toDouble
res1: Double = 3.0
```

图 2-15　将整数转换成双精度浮点数

（15）将整型转换成长整型。在 Scala 解释器中输入 3.toLong 并按【Enter】键，可以看到数据类型已经变成了长整型，如图 2-16 所示。

```
scala> 3.toLong
res2: Long = 3
```

图 2-16　将整型转换成长整型

（16）将整数 3 转换成十六进制字符串。在 Scala 解释器中输入 3.toHexString 并按【Enter】键，可以看到数据类型已经变成了十六进制字符串型，如图 2-17 所示。

```
scala> 3.toHexString
res3: String = 3
```

图 2-17　将整型转换成十六进制字符串型

（17）将 Double 型的 1.2 转换成整型。在 Scala 解释器中输入 1.2.toInt 并按【Enter】键，可以看到双精度浮点数 1.2 已经变成了整数 1，如图 2-18 所示。

```
scala> 1.2.toInt
res4: Int = 1
```

图 2-18　将双精度浮点数转成整数

从上面的例子可以看出，Scala 中的数据类型转换十分方便，只需调用相应的以 to 开头的方法即可，而不像 Java 中需要一些强类型的定义。

2.1.5　Scala 中的字符字面量

1. 字符字面量的表示

Scala 的字符字面量由一对单引号和中间任意的 Unicode 字符组成。这里的 Unicode 是一个字符编码方案，几乎支持世界上所有的文字和符号，其作用就是把每一个字符都与一个二进制值相对应。任何 Unicode 中的一个字符加一对单引号，就可以组成这个字符的一个字面量。

Scala 中的字符字面量可以用以下两种方法表示。

视频

Scala 的字符类型

- 直接通过"单引号 + 单字符"的形式表示，如 'a'、'A' 等。
- 直接使用"单引号 +Unicode 编码值"的形式表示，格式为 '\uXXXX'，其中 XXXX 是十六进制值，uXXXX 部分可出现在 Scala 解释器的任意位置。

2. 转义字符

Scala 和 Java 中都有一些表示空格、换行这样的特殊字符，当需要使用这些特殊字符时，就要添加反斜杠"\"对它进行转义。把这种特殊字符称为转义字符，Scala 中常见的转义字符如表 2-2 所示。

表 2-2　Scala 中常见的转义字符

特殊字符	Unicode 编码值	描　述
\b	\u0008	退格（BS），将当前位置移到前一列
\t	\u0009	水平制表（HT），跳到下一个 Tab 位置
\n	\u000a	换行（LF），将当前位置移到下一行开头
\f	\u000c	换页（FF），将当前位置移到下页开头
\r	\u000d	回车（CR），将当前位置移到本行开头
\"	\u0022	代表一个双引号（"）字符
\'	\u0027	代表一个单引号（'）字符
\\	\u005c	代表一个反斜线字符 '\'

下面通过实例演示一下字符字面量的相关知识。

（1）在 Scala 解释器中输入 val a='A' 并按【Enter】键，定义一个字符 A，如图 2-19 所示。

```
scala> val a='A'
a: Char = A
```

图 2-19　定义一个字符 A

（2）使用字符 A 进行运算。在 Scala 解释器中输入 'A'+1 并按【Enter】键，可以看到结果是 66，如图 2-20 所示，这里的字符 A 相当于整型的 65，所以运算时实际是 65+1。

```
scala> 'A'+1
res5: Int = 66
```

图 2-20 得到结果 66

（3）当不知道一个字符对应的十进制值时，可以调用其 toInt 方法进行查看。这里查看一下字符 A 对应的十进制值。在 Scala 解释器中输入 'A'.toInt 并按【Enter】键，可以看到结果是 65，如图 2-21 所示。

```
scala> 'A'.toInt
res6: Int = 65

scala>
```

图 2-21 字符 A 对应的十进制值是 65

（4）当想知道一个字符对应的二进制值时，可以调用其 toBinaryString 方法。这里查看一下字符 A 对应的二进制值。在 Scala 解释器中输入 'A'.toBinaryString 并按【Enter】键，可以看到结果是 1000001，如图 2-22 所示。

```
scala> 'A'.toBinaryString
res7: String = 1000001

scala>
```

图 2-22 字符 A 对应的二进制值是 1000001

（5）使用 Unicode 编码的方式定义一个字符。在 Scala 解释器中输入 val f='\u0041' 并按【Enter】键，可以看到结果是定义时使用的 Unicode 码对应的字符 A，如图 2-23 所示。

```
scala> val f='\u0041'
f: Char = A
```

图 2-23 使用 Unicode 编码的方式定义字符 A

（6）使用 Unicode 编码的方式定义字符，输入与上一步 Unicode 编码连续的下一个值。在 Scala 解释器中输入 val f='\u0042' 并按【Enter】键，结果是字符 B，如图 2-24 所示。

```
scala> val f='\u0042'
f: Char = B
```

图 2-24 使用 Unicode 编码的方式定义字符 B

（7）Unicode 编码可以出现在 Scala 解释器的任意位置。尝试着将要定义的变量名用 Unicode 编码的形式表示。在 Scala 解释器中输入 val \u0041\u0042C=2 并按【Enter】键，可以看到最终定义的变量名是 ABC，如图 2-25 所示。

```
scala> val \u0041\u0042C=2
ABC: Int = 2
```

图 2-25 用 Unicode 编码的形式表示变量名

判断以下哪些语句是合法的语句。

A. val a\u0042\u0046=10

B. val octonray=038

C. val binary=0B10101010

D. val a:Short=123

E. val a:Short=32768

2.2 Scala 的非数值类型

前面学习了 Scala 的数值类型，接下来学习 Scala 的非数值类型。

2.2.1 Scala 中非数值类型的介绍

视 频

非数值类型
介绍

Scala 的非数值类型相当于 Java 的数值引用类型。Java 中的引用类型主要有字符串、集合、对象、空等，Scala 中主要的非数值类型有以下几种：String、Collection、Class、Null、Nothing。

在学习 Scala 的数值类型时提到过，所有数值类型都继承于 AnyVal。而在 Scala 中，所有非数值类型继承于 AnyRef（Ref 是单词 Reference 开头的三个字母，表示引用的意思），所以 String、Class、Collection、Null 等非数值类型都继承于 AnyRef 类。下面简单介绍 Null 和 Nothing 类型。

在第 1 章中讲关键字时说过，无论是 Scala 还是 Java 都有 Null 类型，在 Java 中使用 Null 时一定要先判断这个对象是不是空，否则会抛出空指针异常，Scala 中为了避免这个弊端，所以不建议在编程中使用 Null，而是使用 Option 类型代替 Null。Nothing 是 Scala 特有的一种非数值类型，Java 中无此类型。它非常特殊，不仅继承非数值类型的所有类，也继承数值类型的所有类，也就是说 Nothing 是任何类的子类，属于最底端的一个类型，在 Scala 中把这种类型称为 BottomType。在 Java 中则只有顶级类 Object（Scala 中的顶级类为 Any），却没有最底端的类，这是 Scala 和 Java 不同的一点。

2.2.2 Scala 中字符串的表示

Scala 中的字符串可用双引号和三个引号两种方法表示：

• " 内容 "

• """ 内容 """

Java 中的字符串就是用双引号加上中间的内容来表示的，这与 Scala 中表示字符串的第一种方法完全一样，那么用三个引号表示字符串与这种用双引号表示字符串有什么不同之处呢？它主要是多了以下两点作用：

• 可以创建多个字符串；

• 可以包含单引号和双引号等转义字符。

视 频

字符串表示
示例

 课堂案例

案例名称：按照要求在 REPL 上分别输出以下内容。

（1）输出 hello scala 字符串；

（2）输出 "hello scala" 字符串；

（3）输出 \hello scala\ 字符串。

操作步骤：

（1）在 Windows 控制台中输入 scala 并按【Enter】键，进入 Scala 解释器，如图 2-26 所示。

```
C:\Users\CGZ>scala
Welcome to Scala 2.12.10 (Java HotSpot(TM) 64-Bit Server VM, Java 1.8.0_144).
Type in expressions for evaluation. Or try :help.

scala> _
```

图 2-26　进入 Scala 的解释器

（2）演示输出 hello scala 字符串。在 Scala 解释器中输入 println("hello scala") 并按【Enter】键，可以看到正确输出了字符串 hello scala，如图 2-27 所示。

```
scala> println("hello scala")
hello scala

scala> _
```

图 2-27　输出 hello scala 字符串

（3）演示输出带引号的 hello scala 字符串，即 "hello scala" 字符串。先试着采用和上面一样的方法，看能否得出正确的结果。在 Scala 解释器中输入 println(""hello scala"") 并按【Enter】键，结果提示错误，如图 2-28 所示。出错的原因是双引号在 Java 和 Scala 中属于一种特殊的符号，要想输出它必须先进行转义。

```
scala> println(""hello scala"")
<console>:12: error: value hello is not a member of String
        println(""hello scala"")
<console>:12: error: value scala is not a member of StringContext
        println(""hello scala"")
```

图 2-28　结果报错

（4）采用转义的方式正确输出 "hello scala" 字符串。在 Scala 解释器中输入 println ("\"hello scala\"") 并按【Enter】键，可以看到这次输出了正确的结果，如图 2-29 所示。

```
scala> println("\"hello scala\"")
"hello scala"

scala> _
```

图 2-29　输出 "hello scala" 字符串

（5）演示输出 \hello scala\ 字符串。首先采用步骤（2）的方法，看是否可行。在 Scala 解释器中输入 println("\hello scala\") 并按【Enter】键，结果提示错误，如图 2-30 所示。出错的原因是 \ 在 Scala 中属于一种特殊符号，要想输出 \ 必须对它进行转义。

```
scala> println("\hello scala\")
<console>:1: error: invalid escape character
        println("\hello scala\")

<console>:1: error: unclosed string literal
        println("\hello scala\")
```

图 2-30　结果提出报错

（6）采用转义的方式正确输出 \hello scala\ 字符串。在 Scala 解释器中输入 println("\\hello scala\\")
并按【Enter】键，可以看到这次输出了正确的结果，如图 2-31 所示。

```
scala> println("\\hello scala\\")
\hello scala\

scala>
```

图 2-31　输出 \hello scala\ 字符串

此时已完成了课堂案例中要求输出的三种形式的字符串。前面已经讲过，和 Java 不同，在 Scala
中可以采用三个引号的形式表示字符串，而且采用三个引号的方式无须转义就能直接输出带斜线的字
符串。下面尝试用三个引号的形式完成上述字符串的输出，操作步骤如下。

（1）输出 \hello scala\ 字符串。在 Scala 解释器中输入 println("""\hello scala\""") 并按【Enter】键，
可以看到输出了正确的结果，如图 2-32 所示。显然这种方式比前面使用转义的方式要简便且不容易
出错。

```
scala> println("""\hello scala\""")
\hello scala\

scala>
```

图 2-32　用三个引号的方式输出 \hello scala\ 字符串

（2）输出 "hello scala" 字符串。在 Scala 解释器中输入 println(""""hello scala"""") 并按【Enter】键，
可以看到输出了正确的结果，如图 2-33 所示。

```
scala> println(""""hello scala"""")
"hello scala"
```

图 2-33　用三个引号的方式输出 "hello scala" 字符串

假设在编码时字符串很长，为了保证代码的可读性和美观，需要为它进行换行，此时应该如何处理？
下面举例说明。

（1）输入 :paste 并按【Enter】键，提示已进入粘贴模式，如图 2-34 所示。

```
scala> :paste
// Entering paste mode (ctrl-D to finish)
```

图 2-34　进入粘贴模式

（2）在粘贴模式下输入一段代码，该段代码的功能是将一个长字符串赋给变量 s，并且这里的长
字符串为了保证可读性，输入时是换行的，如图 2-35 所示。

```
scala> :paste
// Entering paste mode (ctrl-D to finish)

val s="hello scala
hello java"
```

图 2-35　输入一段代码

（3）按快捷键【Ctrl+D】退出粘贴模式，此时解释器会报错，如图 2-36 所示。第 1 章中在讲解

Scala 的分号时曾经提到过，Scala 具有自动推断分号的功能，所以将 "hello scala hello java" 换行输入后，Scala 会分别将 "hello scala 和 hello java" 推断成是一个表达式，这样一来，每个表达式的引号都只有一边，所以退出粘贴模式后会报引号没有关闭的错误。

图 2-36　退出粘贴模式后报错

（4）为了实现输出多行字符串的效果，可以使用三个引号的形式进行输入。首先输入 :paste 并按【Enter】键进入粘贴模式，然后输入图 2-37 所示代码段。

图 2-37　使用三个引号的形式输入多行字符串

（5）按快捷键【Ctrl+D】退出粘贴模式，此时解释器没有报错，并且这次成功实现了分行输出长字符串，如图 2-38 所示。

图 2-38　分行输出了长字符串

上面虽然实现了输出多行字符串，但是存在一个问题，那就是输出的多行字符串没有像输入时的格式那样上下两行严格对齐，而是发生了错位。这主要是因为中间存在多余空格的缘故，该问题可以通过 "书写方式" 和 "stripMargin 函数" 两种方法来解决。下面先举例介绍使用 "书写方式" 的方法。

（1）输入 :paste 并按【Enter】键进入粘贴模式，输入图 2-39 所示代码段。注意在输入多行字符串时删除中间的多余空格。

图 2-39　输入代码段

（2）按快捷键【Ctrl+D】退出粘贴模式，可以看到这次输出的多行字符串是对齐的，如图 2-40 所示。

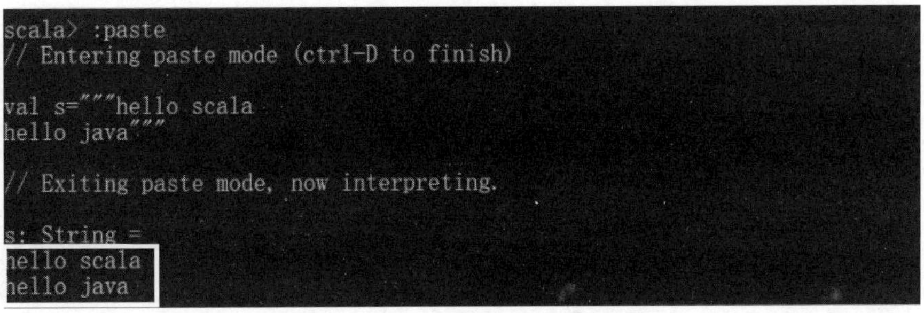

图 2-40　输出对齐的多行字符串

这里输出的多行字符串虽然是对齐了，但是从代码可读性和美观的角度来讲，并不如意，可是如前面那样满足了代码的可读性和美观要求的话，输出的多行字符串又不能对齐，有没有两全其美的解决方案呢？可以使用"stripMargin 函数"解决问题。

（1）输入 :paste 并按【Enter】键进入粘贴模式，输入图 2-41 所示代码段。注意在两行字符串中间添加了 | 符号。

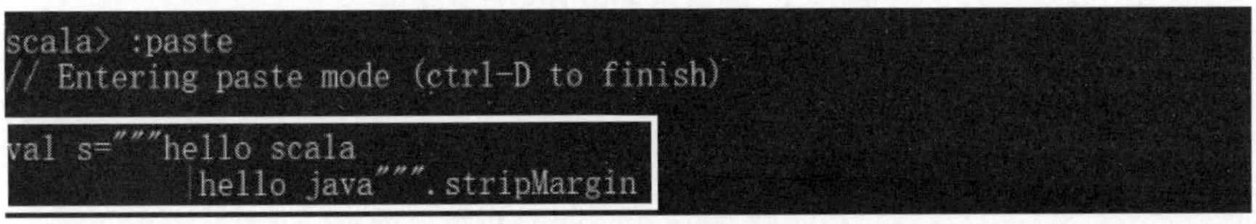

图 2-41　输入代码段

（2）按快捷键【Ctrl+D】退出粘贴模式，可以看到输出的多行字符串是对齐的，如图 2-42 所示。

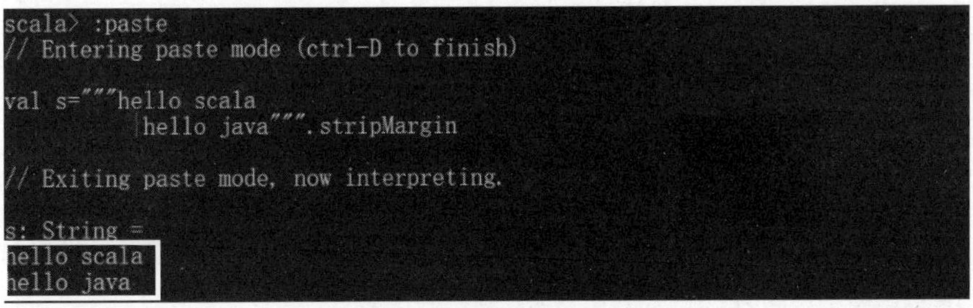

图 2-42　输出对齐的多行字符串

（3）输入 :paste 并按【Enter】键进入粘贴模式，输入图 2-43 所示代码段。注意在两行字符串中间添加了 @ 符号，并把 @ 作为参数传给 stripMargin。

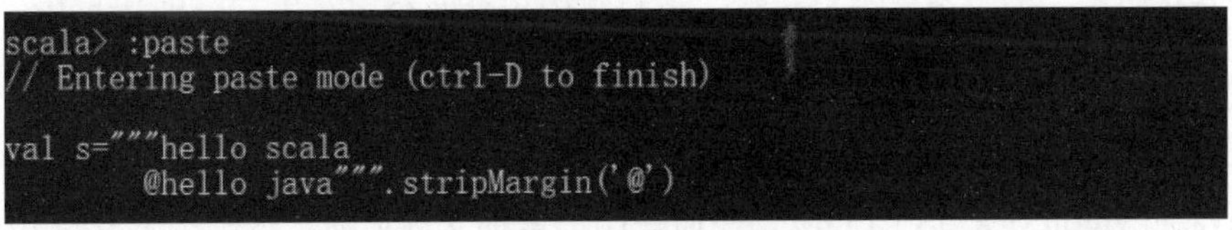

图 2-43　输入代码段

（4）按快捷键【Ctrl+D】退出粘贴模式，可以看到输出的多行字符串是对齐的，如图 2-44 所示，并且此时输入的代码也不失美观。

```
scala> :paste
// Entering paste mode (ctrl-D to finish)

val s="""hello scala
        @hello java""".stripMargin('@')

// Exiting paste mode, now interpreting.

s: String =
hello scala
hello java
```

图 2-44　输出对齐的多行字符串

…●视频

字符串的查找
……………●

2.2.3　Scala 中字符串的常用方法

　　前面已经学习了字符串的表示方法，接下来学习字符串常用方法，如表 2-3 所示。字符串支持的方法众多，用户不可能全部记住，记住一些常用方法即可，其他方法只需在使用时通过提示或者 Scala 相关字符串的文档获知。

表 2-3　字符串常用方法及其作用

方　法	作　用
char charAt(int index)	返回指定位置的字符
int indexOf(int ch)	返回指定字符在字符串中第一次出现处的索引
boolean matches(String regex)	告知此字符串是否匹配给定的正则表达式
String replaceAll(String regex, String replacement)	使用给定的 replacement 替换此字符串所有匹配给定的正则表达式的子字符串
String[] split(String regex)	根据给定正则表达式的匹配拆分此字符串
BooleanstartsWith(String prefix)	测试此字符串是否以指定的前缀开始

2.2.4　Scala 中字符串的分隔

　　下面讲解字符串的分隔。Scala 中字符串的分隔与 Java 中相似，下面举例进行讲解，代码如下：

```
scala> "hello,word".split(",")
Array[String]=Array(hello,word)
```

　　要想统计上面第 1 行代码的字符串 "hello,word" 中有多少个单词，首先要把这个字符串根据一个符号进行分隔，这里用的是逗号，用逗号分隔字符串后会得到两个字符串。所以上面第 1 行代码执行后会返回第 2 行代码所示的一个字符串数组，该数组中包含两个字符串，分别是 hello 和 word。然后可以对这个数组进行遍历，以达到一些应用的要求，这一点会在后面讲解。

2.2.5　使用正则表达式对象查找字符串

　　无论是 Java、Python 还是 JS、Linux，任何一门语言都支持正则表达式。在 Java 中使用正则表达式时，要先获取一个正则表达式的对象，然后用这个正则表达式调用相应的方法，方法的参数是一个字符串。Scala 中使用正则表达式也是类似的方式，而且在 Scala 中，既可使用 Java 的正则表达式匹配字符串，也可使用 Scala 的方式匹配字符串。不过要使用 Java 的方式，就一定要先导入 Java 对应的 java.util.regex 包，否则就会默认使用 Scala 的正则表达式对应的包。

在 Scala 中可以使用正则表达式对象调用以下两种方法进行字符串的查找。

- Regex.findAllIn(String)：找出字符串 String 中所有匹配正则表达式的值并返回，其返回值有多个，是一个迭代器。
- Regex.findFristIn(String)：找到字符串 String 中第一个匹配正则表达式的值并返回，其返回值是一个 Option 对象。

想调用上述方法就需要有正则表达式对象，可以使用以下两种方法获取正则表达式对象：

- " 正则表达式 ".r
- new Regex(正则表达式)

下面举例讲解使用正则表达式对象查找字符串的方法。

（1）按快捷键【Win+R】打开"运行"对话框，输入 cmd 后单击"确定"按钮，打开 Windows 命令控制台。在其中输入 scala 命令并按【Enter】键，进入 Scala 的交互式解释器，如图 2-45 所示。

```
C:\windows\system32\cmd.exe - scala
Microsoft Windows [版本 10.0.17134.1184]
(c) 2018 Microsoft Corporation。保留所有权利。

C:\Users\CGZ>scala
Welcome to Scala 2.12.10 (Java HotSpot(TM) 64-Bit Server VM, Java 1.8.0_144).
Type in expressions for evaluation. Or try :help.
```

图 2-45　进入 Scala 的解释器

（2）输入一个匹配年月日的正则表达式并调用其对象。在 Scala 解释器中输入 val regex="""(\d\d\d\d)-(\d\d)-(\d\d)""".r 并按【Enter】键，可以看到返回了一个 Scala 中的正则表达式，如图 2-46 所示。

```
scala> val regex="""(\d\d\d\d)-(\d\d)-(\d\d)""".r
regex: scala.util.matching.Regex = (\d\d\d\d)-(\d\d)-(\d\d)
```

图 2-46　返回了一个 Scala 中的正则表达式

（3）传入三个字符串，使用 findAllIn 方法查找所有匹配正则表达式的字符串。在解释器中输入 val result=regex.findAllIn("2015-03-20,1985-11-24,2019-1-2") 并按【Enter】键，可以看到返回了一个迭代器（iterator），如图 2-47 所示。

```
scala> val result=regex.findAllIn("2015-03-20,1985-11-24,2019-1-2")
result: scala.util.matching.Regex.MatchIterator = <iterator>
```

图 2-47　返回了一个迭代器

（4）获取迭代器的值，方法是使用 for 循环对迭代器进行遍历，并把其中的每一个值都赋予变量 date，最后打印出变量 date 的值。在 Scala 的解释器中输入 for(date<-result)println(date) 并按【Enter】键，可以看到匹配到了步骤（3）中传入的三个日期字符串中的前两个，如图 2-48 所示，这里没有匹配到第三个日期字符串的原因是格式与正则表达式中规定的不同。

```
scala> for(date<-result)println(date)
2015-03-20
1985-11-24
```

图 2-48　匹配到两个字符串

（5）继续使用步骤（2）中定义的正则表达式，使用 findFirstIn 方法查找匹配正则表达式的第一个字符串。在解释器中输入 val result=regex.findFirstIn("2015-03-20,1985-11-24,2019-1-2") 并按【Enter】键，可以看到返回了一个 Option 对象，值为 2015-03-20，如图 2-49 所示，说明匹配到了步骤（3）中传入的三个日期字符串中的第一个，因为这里使用的是 findFirstIn 方法，所以匹配到第一个后就返回结束了。

```
scala> val result=regex.findFirstIn("2015-03-20, 1985-11-24, 2019-1-2")
result: Option[String] = Some(2015-03-20)
```

图 2-49　匹配到符合条件的第一个字符串

💡**注意**：上面步骤（2）中使用了第一种方法（" 正则表达式 ".r）获取正则表达式的对象，大家可以尝试使用前面讲过的第二种方法，即 new Regex(正则表达式) 获取正则表达式的对象。

2.2.6　Scala 中字符串遍历的使用

····● 视 频

Scala 的字符
串遍历
·············●

1．Scala 中字符串遍历的方法

就像集合的遍历是获取到集合中的每一个元素一样，字符串的遍历实际上就是获取字符串中的每一个字符。在 Java 中字符串遍历常使用 for 循环，首先获取到字符串的长度，然后通过长度遍历字符串，再通过下标索引获取字符串中的每一个字符。

在 Scala 中遍历字符串有以下三种方法。

● for 循环：

```
for{x<-String}{do something}
```

💡**注意**：这里 <- 的作用可以暂且理解成把字符串 String 中的每一个字符都赋给 <- 前的变量一次，但实际上 <- 应用的是 Scala 中一种特有的模式匹配，具体内容会在后面讲到模式匹配时详细介绍。

● foreach：

```
String.foreach(c=>do something)
```

● map：

```
String.map(c=>do something)
```

可以看到，Scala 中除了 Java 中常用的 for 循环外，还有 foreach 和 map 两个方法，它们在 Scala 中属于高阶函数，并且实际是 String 的两个方法。第 1 章中讲过，Scala 与 Java 最大的不同就是它既是面向对象编程的，也是面向函数式编程的，所以建议使用这种高阶函数来编程，在后面 Spark 的学习中也会大量使用这种高阶函数。

需要注意的是上面的 foreach 方法执行后没有返回值，而 map 方法有返回值。

2．通过遍历对字符串进行操作

在实际应用中，经常会遇到不仅要遍历字符串，还要对遍历出的字符串进行一些操作的情况，例如需要把遍历出的字符串 "123" 变成字符串 "234" 这种情况，这就是下面要学习的知识。

要想在 Scala 中通过遍历实现对字符串的操作，可以使用以下三种方法：

- for 循环 /yield：

```
for{x<-String}{do something}[yield x]
```

- foreach：

```
String.foreach(c=>do something)
```

- map：

```
String.map(c=>do something)
```

下面通过实例来熟悉字符串遍历的方法以及通过遍历实现对字符串操作的方法。

课堂案例

视频 ●⋯⋯⋯

字符串遍历
演示

●⋯⋯⋯⋯

使用三种方式遍历字符串 scala。

操作步骤：

（1）在 Scala 解释器中输入 val name="scala" 并按【Enter】键，定义一个字符串 scala 并赋给变量 name，如图 2-50 所示。

```
scala> val name="scala"
name: String = scala
```

图 2-50　定义一个字符串变量

（2）使用 for 循环的方式遍历字符串 scala。在解释器中输入 for(x<-name)println(x) 并按【Enter】键，可以看到对字符串 scala 进行了遍历，它的每一个字符都被赋予变量 x，然后打印了出来，如图 2-51 所示。

```
scala> for(x<-name)println(x)
s
c
a
l
a
```

图 2-51　使用 for 循环的方式遍历字符串

（3）使用 foreach 方式遍历字符串 scala。这种方式其实也就是一个字符串对象 name 调用它的方法 foreach。在 Scala 解释器中输入 name.foreach(x=>println(x)) 并按【Enter】键，可以看到对字符串 scala 进行了遍历，然后打印了出来，如图 2-52 所示。

```
scala> name.foreach(x=>println(x))
s
c
a
l
a
```

图 2-52　使用 foreach 方式遍历字符串 scala

（4）使用 map 方式遍历字符串 scala。在 Scala 解释器中输入 name.map(x=>println(x)) 并按【Enter】键，可以看到对字符串 scala 进行了遍历，然后打印了出来，如图 2-53 所示。但是和前两步不同的是，这次还返回了一个不可变的 Vector 集合，并且集合中的元素都是空的（这是因为 x=>println(x) 并未返回任何内容）。

```
scala> name.map(x=>println(x))
s
c
a
l
a
res2: scala.collection.immutable.IndexedSeq[Unit] = Vector((), (), (), (), ())
```

图 2-53　使用 map 方式遍历字符串 scala

注意：此处返回集合的原因就是前面讲解过的，使用 Map 方式会有返回值，而使用 for 循环和 foreach 方法则没有返回值。

至此，就完成了使用三种方式遍历字符串 scala 的操作。

课堂案例

使用三种方式将字符串 scala 的每一个字符转成大写。

操作步骤：

（1）使用 map 方式将字符串转换成大写。在 Scala 解释器中输入 name.map(x=>x.toUpper) 并按【Enter】键，可以看到返回了一个大写的字符串 SCALA，并且赋给了变量 res3，如图 2-54 所示。

```
scala> name.map(x=>x.toUpper)
res3: String = SCALA
```

图 2-54　使用 map 方式将字符串转换成大写

（2）使用带有返回值的 for 循环（也就是带有关键字 yield 的 for 循环）将字符串转换成大写。在 Scala 解释器中输入 val s=for(x<-name)yield x.toUpper 并按【Enter】键，可以看到返回了一个大写的字符串 SCALA 并赋给了变量 s，如图 2-55 所示。

```
scala> val s=for(x<-name)yield x.toUpper
s: String = SCALA
```

图 2-55　使用带有返回值的 for 循环转换成大写

（3）使用 foreach 方式将字符串转换成大写。因为 foreach 方式没有返回值，所以需要定义第三个变量来承接改动的值，这里新建一个 StringBuilder 对象。在 Scala 解释器中输入 val sb=new StringBuilder() 并按 Enter 键，定义一个可变的对象 StringBuilder，如图 2-56 所示。

```
scala> val sb=new StringBuilder()
sb: StringBuilder =
```

图 2-56　定义一个可变的对象

注意：StringBuilder 是线程不安全的，但是它的性能非常好，访问速度非常快，可以在单线程中使用；StringBuffer 是线程安全的，但是它的性能相对弱一些，可以在多线程下使用。因为字符串是一个不可变对象，所以前面步骤中虽然已经将 name 转换成了大写，但此时在解释器中输入 name 并按【Enter】键会发现，name 现在还是字符串 scala，并非大写的 SCALA。所以对于不可变的字符串变量而言，即使将其转换成了大写，也只是将转换后的大写字符赋予了一个新的变量，而它本身并没有改变。正是由于这个原因才有 StringBuilder 和 StringBuffer 的存在，要想字符串可变，就需要一个可变的对象，所以这里就定义了一个可变对象 StringBuilder。

（4）将每一个变动的大写字符赋予上一步定义的变量。在 Scala 的解释器中输入 name. foreach(x=>sb.append(x.toUpper)) 并按【Enter】键，可以看到 foreach 没有返回值，如图 2-57 所示，但其实这个时候每一个转换后的字符都被赋予变量 sb 了。

```
scala> name.foreach(x=>sb.append(x.toUpper))

scala> _
```

图 2-57　运行后看不到返回值

（5）输出 sb。在 Scala 解释器中输入 println(sb) 并按【Enter】键，可以看到输出了 SCALA，如图 2-58 所示。

```
scala> name.foreach(x=>sb.append(x.toUpper))

scala> println(sb)
SCALA
```

图 2-58　输出 sb

注意：这里步骤（3）~步骤（5）其实是 Java 中的处理方式，也就是说首先需要定义一个变量，然后每次遍历时，都要把新字符放到定义的变量中，最终打印出变量。而 Map 和带 yield 关键字的 for 循环这两种方式中，其实是由 Scala 帮用户定义了一个变量，转换之后它自动将每一次遍历转换的字符放到集合中返回。从这里可以看出，Scala 的函数式编程帮助用户免除了很多烦琐的工作。

（6）验证此时的 name 是否改变。在 Scala 解释器中输入 name 并按【Enter】键，发现结果还是 scala，并没有改变，如图 2-59 所示。这就验证了字符串无论是在 Java 中还是 Scala 中都是不可变的，它是线程安全的，所以在 Scala 的函数式编程中鼓励使用不可变对象。

```
scala> name
res7: String = scala
```

图 2-59　name 并未改变

至此，就完成了通过三种方式将字符串 scala 的每一个字符转换成大写的操作。

练一练

（1）提取字符串 "123456" 的偶数部分，返回一个新字符串。

（2）判断身份证号是否是北京市身份证。

（3）将字符串 "123456" 变成 "234567"。

课堂案例

字符替换。

需求描述：

将身份证号码 2104041827362454 的后四位用 * 代替。

操作步骤：

（1）在 Scala 解释器中输入 val iden="2104041827362454" 并按【Enter】键，定义一个字符串变量，如图 2-60 所示。

```
scala> val iden="2104041827362454"
iden: String = 2104041827362454
```

图 2-60　定义一个字符串变量

（2）通过 subString 方法截取身份证号码的后四位并赋给一个变量。在 Scala 解释器中输入 val subiden=iden.subString=(iden.length-4) 并按【Enter】键，可以看到返回了身份证号码的后四位，并赋给了变量 subiden，如图 2-61 所示。

```
scala> val subiden=iden.substring(iden.length-4)
subiden: String = 2454
```

图 2-61　通过 subString 方法截取到身份证号码的后四位

（3）通过 replaceAll 方法替换身份证号码后四位为 **** 并赋给一个变量。在 Scala 解释器中输入 val result=iden.replaceAll(subiden,"****") 并按【Enter】键，可以看到返回的身份证号码后四位被替换成 ****，并且赋给了变量 result，如图 2-62 所示。

```
scala> val result=iden.replaceAll(subiden,"****")
result: String = 210404182736****
```

图 2-62　身份证号码后四位被成功替换成 ****

💡**注意**：现在这样的编程存在两大问题：一个是身份证号码中若是存在和后四位相同的数字的话，例如身份证号码里存在不止一处 2454，这样替换时会把所有 2454 都替换成 *；另一个问题是这里要替换成的 * 需要手动输入多次，这里手动输入了 4 个 *，要是需要替换成 8 个 * 还需要手动输入 8 次，非常麻烦，应该考虑将这里的 * 作为一个动态的变量来使用。步骤（4）中提供了全新的方法来实现替换，同时解决了上述两大问题。

（4）输入 :paste 并按【Enter】键，进入粘贴模式，首先定义一个可变的变量 sb，新建一个 StringBuilder 对象；然后截取身份证号码后四位对应的索引并放到一个集合 indexs 里。接下来从第 0 个索引开始对字符串进行遍历，直到最后一个字符，{} 里进行一个判断：如果集合 indexs 里包含索引 i，就把 * 赋给 sb；如果不包含索引 i 就正常赋字符给 sb（这里使用 charAt 方法根据索引号返回对应的字符）。具体输入的代码如图 2-63 所示。

```
scala> :paste
// Entering paste mode (ctrl-D to finish)

val sb=new StringBu
StringBuffer    StringBuilder
val sb=new StringBuilder()
val indexs=for(i<-iden.length)
length    lengthCompare
val indexs=for(i<-iden.length-4 to iden.length)
length    lengthCompare
val indexs=for(i<-iden.length-4 to iden.length-1) yield i
for(i<- 0 to iden.length-1){
if(indexs.contains(i))sb.append("*") else sb.append(iden.char)
charAt    chars
if(indexs.contains(i))sb.append("*") else sb.append(iden.charAt(i))}
```

图 2-63　进入粘贴模式并输入代码

（5）按快捷键【Ctrl+D】退出粘贴模式，可以看到身份证号码后四位已被替换为 ****，如图 2-64 所示。

```
// Exiting paste mode, now interpreting.

sb: StringBuilder = 210404182736****
indexs: scala.collection.immutable.IndexedSeq[Int] = Vector(12, 13, 14, 15)
```

图 2-64　正确替换身份证号码后四位为 ****

2.2.7　Scala 的字符串插值

在 Java 中想要拼接一个带变量的字符串需要把不带变量的所有字符串放到 "" 中，然后用 + 连接变量。例如下面的代码：

```
String name="scala"
"his name is"+name
```

上面代码输出的结果是 his name is scala。可以看出，变量不能放到 "" 中，一旦变量放到 "" 中，该变量就会被识别成普通的单词或字母。

在 Scala 中支持将变量放到 "" 中，因此将其称为字符串插值。如果想要把一个变量插到一个字符串中，要满足两个条件：第一，字符串最前面要有相应的定义符；第二，变量的前面要加上 $ 符号。字符串插值除了支持插入变量外，还支持插入表达式，比如插入一个判断是否相等的表达式 a==b，但是注意此时一定要将表达式用 {} 括起来，即 {a==b}。

在 Scala 中可使用以下三种方式将变量插到字符串中。

- s 插值：表示成 s""，例如 s"his name is $name"。
- f 插值：表示成 f""，例如 f"his name is $name"。

- raw 插值：表示成 raw""，例如 raw"his name is $name"。

课堂案例

假设已经定义好了姓名、年龄和体重三个变量（name=jason,age=10,weight=180），并且这些变量是不能改变的，现要求分别输出以下四项字符串：

- name is Jason,10 years old and weighs is 180 kg
- name is Jason,10 years old and weighs is 180.00kg
- name is Jason,10 years old and weighs is 180.00 kg\n1000g
- areyou 10 ?true/false（年龄是 10 岁就输出 true，否则输出 false）

操作步骤：

（1）定义姓名的变量。在 Scala 解释器中输入 val name="jason" 并按【Enter】键，定义一个字符串变量 name，如图 2-65 所示。

```
scala> val name="jason"
name: String = jason
```

图 2-65　定义变量 name

（2）定义年龄的变量。在 Scala 解释器中输入 val age=10 并按【Enter】键，定义一个整型变量 age，如图 2-66 所示。

```
scala> val age=10
age: Int = 10
```

图 2-66　定义变量 age

（3）定义体重的变量 weighs。在 Scala 解释器中输入 val weighs=180 并按【Enter】键，定义一个整型变量 weighs，如图 2-67 所示。

```
scala> val weighs=180
weighs: Int = 180
```

图 2-67　定义变量 weighs

（4）尝试使用 Java 中的拼接方式打印输出字符串。在 Scala 解释器中输入 println(name+"is"+age+"years old and weights is"+weighs+"kg") 并按【Enter】键，可以看到输出了字符串 jason is10 years old and weights is 180 kg，如图 2-68 所示。

```
scala> println(name+" is "+age+" years old and weights is "+weighs+" kg")
jason is 10 years old and weights is 180 kg
```

图 2-68　使用 Java 中的拼接方式打印输出字符串

（5）上一步中使用 Java 的拼接方式非常麻烦，下面使用 Scala 中插值的方式输出字符串。在 Scala 解释器中输入 println(s"name is $name,$age years old and weights is $weighs kg") 并按 Enter 键，可以看到输出了字符串 name is jason, 10 years old and weights is180 kg，如图 2-69 所示。

```
scala> println(s"name is $name, $age years old and weights is $weighs kg")
name is jason, 10 years old and weights is 180 kg

scala> println(f"name is $name, $age years old and weights is $weighs kg")
name is jason, 10 years old and weights is 180 kg

scala> println(raw"name is $name, $age years old and weights is $weighs kg")
name is jason, 10 years old and weights is 180 kg
```

图 2-69　使用 Scala 中插值的方式输出字符串

💡**注意**：步骤（5）中使用的是 Scala 的 s 插值方式，这里还可以使用另外两种方式实现同样的效果：f 插值方式时输入 println(f"name is $name, $age years old and weights is $weighs kg")；raw 插值方式时输入 println(raw"name is $name, $age years old and weights is $weighs kg")。

（6）使用 Scala 的 f 插值方式输出题目中第二项字符串，即体重由上一步的 180 kg 改为 180.00 kg。在 Scala 解释器中输入 println(f"name is $name, $age years old and weights is $weighs%.2f kg") 并按【Enter】键，可以看到输出了字符串 name is jason,10 years old and weights is180.00 kg，如图 2-70 所示。

```
scala> println(f"name is $name, $age years old and weights is $weighs%.2f kg")
name is jason, 10 years old and weights is 180.00 kg
```

图 2-70　输出的体重由上一步的 180 kg 改为 180.00 kg

💡**注意**：步骤（6）中之所以使用 f 插值方式，是因为其功能类似于其他语言中的 printf 函数，可用于打印输出一些格式化的字符串。

（7）使用 Scala 的插值方式输出题目中第三项字符串，首先用 f 插值方式进行尝试。在 Scala 解释器中输入 println(f"name is $name, $age years old and weights is$weighs%.2f kg\n1000g") 并按【Enter】键，可以看到输出了两行字符串，第一行是 name is jason,10 years old and weights is180.00 kg，第二行是 1000g，如图 2-71 所示，这与题目中的要求不符。这里输出两行是因为 \n 代表换行的意思，所以打印时将 1000g 换行了。

```
scala> println(f"name is $name, $age years old and weights is $weighs%.2f kg\n1000g")
name is jason, 10 years old and weights is 180.00 kg
1000g
```

图 2-71　输出了换行的字符串

（8）要想使上一步输出的字符串不换行，可以对 \n 进行转义，即在 \n 前添加 \。在 Scala 解释器中输入 println(f"name is $name, $age years old and weights is$weighs%.2f kg\\n1000g") 并按【Enter】键，可以看到这次在一行中输出了字符串 name is jason,10 years old and weights is180.00 kg\n1000g，如图 2-72 所示。

```
scala> println(f"name is $name, $age years old and weights is $weighs%.2f kg\\n1000g")
name is jason, 10 years old and weights is 180.00 kg\n1000g
```

图 2-72　正确输出题目中第三项字符串

（9）要是不想采用上一步转义的方式，可以直接使用 raw 插值方式。在 Scala 解释器中输入 println(raw"name is $name, $age years old and weights is$weighs%.2f kg\n1000g") 并按【Enter】键，可以看到在一行中输出了字符串 name is jason,10 years old and weights is180%.2f kg\n1000g，如图 2-73 所示。

```
scala> println(raw"name is $name, $age years old and weights is $weighs%.2f kg\n1000g")
name is jason, 10 years old and weights is 180%.2f kg\n1000g
```

图 2-73　不用转义就在一行内输出带 \n 的字符串

（10）使用 Scala 的插值方式输出题目中第四项字符串，这里使用 s 插值方式。在 Scala 解释器中输入 println(s"are you 10 ?$age==10") 并按【Enter】键，可以看到输出了字符串 are you 10 ?10==10，这并非预期的结果，如图 2-74 所示。这里输出结果与预期不符的原因是 $ 只把紧跟其后的 age 看作了变量，而不是 age==10 这个表达式。

```
scala> println(s"are you 10 ?$age==10")
are you 10 ?10==10
```

图 2-74　输出的字符串与预期不符

（11）将 $ 后的 age==10 表达式放在 {} 中再次尝试输出字符串。在 Scala 解释器中输入 println(s"are you 10 ?${age==10}") 并按【Enter】键，可以看到这次正确输出了题目中的第四项字符串，如图 2-75 所示。

```
scala> println(s"are you 10 ?${age==10}")
are you 10 ?true
```

图 2-75　正确输出题目中第四项字符串

课堂案例

● 视频

string 综合案例

主机名匹配。

需求描述：

比较用户输入的主机名 hadoop01（注意这里的主机名不区分大小写）是否在已知字符串 hostsList="host01,host02,hadoop01,hadoop010" 中存在，如果存在就打印"i find 主机名"，否则打印"i unfind 主机名"。

操作步骤：

（1）定义输入的主机名变量。在 Scala 解释器中输入 val input="hadoop01" 并按【Enter】键，定义一个字符串变量 input，如图 2-76 所示。

```
scala> val input="hadoop01"
input: String = hadoop01
```

图 2-76　定义输入的主机名变量

（2）定义已知的所有主机名所在的字符串变量。在 Scala 解释器中输入 val hostsList="host01,host02,hadoop01,hadoop010" 并按【Enter】键，定义一个字符串变量 hostsList，如图 2-77 所示。

```
scala> val hostsList="host01,host02,hadoop01,hadoop010"
hostsList: String = host01,host02,hadoop01,hadoop010
```

图 2-77 定义已知字符串变量

（3）要想匹配输入的主机名 hadoop01，只需将已知字符串中的每一个主机名都用逗号进行切分，之后判断切分返回的数组中是否含有 hadoop01 即可。这一步先对已知字符串进行切分。在 Scala 解释器中输入 val hosts=hostsList.split(",") 并按【Enter】键，可以看到字符串已经被切分成数组了，数组中每一个元素都对应一个主机名，如图 2-78 所示。

```
scala> val hosts=hostsList.split(",")
hosts: Array[String] = Array(host01, host02, hadoop01, hadoop010)
```

图 2-78 字符串被切分成数组

（4）使用 for 循环 +if 语句 +yield 的形式遍历切分返回的数组并对主机名进行过滤，判断数组中是否含有主机名 hadoop01。在解释器中输入 val hostnames=for(host<-hosts if(input.toUpperCase==host.toUpperCase)) yield host 并按【Enter】键，可以看到返回了一个数组，数组中元素是匹配到的主机名 hadoop01，如图 2-79 所示。

```
scala> val hostnames=for(host<-hosts if(input.toUpperCase==host.toUpperCase)) yield host
hostnames: Array[String] = Array(hadoop01)
```

图 2-79 返回匹配到的主机名

> 💡**注意**：因为题目中要求主机名不区分大小写，所以这里索性把 input 和 host 都使用 toUpperCase 方法转成了大写（当然都转成小写也可以）。这样一来，不管输入是什么，就都可以不区分大小写了。

（5）使用 if 语句判断是否匹配到了用户输入的主机名并进行相应的输出：如果找到了，则说明返回的数组有元素存在，即其长度应该大于 0，此时输出 "i find 主机名"；要是没找到，则数组的长度应该等于 0，此时输出 "i unfind 主机名"。在 Scala 的解释器中输入 if(hostnames.length>0) println(s"i find $input") else println(s"i unfind $input") 并按【Enter】键，可以看到打印输出了 i find hadoop01，说明成功匹配到用户输入的主机名 hadoop01，如图 2-80 所示。

```
scala> if(hostnames.length>0) println(s"i find $input") else println(s"i unfind $input")
i find hadoop01
```

图 2-80 提示成功匹配到主机名

2.3　Scala 的基本运算

接下来学习 Scala 的基本运算，首先了解一下什么是运算符。

2.3.1　Scala 的运算符

在 Java 中，运算符实际上就是一个特殊的符号，使用运算符，可以将一个或多个操作数

视　频 •┅┅┅

Scala 的算术
运算
•┄┄┄┄┄┄

连成可执行的语句，用于实现不同的功能，这就是 Java 中运算符的定义。Scala 中运算符的定义与 Java 中相同，其作用就是对数据进行一些操作。按照对数据操作的功能不同，可以把运算符分为以下几大类。

- 算术运算符：只能用来做加、减、乘、除等算术运算。
- 关系运算符：用来对数值进行比较，如 >、<=、>= 等。
- 逻辑运算符：包含逻辑与、逻辑或、逻辑非三种运算符，也是用于比较的。
- 位运算符：用于对二进制数的位进行左移、右移、取反等操作。
- 赋值运算符：用于将一个值进行赋值，如 =、+=、-= 等。

Scala 中的运算符与 Java 中的运算符非常相似，所以只讲解一些重点和容易出错的运算符，以及 Scala 中一些运算符的特殊性，也就是它与 Java 的不同点。

2.3.2 Scala 的算术运算符

1. Scala 中的算术运算符

Scala 中的算术运算符如表 2-4 所示。

表 2-4 Scala 中的算术运算符

运　算　符	描　　述
+	加号
-	减号
*	乘号
/	除号
%	取余

2. Scala 中算术运算的本质

前面在讲解 Scala 的面向对象编程特性时提到过，Scala 是比 Java 更面向对象编程的一门语言，因为 Scala 中所有操作都可以看作一个方法的调用。也就是说，+、-、*、/、% 在 Java 中只是一个操作符、运算符，而在 Scala 中，它实际上是一次方法的调用。于是可以将 Scala 中算术运算的本质总结如下：

- + 相当于调用对应类型的 + 方法；
- - 相当于调用对应类型的 - 方法；
- * 相当于调用对应类型的 * 方法；
- / 相当于调用对应类型的 / 方法；
- % 相当于调用对应类型的 % 方法。

接着来看一个案例。

课堂案例

举例写出前缀、中缀和后缀操作符对应的方法调用。

操作步骤：

（1）在 Windows 控制台中输入 scala 并按【Enter】键，进入 Scala 解释器，如图 2-81 所示。

```
C:\windows\system32\cmd.exe - scala
Microsoft Windows [版本 10.0.17134.1184]
(c) 2018 Microsoft Corporation。保留所有权利。

C:\Users\CGZ>scala
Welcome to Scala 2.12.10 (Java HotSpot(TM) 64-Bit Server VM, Java 1.8.0_144).
Type in expressions for evaluation. Or try :help.

scala>
```

图 2-81　进入 Scala 解释器

（2）以中缀操作符 + 为例进行讲解。在 Scala 的解释器中输入 1+2 并按【Enter】键，得到 1 加 2 的结果 3，如图 2-82 所示。

```
scala> 1+2
res0: Int = 3
```

图 2-82　得到 1 加 2 的结果

注意：因为操作符的位置一般在两个对象的中间，所以把 +、-、*、/、% 这样的操作符称为中缀操作符。

（3）使用方法调用的方式完成上一步的加法操作：1+2 相当于整型对象 1 调用了一个名为 + 的方法，这个方法所传参数是一个整型 2。在 Scala 解释器中输入 1.+(2) 并按【Enter】键，同样得到了正确的结果 3，如图 2-83 所示。

```
scala> 1.+(2)
res1: Int = 3
```

图 2-83　使用方法调用的方式完成加法操作

（4）以 / 为例进行讲解。在 Scala 解释器中输入 4/2 并按【Enter】键，得到 4 除以 2 的结果 2，如图 2-84 所示。

```
scala> 4/2
res2: Int = 2
```

图 2-84　得到 4 除以 2 的结果

（5）使用方法调用的方式完成上一步的除法操作。在 Scala 解释器中输入 4./(2) 并按【Enter】键，同样得到了正确的结果 2，如图 2-85 所示。

```
scala> 4./(2)
res3: Int = 2
```

图 2-85　使用方法调用的方式完成除法操作

（6）以 % 为例进行讲解。在 Scala 解释器中输入 9%5 并按【Enter】键，得到取余结果 4，如图 2-86 所示。

```
scala> 9%5
res4: Int = 4
```

图 2-86　得到了取余结果

（7）使用方法调用的方式完成上一步的取余操作。在 Scala 解释器中输入 9.%(5) 并按【Enter】键，同样得到正确的结果 4，如图 2-87 所示。

```
scala> 9.%(5)
res5: Int = 4
```

图 2-87　使用方法调用的方式完成取余操作

（8）上面演示的操作符运算都可以用方法调用的方式实现，其实方法的调用也可以用操作符替代，先演示一个方法调用的例子，然后尝试用操作符的形式实现同样的效果。在 Scala 的解释器中输入 val s="hello,scala" 并按【Enter】键，定义一个字符串变量 s，如图 2-88 所示。

```
scala> val s="hello,scala"
s: String = hello,scala
```

图 2-88　定义一个字符串变量

（9）调用 split 方法以逗号切分字符串并返回给变量 words。在 Scala 解释器中输入 val words=s.split(",") 并按【Enter】键，得到一个数组，数组的元素是 hello 和 scala，如图 2-89 所示。

```
scala> val words=s.split(",")
words: Array[String] = Array(hello, scala)
```

图 2-89　将字符串进行了切分

（10）对上一步得到的数组进行遍历并打印。在 Scala 解释器中输入 for(word<-words) println(word) 并按【Enter】键，打印出了字符串，如图 2-90 所示。

```
scala> for(word<-words) println(word)
hello
scala
```

图 2-90　对数组进行遍历并打印

（11）将步骤（9）中方法的调用改写成操作符的形式：还是用前面定义的变量 s，将 split 方法的调用改用操作符表示，也就是把方法名当成一个操作符，后面跟一个参数。在 Scala 的解释器中输入 val words=s split "," 并按【Enter】键，可以看到同样得到了一个元素是 hello 和 scala 的数组，如图 2-91 所示。

```
scala> val words=s split ","
words: Array[String] = Array(hello, scala)
```

图 2-91　将方法的调用改写成操作符的形式

（12）对上一步得到的数组进行遍历并打印。在 Scala 解释器中输入 for(word<-words) println(word) 并按【Enter】键，打印出了同样的结果，如图 2-92 所示。

```
scala> for(word<-words) println(word)
hello
scala
```

图 2-92　打印出了同样的结果

> **注意**：在 Scala 中，不仅所有操作符运算都可以看成是方法的调用，而且所有方法的调用都可以用操作符替代。这就是 Scala 与 Java 的不同之处。

（13）以前缀操作符为例进行讲解。在 Scala 解释器中输入 -2 并按【Enter】键，得到结果 -2，如图 2-93 所示。

```
scala> -2
res8: Int = -2
```

图 2-93　使用前缀操作符的运算结果

（14）把 -2 赋给一个变量。在 Scala 解释器中输入 val a=-2 并按【Enter】键，成功将 -2 赋给了 a，如图 2-94 所示。

```
scala> val a = -2
a: Int = -2
```

图 2-94　给变量赋值

（15）调用 unary_- 方法完成步骤（13）的操作。在 Scala 解释器中输入 2.unary_- 并按【Enter】键，得到结果 -2，如图 2-95 所示。

```
scala> 2.unary_-
res9: Int = -2
```

图 2-95　调用 unary_- 方法完成 -2 操作

（16）调用 unary_+ 方法完成 +2 操作。在 Scala 解释器中输入 2.unary_+ 并按【Enter】键，得到结果 2，如图 2-96 所示。

```
scala> 2.unary_+
res10: Int = 2
```

图 2-96　调用 unary_+ 方法完成 +2 操作

（17）调用 unary_~ 方法完成 ~2（对 2 按位取反）操作。在 Scala 解释器中输入 2.unary_~ 并按【Enter】键，得到了按位取反的结果 -3，如图 2-97 所示。

```
scala> 2.unary_~
res11: Int = -3
```

图 2-97　调用 unary_~ 方法完成 ~2 操作

（18）以后缀操作符为例进行讲解。由于调用一个无参的方法就相当于使用一个后缀操作符，所以这一步先来定义一个无参的方法。在 Scala 解释器中输入 :paste 并按【Enter】键，进入粘贴模式，然后输入一段定义 operator 类的代码：在 operator 类中定义一个无参的方法 getName，该方法只用于打印一个字符串 scaala。接着输入代码调用定义的类：newoperator().getName()。按快捷键【Ctrl+D】退出粘贴模式，已打印出预期的结果 scaala，如图 2-98 所示。

```
scala> :paste
// Entering paste mode (ctrl-D to finish)

class operator{def getName(){println("scaala")}}
new operator().getName()

// Exiting paste mode, now interpreting.

scaala
defined class operator
```

图 2-98　调用无参的方法打印出 scaala

（19）上一步提到过，调用一个无参的方法相当于使用一个后缀操作符，所以这一步用后缀操作符的形式替代上一步中无参方法的调用。在 Scala 解释器中输入 :paste 并按【Enter】键，进入粘贴模式，定义和上一步同样的类，下面调用这个类的时候，采用后缀操作符的形式，即输入 newoperator() getName，如图 2-99 所示。按快捷键【Ctrl+D】退出粘贴模式后打印出 scaala，得到了和上一步同样的结果。

```
scala> :paste
// Entering paste mode (ctrl-D to finish)

class operator{def getName(){println("scaala")}}
new operator() getName
```

图 2-99　使用后缀操作符替代无参方法的调用

💡 **注意：** 步骤（19）中按快捷键【Ctrl+D】退出粘贴模式后会提示一些错误，直接忽视那些错误即可，因为它们并不影响得到正确的结果 scaala。

● 视频

关系和逻辑
运算

以上例子是对 Scala 纯面向对象编程的一个验证：所有操作符都可以写成方法的调用，反过来所有方法的调用都可以写成操作符的形式。

2.3.3　Scala 的关系运算符

Scala 中的关系运算符和 Java 中是基本相同的，如表 2-5 所示。

表 2-5　Scala 中的关系运算符

运算符	描　　述
==	等于
!=	不等于
>	大于
<	小于
>=	大于或等于
<=	小于或等于

由于 Scala 中的关系运算符和 Java 中基本一致，这里就不再详细讲解了，但是大家需要注意两点：第一，Scala 中的关系运算符 == 比较的是数值是否相等，而在 Java 中，该运算符比较的是引用是否相等；第二，Scala 与 Java 相同，关系运算的返回值都是布尔类型的，若满足比较的要求就返回真（true），若不满足就返回假（false）。

2.3.4 Scala 的逻辑运算符

Scala 中的逻辑运算符如表 2-6 所示。

表 2-6 Scala 中的逻辑运算符

运算符	描　　述
&&	逻辑与
‖	逻辑或
!	逻辑非

Scala 中的逻辑运算与 Java 中一样，也是与、或、非三种情况，分别介绍如下。

- 与：运算表达式有一个为假，则整个表达式为假。
- 或：运算表达式有一个为真，则整个表达式为真。
- 非：就是取反的意思，与参与表达式相反。

2.3.5 Scala 的短路运算

实际上在 Scala 中表示与和或，除了使用上一节介绍的逻辑与运算符 && 和逻辑或运算符 ‖ 外，还有一种方式，即使用一个 & 运算符和一个 | 运算符。那么这两种表示方式之间有什么区别呢？把使用 && 运算符或 ‖ 运算符的运算称为短路运算，把使用 & 运算符或 | 运算符的运算称为非短路运算。

短路运算的核心思想是：由 && 或 ‖ 运算符构建出来的表达式，只会对整个运算结果有决定作用的部分进行求值。

Scala 的短路运算法则：result= 表达式 1　运算符　表达式 2

- 运算符为 && 时：如果表达式 1 为 false，则 result=false，也就是说此时表达式 1 能够决定整个与运算的值，因此不会再去求表达式 2 的值。
- 运算符为 ‖ 时：如果表达式 1 为 true，则 result=true，也就是说此时表达式 1 能够决定整个或运算的值，因此不会再去求表达式 2 的值。

而对于非短路运算而言，不管是与运算还是或运算，不管表达式 1 是 true 还是 false（即使此时的表达式 1 已经能够决定整个运算的结果），都会对表达式 2 的值进行运算，然后再根据表达式 1 的值和表达式 2 的值综合判断出整个运算的结果。

课堂案例

判断以下代码中前四个语句的输出值：

```
isChinese()&&isSoldier()
isSoldier()||isChinese()
```

```
isChinese()&isSoldier()
isSoldier()|isChinese()
def isChinese()={println("i am not Chinese") ;false} ①
def isSoldier()={println("i am Soldier") ;true}} ②
```

答案：

题目中最后面的两个语句是定义的两个方法 isChinese() 和 isSoldier()（为了便于描述，将这两个方法分别标记为①和②），方法①执行后会打印字符串 i am not Chinese 并返回 false，方法②执行后会打印字符串 i am Soldier 并返回 true。而题目中前 4 个语句就是对这两个方法的调用。

第 1 个语句是短路运算，它的前一个表达式调用方法①，会返回 false，而对于短路的与运算而言，只要有一个表达式的值为 false 则整个与运算的值就为 false，所以不用再去判断后一个表达式调用方法②的结果了，故第 1 个语句最终输出的是方法①的结果，也就是打印出 i am not Chinese。

第 2 个语句也是短路运算，由于它是短路的或运算，只要有一个表达式的值为 true 则整个或运算的值为 true，该语句前面的表达式调用的是方法②，结果会返回 true，因此不需要再判断后一个表达式调用方法①的结果了，故第 2 个语句最终输出的是方法②的结果，也就是打印出 i am Soldier。

第 3、4 句均为非短路运算，所以每一句中前后两个表达式都需要进行计算，故第 3 句会先调用方法①后调用方法②；第 4 句会先调用方法②后调用方法①。

2.3.6　Scala 的赋值运算符

Scala 的赋值运算与 Java 也是基本相同的，下面介绍 Scala 中的赋值运算符，具体如表 2-7 所示。

表 2-7　Scala 中的赋值运算

运算符	描　述	实　例
=	简单的赋值运算，指定将右边操作数赋值给左边的操作数	C=A+B 的作用是将 A+B 的运算结果赋值给 C
+=	相加后再赋值，将左右两边的操作数相加后再赋值给左边的操作数	C+=A 相当于 C=C+A
– =	相减后再赋值，将左右两边的操作数相减后再赋值给左边的操作数	C-=A 相当于 C=C-A
*=	相乘后再赋值，将左右两边的操作数相乘后再赋值给左边的操作数	C*=A 相当于 C=C*A
/=	相除后再赋值，将左右两边的操作数相除后再赋值给左边的操作数	C/=A 相当于 C=C/A
%=	求余后再赋值，将左右两边的操作数进行求余操作后再赋值给左边的操作数	C%=A 相当于 C=C%A

需要注意一点，在 Scala 中赋值运算的返回值是 unit，即返回一个空值；而在 Java 中，赋值运算返回的是整个表达式被赋予的一个值。

课堂案例

视　频

关系和逻辑
运算练习

（1）var a=2; var b=3;var c=4;

　　　a+=b;b-=c;c*=a;

　　　求 a、b、c 的值。

（2）var a=2; var b=3;var c=4;

　　　a=b=c;

求 a、b、c 的值。

（3）var a=2; var b=3;

交换 a 和 b 的值。

操作步骤：

（1）在 Scala 解释器中分别输入 var a=2、var b=3 和 var c=4 并按【Enter】键，定义题目中已知的 a、b、c 三个变量，如图 2-100 所示。

```
scala> var a=2
a: Int = 2

scala> var b=3
b: Int = 3

scala> var c=4
c: Int = 4
```

图 2-100　定义已知的 a、b、c 三个变量

（2）在 Scala 解释器中输入 a+=b 并按【Enter】键，之后再输入 a 并按【Enter】键，可以输出 a 的值。a+=b 表示 a=a+b，已知 a=2，b=3，所以 a 的输出结果为 5，如图 2-101 所示。

```
scala> a+=b

scala> a
res1: Int = 5
```

图 2-101　输出 a+=b 的值

（3）在 Scala 解释器中输入 b-=c 并按【Enter】键，之后再输入 b 并按【Enter】键，可以输出 b 的值。b-=c 表示 b=b-c，已知 b=3，c=4，所以 b 的输出结果为 -1，如图 2-102 所示。

```
scala> b-=c

scala> b
res3: Int = -1
```

图 2-102　输出 b-=c 的值

（4）在 Scala 解释器中输入 c*=a 并按【Enter】键，之后再输入 c 并按【Enter】键，可以输出 c 的值。c*=a 表示 c=c*a，由于 a 的值已经由 2 变成了 5，c=4，所以 c 的输出结果为 20，如图 2-103 所示。

```
scala> c*=a

scala> c
res5: Int = 20
```

图 2-103　输出 c*=a 的值

（5）由于上面的操作已经改变了 a、b 和 c 的值，所以需要在 Scala 解释器中重新定义这三个变量的值。在 Scala 解释器中分别输入 var a=2、var b=3 和 var c=4 并按【Enter】键，之后输入 a=b=c 并按【Enter】键。输出结果会报错，因为 b=c 这个表达式返回的是一个空值，不可以把一个空值赋值给整型的 a，所以会报"类型不匹配"的错误。具体的输出结果如图 2-104 所示。

```
scala> var a=2
a: Int = 2

scala> var b=3
b: Int = 3

scala> var c=4
c: Int = 4

scala> a=b=c
<console>:14: error: type mismatch;
 found    : Unit
 required: Int
       a=b=c
```

图 2-104　a=b=c 的输出结果

（6）交换变量 a 和 b 的值，首先需要在 Scala 解释器中输入 var a=2 和 var b=3 并按【Enter】键，然后在 Scala 解释器中输入 var tmp=0 定义一个中间变量 tmp，如图 2-105 所示。

```
scala> var a=2
a: Int = 2

scala> var b=3
b: Int = 3

scala> var tmp=0
tmp: Int = 0
```

图 2-105　定义 a、b 和 tmp 的值

（7）在交换 a 和 b 的值时，首先把 a 的值赋给中间变量 tmp，然后把 b 的值赋给 a。这样就完成了 b 和 a 的一次交换，即把 b 的值赋给了 a。之后再把 tmp 的值赋给 b，这样就完成了 a 和 b 的交换。具体交换过程如图 2-106 所示。

```
scala> tmp=a
tmp: Int = 2

scala> a=b
a: Int = 3

scala> b=tmp
b: Int = 2
```

图 2-106　交换 a 和 b 的值

（8）交换之后 a 和 b 的值都发生了变化，分别在 Scala 解释器中输入 a 和 b，可以看到 a 的值为 3，b 的值为 2。结果表明这两个变量的值已经发生了交换，如图 2-107 所示。

```
scala> a
res6: Int = 3

scala> b
res7: Int = 2
```

图 2-107　输出交换之后 a 和 b 的值

● 视频

Scala 的位
运算

2.3.7　Scala 的位运算符

　　下面学习 Scala 中的位运算，我们知道任何一个数都可以用二进制数的形式表示，例如一个整数就可以用一个 32 位的二进制数来表示，所以位运算其实就是对二进制位进行的操作。

Scala 中的位运算符如表 2-8 所示。

表 2-8　Scala 中的位运算符

运算符	描　　述
&	按位与运算符
|	按位或运算符
^	按位异或运算符
~	按位取反运算符
<<	左移动运算符
>>	右移动运算符
>>>	无符号右移运算符

例如整数 1 对应的二进制数为 0000……0001，整数 2 对应的二进制数为 0000……0010，现在要对整数 1 和 2 进行按位与运算，即 1&2，就需要对这两个整数的每一个二进制位进行与运算，所以操作的结果是 0000……0000，即整数 0；要是计算 1|2，需要对这两个整数的每一个二进制位进行或运算，所以操作的结果是 0000……0011，即整数 3；要是计算 1^2，需要对这两个整数的每一个二进制位进行异或运算，所以操作的结果是 0000……0011，即整数 3。要是计算 ~1，需要对 1 这个整数的每一个二进制位进行按位取反操作，得到的结果是 1111……1110，注意这个结果是负数，是计算机中的补码，不能直接将其作为 ~1 操作的值。对于正数来说，补码 = 原码 = 反码；对于负数来说，原码 = 对反码除符号位外的其他位取反，而补码 = 反码 +1。由于任何数在计算机中都是以补码的形式存在的，所以需要将上面得到的补码转换成原码。这里已知补码是 1111……1110，因为反码 = 补码 -1，故反码为 1111……1101，所以原码应该是 1000……0010，即 ~1 的结果是整数 -2。使用左移动运算符 << 时，低位补 0，高位直接截断即可。使用右移动运算符 >> 和无符号右移运算符 >>> 都可以对位进行右移，这时会将高位空出，低位直接截断，但它们有着很大的区别：使用右移动运算符时，高位空出的位置用符号位去补，正数补 0，负数补 1；使用无符号右移运算符时，高位空出的位置都用 0 去补。

Scala 中的位运算法则如表 2-9 所示。

表 2-9　Scala 中的位运算法则

p	q	p&q	p|q	p^q
0	0	0	0	0
0	1	0	1	1
1	1	1	1	0
1	0	0	1	1

从表 2-9 中可以看出：对于按位与运算，只有运算符两边同为 1 的时候整体结果才是 1，其他情况下结果都是 0；对于按位或运算，只有运算符两边同为 0 的时候整体结果才是 0，其他情况下都是 1；对于按位异或运算，运算符两边相同（即同为 1 或同为 0）时整体结果为 0，运算符两边不相同时整体结果为 1。

Scala 中位运算的位移前面已经讲过了，其具体位移规则如表 2-10 所示。

表 2-10　Scala 中位运算的位移规则

<<	左移动自动填 0
>>	右移用符号位填充
>>>	无符号右移自动填 0

Scala 中位的赋值运算规则如表 2-11 所示。

表 2-11　Scala 中位的赋值运算

运算符	描述	实例
<<=	按位左移后再赋值	C<<=2 相当于 C=C<<2
>>=	按位右移后再赋值	C>>=2 相当丁 C=C>>2
&=	按位与运算后再赋值	C&=2 相当于 C=C&2
^=	按位异或运算后再赋值	C^=2 相当于 C=C^2
|=	按位或运算后再赋值	C|=2 相当于 C=C|2

完成如下各项中的位运算。

A．5&9　　　　　　B．5\|9　　　　　　　　　　C．5^9

D．~(-5)　　　　　E．5<<2 和 -5<<2　　　　　　F．-5>>2 和 -5>>>2

2.3.8　Scala 中运算符的优先级

对于 Scala 中的一个混合运算，也就是一个运算表达式中包含有位运算、逻辑运算、关系运算、赋值运算、算术运算等多种运算时，究竟应该先从哪里开始计算？是从左到右还是从右到左？下面学习 Scala 中运算符的优先级问题。

表 2-12 中总结出了 Scala 中所有运算符的优先级。

表 2-12　Scala 中运算符的优先级

优先级序号	运算符	关联性
1	()、[]	从左到右
2	!、~	从右到左
3	*、/、%	从左到右
4	+、-	从左到右
5	>>、>>>、<<	从左到右
6	>>=、<<=	从左到右
7	==、!=	从左到右

续表

优先级序号	运算符	关联性
8	&	从左到右
9	^	从左到右
10	|	从左到右
11	&&	从左到右
12	||	从左到右
13	=、+=、-=、*=、/=、%=、>>=、<<=、&=、^=、|=	从右到左
14	,	从左到右

从表 2-12 中可以看出，优先级序号越小，说明对应的运算符优先级越高，在表达式中越早执行；优先级序号越大，则说明对应的运算符优先级越低，在表达式中越晚执行。例如，运算表达式里 ( ) 或 [] 的优先级最高，它们中的内容肯定是要最优先计算的，其次是像 !、~ 等单操作符。总之，逻辑运算先于赋值运算，关系运算又优先于逻辑运算。这里大家只需大致了解一下即可，记不住时查表即可。不过要注意的是，大家在实际编程中千万不要编写包含多种运算的复杂表达式，因为这种表达式的可读性太差。

 练一练

根据前面所学的知识判断下列各项表达式的返回值。

A．5==5.0   B．97=='a'   C．5>3&&'6'>10

D．4>=5\|\|'C'>'a'   E．4>=5^'c'>'a'

2.4   Scala 的数据类型与运算的应用

下面通过案例讲解数据类型和运算在实际开发中容易出错的一些场景。

2.4.1 Scala 的相等性

视频 •······

== 在 Scala 和 Java 中都是用于判断相等性的一个运算符，但是作用却不完全相同。Java 中的 == 可以比较基本类型和引用类型，对于基本类型而言，== 比较的是值的相等性，而对于引用类型来说，== 比较的是引用的相等性，也就是比较所引用的地址是否相同。Scala 与 Java 不同；在 Scala 中，== 比较的对象只有数值，只要 == 两边的值相等，就返回 true。

Scala 的 ==

•······

Java 中使用 == 进行相等性判断时，若 == 左边是 null，就会抛出异常，而在 Scala 中则不会，Scala 中即使遇到 null==null 这种情况也不会抛出异常。因为使用 == 进行相等性判断实际上就是对 equals 方法的调用，通过 Scala 中存在的自动 null 检查，若发现有 null 就不会调用 equals 方法，只有判断出没有 null，才会调用 equals 方法，所以这种处理方式下肯定不会有抛出异常的问题。

课堂案例

按照下面代码所示定义 s1~s6 六个字符串变量，然后判断这几个变量间值和引用的相等性并通过 println 语句打印出判断结果。

```
val s1="hello"
val s2="he"+"llo"
val s3="he"
val s4="llo"
val s5=s2+s3
val s6=new String("hello")
println(s1==s2); println(s1==s5)
println(s1==s6); println(s5==s6)
println(s1eqs2); println(s1eqs5)
println(s1eqs6); println(s5eqs6)
```

操作步骤：

（1）打开 Windows 命令控制台，进入 Scala 解释器，分别输入 val s1="hello"、val s2="he"+"llo"、val s3="he"、val s4="llo"、val s5=s3+s4、val s6=new String("hello") 并按【Enter】键，定义题目条件中的变量 s1、s2、s3、s4、s5、s6，如图 2-108 所示。

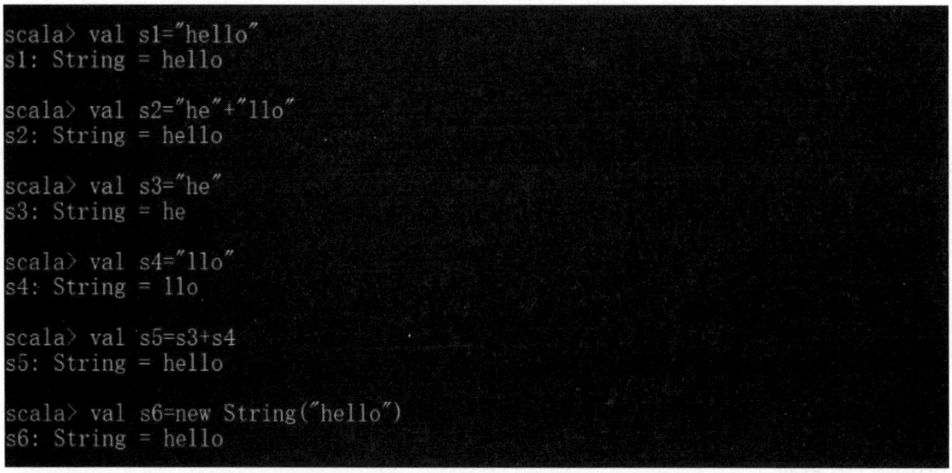

图 2-108　定义 6 个字符串变量

（2）判断 Scala 中 s1 与 s2 是否相等。在 Scala 解释器中输入 println(s1==s2) 并按【Enter】键，结果返回为 true，说明 Scala 中 s1 和 s2 是相等的，如图 2-109 所示。在 Java 中，s1 和 s2 也是相等的，因为 "hello"、"he"、"llo" 都是字符串字面量，在编译时就能够确定类型，它们的引用实际都指向常量池中的 hello。

图 2-109　在 Scala 中 s1 和 s2 相等

（3）判断 Scala 中 s1 与 s5 是否相等。在 Scala 解释器中输入 println(s1==s5) 并按【Enter】键，结果返回为 true，说明 Scala 中 s1 和 s5 是相等的，如图 2-110 所示。但在 Java 中 s1 与 s5 是不相等的，

因为 s1 指向常量池中的 hello，而对于 s5 来说，由于 s3、s4 都是变量，所以在编译时 s5 的值是没法确定的，不属于字面量，所以 s5 并不指向常量池中的值，s1 和 s5 是两个不同的引用。

```
scala> println(s1==s5)
true
```

图 2-110　在 Scala 中 s1 和 s5 相等

（4）判断 Scala 中 s1 与 s6 是否相等。在 Scala 解释器中输入 println(s1==s6) 并按【Enter】键，结果返回为 true，说明 Scala 中 s1 和 s6 是相等的，如图 2-111 所示。但在 Java 中 s1 和 s6 不相等，因为 s1 指向常量池中的 hello，s6 指向的是一个引用。

```
scala> println(s1==s6)
true
```

图 2-111　在 Scala 中 s1 和 s6 相等

（5）判断 Scala 中 s5 与 s6 是否相等。在 Scala 解释器中输入 println(s5==s6) 并按【Enter】键，结果返回为 true，说明 Scala 中 s5 和 s6 是相等的，如图 2-112 所示。但在 Java 中 s5 和 s6 不相等，因为它们是两个不同的引用。

```
scala> println(s5==s6)
true
```

图 2-112　在 Scala 中 s5 和 s6 相等

（6）在 Scala 中比较 s5 和 s6 的引用是否相同。在 Scala 解释器中输入 println(s5 eq s6) 并按【Enter】键，结果返回为 false，说明 s5 和 s6 的引用是不同的，如图 2-113 所示。

```
scala> println(s5 eq s6)
false
```

图 2-113　s5 和 s6 的引用不同

> 注意：这里的 eq 表示进行的是引用比较，即比较两个对象的引用是否相同。在 Scala 中想比较引用是否相等可以使用 eq，但要注意 eq 只适用于那些可以直接映射到 Java 的对象。

（7）在 Scala 中比较 s1 和 s2 的引用是否相同。在 Scala 解释器中输入 println(s1 eq s2) 并按【Enter】键，结果返回为 true，说明 s1 和 s2 的引用是相同的，如图 2-114 所示，因为 s1 和 s2 都是指向常量池中的变量。

```
scala> println(s1 eq s2)
true
```

图 2-114　s1 和 s2 的引用相同

（8）在 Scala 中比较 s1 和 s5 的引用是否相同。在 Scala 解释器中输入 println(s1 eq s5) 并按【Enter】键，结果返回为 false，说明 s1 和 s5 的引用是不同的，如图 2-115 所示，因为在编译时 s5 的值不能确定，所以不属于字面量，而 s1 是一个常量值，属于字面量。

```
scala> println(s1 eq s5)
false
```

图 2-115　s1 和 s5 的引用不同

（9）在 Scala 中比较 s1 和 s6 的引用是否相同。在 Scala 解释器中输入 println(s1 eq s6) 并按【Enter】键，结果返回为 false，说明 s1 和 s6 的引用是不同的，如图 2-116 所示，因为 s1 指向常量值，s6 指向 new 字符串。

```
scala> println(s1 eq s6)
false
```

图 2-116　s1 和 s6 的引用不同

以上案例展示了 Scala 和 Java 中 == 的一个区别。在 Java 中，基本类型的 == 比较的是值，引用类型的 == 比较的是引用地址。而在 Scala 中，== 比较的都是值，如果要想比较引用的话，应该用 eq。

2.4.2　Scala 中的自增和自减运算

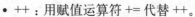

····● 视 频

浮点数精度

●·············

下面学习 Scala 中的自增和自减运算。在 Scala 中没有 ++ 和 −− 这样的自增和自减运算符，那么要想在 Scala 中实现类似于 Java 中的自增和自减运算，可以使用如下赋值运算符进行替代。
- ++ ：用赋值运算符 += 代替 ++。
- −− ：用赋值运算符 −= 代替 −−。

假设 d=2，在 Java 中，++d/d++ 运算完之后 d=3，−−d 运算完之后 d=1 ；在 Scala 中 ++d 用 d+=1 来替代，所以 d=d+1=3，−−d 用 d−=1 来替代，所以 d=d−1=1，可以看到替代后结果是一样的。

2.4.3　Scala 中的浮点数精度问题

1. 何为浮点数精度问题

我们知道，计算机中所有的数字都是以二进制的形式存在的，由于浮点数在转换成二进制数时存在一定的误差，所以这就导致使用浮点数必然会存在一个精度的问题。其实不仅是 Scala 和 Java，几乎所有的程序语言都存在浮点数精度的问题。

在一些对数字精度要求不高的场景，完全可以使用 Float 或 Double 型的浮点数来处理 ；但是在类似金融这类对数字准确度要求很高的场景，就不能直接使用 Float 或 Double 型的浮点数进行运算了。

2. 浮点数精度问题的解决

由于存在浮点数精度的问题，在比较浮点数的值时，两个看似应该相等的浮点数实际可能不相等。和 Java 一样，在 Scala 中，可以使用以下两种方法解决浮点数精度问题。
- 自定义一定的精度，例如可以指定数据只要满足小数点后两位即可，或者将钱数精确到分等。
- 利用 BigDecimal，Java 和 Scala 中都有 BigDecimal 对象，利用它能够准确地解决浮点数精度问题。

🗂️ 课堂案例

在 Scala 解释器中输入 0.1+0.2==0.3，查看结果是否为 true，若结果不为 true，则查看一下 0.1+0.2 的结果究竟是多少。

操作步骤：

（1）在 Windows 命令控制台中输入 scala 并按【Enter】键，进入 Scala 解释器，如图 2-117 所示。

```
C:\Users\CGZ>scala
Welcome to Scala 2.12.10 (Java HotSpot(TM) 64-Bit Server VM, Java 1.8.0_144).
Type in expressions for evaluation. Or try :help.

scala> _
```

图 2-117　进入 Scala 解释器

（2）按道理，0.1+0.2==0.3 应该返回 true。在 Scala 解释器中输入 0.1+0.2==0.3 并按【Enter】键，结果返回为 false，如图 2-118 所示。

```
scala> 0.1+0.2 == 0.3
res0: Boolean = false
```

图 2-118　结果返回为 false

（3）查看 0.1+0.2 的结果究竟是什么。在 Scala 解释器中输入 0.1+0.2 并按【Enter】键，发现结果并不是 0.3，而是一个双精度的浮点数，如图 2-119 所示。这就是浮点数精度问题导致的结果，所以在上一步中返回了 false。

```
scala> 0.1+0.2
res1: Double = 0.30000000000000004
```

图 2-119　0.1+0.2 的实际结果

课堂案例

利用 BigDecimal 和自定义精度两种方法解决浮点数精度问题。

操作步骤：

先用 BigDecimal 方式准确解决浮点数精度问题，具体步骤如下。

（1）在 Scala 解释器中输入 BigDecimal 并按【Enter】键，调用 BigDecimal 类，如图 2-120 所示。

```
scala> BigDecimal
  val BigDecimal: math.BigDecimal.type

scala> BigDecimal_
```

图 2-120　调用 BigDecimal 类

（2）使用 BigDecimal 处理每一个浮点数后，再次验证 0.1+0.2 是否等于 0.3。在 Scala 的解释器中输入 BigDecimal(0.1)+BigDecimal(0.2)==BigDecimal(0.3) 并按【Enter】键，结果返回为 true，这说明使用 BigDecimal 后保证了浮点数的精度，如图 2-121 所示。

```
scala> BigDecimal(0.1)+BigDecimal(0.2)==BigDecimal(0.3)
res2: Boolean = true
```

图 2-121　结果返回为 true

下面使用自定义精度方式解决浮点数精度问题，具体步骤如下。

（1）在 Scala 解释器中输入 val a=0.3 并按【Enter】键，定义一个变量 a，如图 2-122 所示。

```
scala> val a=0.3
a: Double = 0.3
```

图 2-122　定义变量 a

（2）在 Scala 解释器中输入 val b=0.1+0.2 并按【Enter】键，定义一个变量 b，如图 2-123 所示。

```
scala> val b=0.1+0.2
b: Double = 0.30000000000000004
```

图 2-123　定义变量 b

（3）定义 compare 方法，为其设置 x、y、p 三个参数，其中 x、y 指需要比较的两个值，p 是给定的精度值；该方法实现的功能是判断要比较的两个值之差的绝对值是否小于给定的精度值，若小于则表示在给定精度范围内，此时可认为这两个要比较的值是相等的，否则就是不相等的。在解释器中输入 def compare(x:Double,y:Double,p:Double)={if((x–y).abs<p) true else false} 并按【Enter】键，如图 2-124 所示。

```
scala> def compare(x:Double,y:Double,p:Double)={if((x-y).abs<p) true else false}
compare: (x: Double, y: Double, p: Double)Boolean
```

图 2-124　定义 compare 方法

（4）调用定义的 compare 方法判断变量 a 和 b 是否相等，此时的精度设置为 0.00001。在 Scala 解释器中输入 compare(a,b,0.00001) 并按【Enter】键，结果返回为 true，如图 2-125 所示，说明在当前给定的精度下 0.1+0.2==0.3。

```
scala> compare(a,b,0.00001)
res3: Boolean = true
```

图 2-125　结果返回为 true

（5）指定更高的精度后再次调用 compare 方法判断变量 a 和 b 是否相等。在 Scala 解释器中输入 compare(a,b,0.00000000000000003) 并按【Enter】键，结果返回为 false，如图 2-126 所示，说明在当前给定精度下 0.1+0.2 的结果不等于 0.3。

```
scala> compare(a,b,0.00000000000000003)
res4: Boolean = false
```

图 2-126　结果返回为 false

以上实例介绍的就是解决浮点数精度问题的两种方法。

2.4.4　Scala 中大数的处理

● 视频

Scala 大数处理

下面学习 Scala 中数值的另一个常用场景，那就是大数的处理。无论是浮点数还是整数，它都有一定的取值范围，比如整数的取值范围是 $-2^{31} \sim 2^{31}-1$。因此当赋予的值不在该数值类型对应的取值范围内时，就会报错，此时就面临大数处理的问题。BigInt 和 BigDecimal 可分别用于解决整数和浮点数的大数问题。

下面举例介绍如何用 BigInt 进行大数处理，具体步骤如下。

（1）查看整数的最大值。在 Scala 解释器中输入 Int.MaxValue 并按【Enter】键，可以看到整数的最大值是 2147483647, 如图 2-127 所示。

```
scala> Int.MaxValue
res0: Int = 2147483647
```

图 2-127　输出整数的最大值

（2）在 Scala 解释器中输入 val a=100 并按【Enter】键，定义一个整型变量 a, 如图 2-128 所示。

```
scala> val a= 100
a: Int = 100
```

图 2-128　定义一个整型变量

（3）在 Scala 解释器中输入 a=2147483647 并按【Enter】键，结果提示错误，如图 2-129 所示，这是因为 val 声明的变量是不可变的。

```
scala> a=2147483647
<console>:12: error: reassignment to val
       a=2147483647
```

图 2-129　结果报错

（4）在 Scala 解释器中输入 val b=2147483647 并按【Enter】键，重新定义一个变量，如图 2-130 所示。

```
scala> val b=2147483647
b: Int = 2147483647
```

图 2-130　重新定义变量

（5）重新定义一个变量并为其赋予比整数最大值还大的值。在 Scala 解释器中输入 val c=2147483648 并按【Enter】键，结果报错，提示当前输入的数值太大，已经超出整数的最大值了，如图 2-131 所示。

```
scala> val c=2147483648
<console>:1: error: integer number too large
       val c=2147483648
```

图 2-131　提示报错

（6）将上一步要赋给变量 c 的值赋予一个长整型变量 d, 查看是否还会报错。在 Scala 解释器中输入 val d=2147483648L 并按【Enter】键，发现这次赋值成功，如图 2-132 所示。

```
scala> val d =2147483648L
d: Long = 2147483648
```

图 2-132　赋值长整型变量成功

（7）查看长整型数值的最大值。在 Scala 解释器中输入 Long.MaxValue 并按【Enter】键，可以看到长整型数值的最大值是 9223372036854775807, 如图 2-133 所示。

```
scala> Long.MaxValue
res1: Long = 9223372036854775807
```

图 2-133　查看长整型数值的最大值

（8）为变量赋予一个比长整型数值的最大值还大的值。在 Scala 解释器中输入 vald=9223372 0368547758079 并按【Enter】键，由于这时 Scala 将变量类型自动识别为整型，因此所赋的值远大于整数的最大值，结果会报错，如图 2-134 所示。

```
scala> val d=92233720368547758079
<console>:1: error: integer number too large
       val d=92233720368547758079
```

图 2-134　结果报错

（9）指定变量类型为长整型后重新赋予上一步中的值。在 Scala 解释器中输入 vald=92233720 368547758079L 并按【Enter】键，这时发现结果还是报错，提示当前输入的数值太大，已经超出长整型数值的最大值，如图 2-135 所示。

```
scala> val d=92233720368547758079L
<console>:1: error: integer number too large
       val d=92233720368547758079L
```

图 2-135　指定变量类型为长整型后赋值同样报错

（10）上面的这类整数的大数问题可以使用 BigInt 解决。在 Scala 解释器中输入 val bigint= BigInt(92233720368547758079) 并按【Enter】键，结果还是报错，如图 2-136 所示，这是因为 92233720368547758079 是一个字面量，编译时会确定数值类型并判断是否在对应的取值范围内。

```
scala> val bigint=BigInt(92233720368547758079)
<console>:1: error: integer number too large
       val bigint=BigInt(92233720368547758079)
```

图 2-136　使用 BigInt 后还是报错

（11）因为字符串的长度可以是任意的，所以在用 BigInt 处理时应先将上一步中的 92233720368 547758079 加引号处理成字符串。在 Scala 解释器中输入 val bigint=BigInt("92233720368547758079") 并按【Enter】键，成功解决了大数问题，如图 2-137 所示。

```
scala> val bigint=BigInt("92233720368547758079")
bigint: scala.math.BigInt = 92233720368547758079
```

图 2-137　成功解决了大数问题

（12）检验一下上一步的这种方法是否可以解决任意长的大数。在 Scala 解释器中输入 val bigint= BigInt("92233720368547758079……") 并按【Enter】键，发现这次使用了足够长的大数后仍然可以解决，如图 2-138 所示。

```
scala> val bigint=BigInt("92233720368547758079999999999999999999999999999999999999999999")
bigint: scala.math.BigInt = 92233720368547758079999999999999999999999999999999999999999999
```

图 2-138　证明 BigInt 可解决任意长的大数

（13）查看 BigInt 支持的方法可知，它支持 +-*/ 等很多种计算方法，这里尝试一下 * 方法。在 Scala 解释器中输入 BigInt("92233720368547758079")*BigInt(1) 并按【Enter】键，可以看到计算出了结果，如图 2-139 所示。

```
scala> BigInt("92233720368547758079") * BigInt(1)
res2: scala.math.BigInt = 92233720368547758079
```

图 2-139　使用 BigInt 的 * 方法

（14）BigDecimal 也是同样的道理，它也支持包括 +-*/ 运算在内的很多方法，这里尝试一下它的 toInt 方法，将一个浮点数转换成整数。在 Scala 解释器中输入 BigDecimal(12.1).toInt 并按【Enter】键，发现已成功将浮点数 12.1 转换成了整数 12，如图 2-140 所示。

```
scala> BigDecimal(12.1).toInt
res3: Int = 12
```

图 2-140　浮点数已转换成整数

2.4.5　Scala 中随机数的生成

下面学习 Scala 中随机数的生成。随机数的生成有很多实际应用场景，比如在抽奖环节，可以随机生成一个数字或者字符与兑奖人奖票做一个匹配。

1. Random 对象的创建

在 Java 中，使用 Random 对象生成随机数，在 Scala 中生成随机数使用的是其自身的 Random 对象，而非 Java 中的 Random 对象。

Scala 随机数

在 Scala 中，通过导入一个 scala.util 包生成一个 Random 对象：scala.util.Random。

生成 Random 对象之后，就可以调用这个对象的方法生成不同的随机数，常用它生成随机整数、随机小数、随机字符。

2. 随机种子

通过使用随机种子，可以保证每一次调用都生成相同的序列，或者保证每次调用时用同一个对象都生成不同的序列。创建随机对象时，如果设置的随机种子相同，那么它生成的随机序列也是相同的；如果设置的随机种子不同，那么它生成的随机序列就不同。

课堂案例

随机数练习

（1）生成 0~100 之间的伪随机序列，序列含三个元素。

（2）创建一个随机长度的集合（由数字组成，元素最多 5 个）。

（3）创建一个随机长度的集合（由字符组成，元素最多 10 个）。

（4）创建一个长度为 8 的序列，要求里面的字符是随机的。

操作步骤：

（1）在 Scala 解释器中输入 val r=scala.util.Random 并按【Enter】键，生成一个随机对象 r，如图 2-141 所示。

```
scala> val r =scala.util.Random
r: util.Random.type = scala.util.Random$@35adf623
```

图 2-141　生成一个随机对象

（2）题目中要求生成伪随机序列，即每次生成的随机序列是相同的，所以必须使用随机种子。这里使用随机对象的 setSeed 方法设定随机种子,并把种子设定为 10。在 Scala 解释器中输入 r.setSeed(10) 并按【Enter】键,如图 2-142 所示。

```
scala> r.setSeed(10)
```

图 2-142 传随机种子

注意:传随机种子有两种方法:新建一个随机对象,然后用其带参数的构造器把种子传进去;使用随机对象的 setSeed 方法。

(3)由于要求的是生成 0~100 间的三个随机数,这个随机数可能是整数也可能是小数,那么就分别生成一下,这一步先来生成一个整型的随机数。在 Scala 解释器中输入 r.nextInt(101) 并按【Enter】键,结果生成了一个随机整数 48,如图 2-143 所示。

```
scala> r.nextInt(101)
res1: Int = 48
```

图 2-143 生成一个随机整数

注意:r.nextInt(101) 中用 101 表示 0~100 范围内的整数,此处是左包含右不包含。

(4)随机生成一个浮点数。在 Scala 解释器中输入 r.nextFloat 并按【Enter】键,结果生成了一个随机浮点数,如图 2-144 所示。

```
scala> r.nextFloat
res2: Float = 0.44563425
```

图 2-144 生成一个随机浮点数

(5)随机生成一个双精度浮点数。在 Scala 解释器中输入 r.nextDouble 并按【Enter】键,结果随机生成了一个双精度浮点数,如图 2-145 所示。

```
scala> r.nextDouble
res3: Double = 0.2578027905957804
```

图 2-145 随机生成一个双精度浮点数

(6)通过以上步骤就得到了含有三个元素的序列,接着进一步验证它是否是一个伪随机序列。首先定义一个随机对象 r1。在 Scala 解释器中输入 val r1=scala.util.Random 并按【Enter】键,如图 2-146 所示。

```
scala> val r1 =scala.util.Random
r1: util.Random.type = scala.util.Random$@35adf623
```

图 2-146 定义一个随机对象 r1

(7)因为种子相同生成的随机序列就相同,所以为 r1 赋予和 r 相同的种子 10。在 Scala 解释器中输入 r1.setSeed(10) 并按【Enter】键,如图 2-147 所示。

```
scala> r1.setSeed(10)
```

图 2-147 为 r1 赋予相同的种子

（8）先用 r1 生成一个随机整数。在 Scala 解释器中输入 r1.nextInt(101) 并按 Enter 键，生成一个随机整数 48，这与步骤（3）中生成的随机数是相同的，如图 2-148 所示。

```
scala> r1.nextInt(101)
res5: Int = 48
```

图 2-148　生成一个随机整数

（9）用 r1 随机生成一个浮点数。在 Scala 解释器中输入 r1.nextFloat 并按【Enter】键，生成了一个随机浮点数，发现这个浮点数又和步骤（4）中生成的随机浮点数相同，如图 2-149 所示。

```
scala> r1.nextFloat
res6: Float = 0.44563425
```

图 2-149　生成一个随机浮点数

（10）用 r1 随机生成一个双精度浮点数。在 Scala 解释器中输入 r1.nextDouble 并按【Enter】键，随机生成了一个双精度浮点数，发现这个浮点数又和步骤（5）中生成的随机浮点数相同，如图 2-150 所示，这样就验证了前面生成的序列是伪随机序列。

```
scala> r1.nextDouble
res7: Double = 0.2578027905957804
```

图 2-150　随机生成一个双精度浮点数

（11）紧接着完成课堂练习第 2 题的要求，用 for 循环确定集合的长度，用 yield 返回随机数字即可。在 Scala 解释器中输入 for(i<- 1 to r.nextInt(6)) yield r.nextInt(30) 并按【Enter】键，输出了一个集合，里面有 4 个数字元素，如图 2-151 所示。

```
scala> for(i<- 1 to r.nextInt(6)) yield r.nextInt(30)
res8: scala.collection.immutable.IndexedSeq[Int] = Vector(16, 7, 28, 21)
```

图 2-151　得到一个包含 4 个随机数字的集合

（12）用同样的方法完成课堂练习第 3 题的要求，这次 for 循环的作用不变，只是在 yield 中用 nextPrintableChar 方法返回随机字符。在 Scala 解释器中输入 for(i<-1 to r.nextInt(11)) yield r.nextPrintableChar 并按【Enter】键，输出了一个集合，里面有 9 个字符元素，如图 2-152 所示。

```
scala> for(i<- 1 to r.nextInt(11)) yield r.nextPrintableChar
res9: scala.collection.immutable.IndexedSeq[Char] = Vector(X, t, 8, w, x, m, e, (, n)
```

图 2-152　得到一个包含 9 个随机字符的集合

（13）用同样的方法完成课堂练习第 4 题的要求，由于这次要求的序列长度是固定的，所以 for 循环里就不用产生随机数了，yield 中还是用 nextPrintableChar 方法返回随机字符。在 Scala 解释器中输入 for(i<-1 to 8) yield r.nextPrintableChar 并按【Enter】键，输出了一个集合，里面有 8 个字符元素，如图 2-153 所示。

```
scala> for(i<- 1 to 8) yield r.nextPrintableChar
res10: scala.collection.immutable.IndexedSeq[Char] = Vector(o, @, B, <, S, r, b, I)
```

图 2-153　得到一个包含 8 个随机字符的序列

小　结

通过与 Java 的对比学习，掌握 Scala 的基本类型和 Java 的基本类型的对应关系，同时，学会使用 Scala 基本类型对应的操作；通过与 Java 的对比学习，掌握 Scala 基本类型之间的转换，通过大量案例练习，掌握 Scala 数据类型之间的操作和运算操作的优先级；通过与 Java 的对比学习，掌握 Scala 的字符串的常用方法，同时了解 Scala 的字符串具备、但 Java 的字符串不具备的一些特性；最后通过一些案例，展示了在实际开发中容易出错的地方，从而可以帮助大家少走一些弯路。

习　题

一、填空题

a'+7+"hello" 的值是_____，　"hello"+'a'+7 的值是_____。

二、简答题

1．简述 5&9 和 5|9 求解原理（非运行代码）。

2．简述 5<<2 和 −5<<2 求解原理（非运行代码）。

3．使用输入值 2.7255，生成字符串 "you own $2.73" 可以使用插值字符串实现么？

三、编程题

1．将数字 128 转换成 Char、String 和 Double，然后再转成 Int。

2．统计字符串 "hello，scala，hello，word" 中每个单词的个数。

第 3 章

Scala 内建控制、类和对象

视频 ●┄┄┄

Scala 的 IDEA
搭建
● ┄┄┄┄┄┄┄┄

学习目标

- 学会 IDEA 和 Scala 的安装。
- 了解 Scala 的内建控制。
- 掌握 Scala 的类的创建和使用，并与 Java 对比。
- 掌握 Scala 的构造器的创建和使用，并与 Java 对比。
- 了解 Scala 的伴生类和对象。

本章首先讲解 Scala 的开发环境和三种常见的 Scala 内建控制结构，然后学习 Scala 的类和构造器的相关知识点，最后介绍伴生类和伴生对象。

3.1　Scala 的 IDEA 环境搭建

本节主要介绍 IDEA 和 Scala 的安装以及使用方式。之前在编写 Scala 代码时主要使用的是 Scala 解释器，但是在开发的项目工程比较大的时候，使用 Scala 解释器在代码的开发、管理和调试方面会非常不方便，开发效率也非常低。为了提高开发效率，可以选择一款 IDE 作为开发工具。无论是 Scala 还是 Java，都可以选择 IDEA 作为开发工具。

3.1.1　Scala 的 IDE 搭建

在使用一款 IDE 开发项目之前，首先要准备语言的运行环境，其次需要把语言和 IDE 结合起来，安装相应的插件或者配置相关的参数来完成整个开发过程，这样才可以成功使用这门语言。

1. 搭建 IDEA+Scala 的环境

在使用 Scala 语言开发项目时，选择的 IDE 是 IDEA。搭建 IDEA 时需要准备的环境有以下几种：

（1）准备 JDK 1.8+ 的开发环境。

（2）准备 Scala 的运行环境，要求的 Scala 版本是 Scala 2.12.x。

（3）需要安装相应的 Scala 插件，插件会对代码进行检查，提高了编码效率。

2. 安装步骤

在明确了搭建环境的要求后，接下来介绍安装步骤。首先需要安装 JDK 1.8+ 的开发环境；其次需要安装 Scala 2.12.x 的运行环境；最后需要安装 Scala 插件。

Scala 插件的安装有两种方式，第一种是在线安装，就是直接在 IDEA 中安装插件；第二种方式是离线安装，就是通过指定的地址（http://plugins.jetbrains.com/plugin/1347-scala/versions）提前下载，然后通过 IDEA 直接导入进去；最后是进行 IDEA 的配置。

1）Scala 插件的在线安装

（1）打开 IDEA 的开发工具，选择 File → Settings 命令，进入 Scala 插件的设置界面，安装 Scala 插件，如图 3-1 所示。

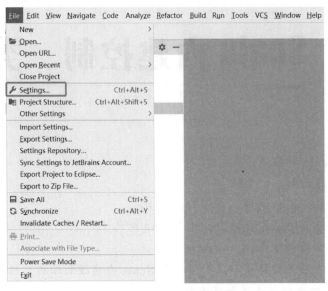

图 3-1　选择 Settings 命令

（2）在搜索框中输入 Plugins，找到 Plugins 选项进入 Scala 插件的安装步骤。在中间的 Plugins 面板的搜索框中输入 Scala 可以搜索到 Scala 的插件，然后在右侧的 Scala 插件面板中单击 Install 按钮即可在线安装 Scala 插件。完成安装后单击 OK 按钮即可完成 Scala 插件的安装步骤，如图 3-2 所示。

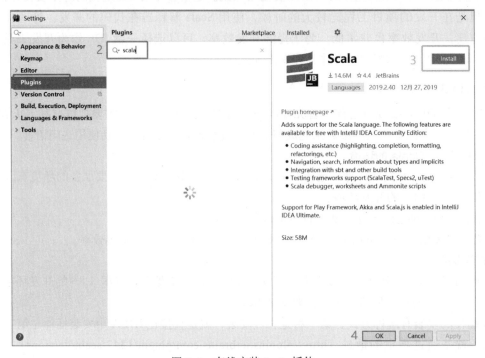

图 3-2　在线安装 Scala 插件

2）Scala 插件的离线安装

（1）在离线安装 Scala 插件时，首先需要在浏览器中输入插件网址，然后在网页上浏览并下载与 IDEA 对应的 Scala 插件的版本。下载完成后需要把插件放在本地的目录中，在 Settings 对话框中单击"设置"按钮，在下拉列表中选择 Install Plugin from Disk 选项，在选择插件存放路径中选择之前下载好的插件，单击 OK 按钮，如图 3-3 所示。

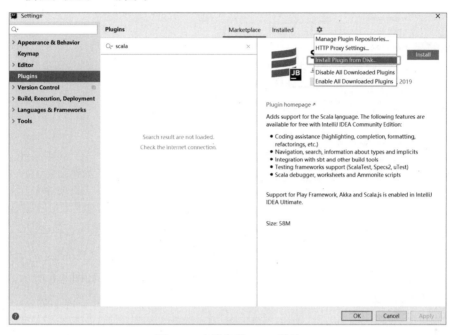

图 3-3　离线安装 Scala 插件

（2）在导入 Scala 插件后，弹出 IDE and Plugin Updates 对话框，提示是否现在重启开发环境，单击 Restart 按钮重启开发环境，如图 3-4 所示。

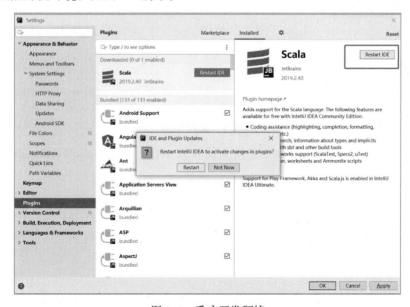

图 3-4　重启开发环境

3.1.2　IDEA 配置 SDK

（1）重启后还需要对 IDE 进行一些简单的配置。选择 File → Project Structure 命令进入项目的配置步骤。在左侧选项列表中选择 Project 选项设置 SDK，无论是何种 SDK 都需要运行在 Java 中，所以这里还需要配置 Java 版本的 SDK，如图 3-5 所示。

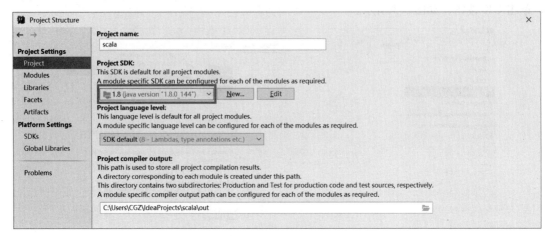

图 3-5　配置 Java 版本的 SDK

（2）完成 Java 版本的 SDK 选择后，在左侧的选项列表中选择 Global Libraries 选项添加 SDK。单击 + 按钮添加 Scala SDK，自动选择指定的版本完成 SDK 的配置过程，如图 3-6 所示。完成 SDK 的配置后就可以应用 Scala 编写代码了。

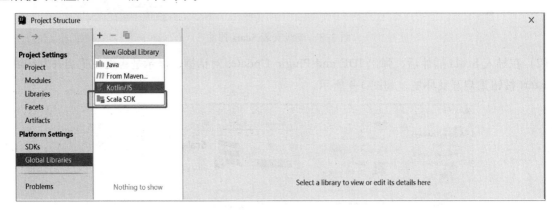

图 3-6　配置 SDK

配置好开发环境后，新建一个 Scala 文件测试开发平台。创建 HelloWord.scala 文件，相关代码如下：

```
1  package scala
2  object HelloWord {
3    def main(args: Array[String]): Unit = {
4      println("hello word")
5    }
6  }
```

第 4 行代码用于打印 hello word 的输出结果。运行程序后输出结果会在界面的下方呈现出来。

3.2　Scala 的内建控制

下面主要介绍 Scala 的内建控制，主要包括 if 语句、while 循环、for 循环等内容。由于这些控制结构与 Java 中的控制结构非常相似，在这里主要对比介绍与 Java 的不同之处，然后通过相关案例进一步加深对内建控制的了解。

视频 ●·······

Scala 控制结构
●·········

3.2.1　Scala 的常见内建控制结构

Scala 的内建控制结构主要分为顺序结构、分支结构和循环结构三种，这三种常见的内建控制结构的含义如下：

（1）顺序结构：在编写代码时，程序是按照从上至下的顺序执行的。

（2）分支结构：if 语句在 Java 中已经有所了解，if 语句实际上是一个条件判断语句。

（3）循环结构：使用 for 循环语句和 while 循环语句。

3.2.2　Scala 的顺序结构

下面主要介绍 Scala 的顺序结构以及顺序结构的作用。Scala 中的顺序结构与 Java 中的顺序结构含义相同，这对于接下来学习 Scala 顺序结构的相关知识点非常有帮助。

1. Scala 顺序结构定义

Scala 顺序结构的定义就是程序从上到下执行，中间过程没有任何判断和跳转。在编写代码的过程中没有判断语句和跳转语句，程序按照输出语句的顺序从上到下输出代码的执行结果。

2. 顺序结构的作用

顺序结构的作用就是在没有流程控制的前提下，顺序结构决定了代码的执行顺序。在编写代码时，顺序结构由于没有其他跳转和控制语句，所以整体编码结构会变得相对简单直观，对于用户来说也更容易理解代码的执行顺序和输出结果。

3. Scala 顺序结构的实例

在下面的顺序结构代码中，程序是按照从上到下执行的，不可能先执行最后一行的输出语句再执行程序中间的输出语句。

```
1  def main(args: Array[String]): Unit = {
2    val name="scala"
3    val age=10
4    println("hello scala")
5    println(name+"has been "+age)
6  }
```

以上程序会先输出第 4 行代码的内容，即输出 hello scala。然后按照顺序执行第 5 行代码，输出 scala has been 10。从代码中可以看出 Scala 的顺序执行结构很简单，非常易于理解。

3.2.3　Scala 的分支结构

Scala 的分支语句包括 if 语句和模式匹配语句 match。而在 Java 中的分支结构包括 if 语句和 swith…case 语句。Scala 中的 match 语句与 Java 中的 swith…case 语句有些类似。接下来介绍有关 if 语句的相关内容，有关 Scala 的模式匹配语句将在后面的内容中详细讲解。

1. Scala 的 if 语句

Scala 中的 if 语句形式与 Java 中的完全相同，if 语句的语法格式如下：

```
if( 布尔表达式 1){
   // 如果布尔表达式 1 为 true, 则执行该语句块
}else if( 布尔表达式 2){
   // 如果布尔表达式 2 为 true, 则执行该语句块
}else if( 布尔表达式 3){
   // 如果布尔表达式 3 为 true, 则执行该语句块
}else {
   // 如果以上条件都为 false, 执行该语句块
}
```

这里的 if…else 语句与 Java 中的用法是相同的, 接下来详细介绍 Scala 的 if 语句和 Java 的不同之处。

2. Scala 与 Java 的 if 语句的不同点

Scala 与 Java 的 if 语句的主要不同点在于是否有返回值。Java 中的 if 语句没有返回值, 而 Scala 中的 if 语句是有返回值的。

```
val a=if( 布尔表达式 ) {
   表达式 1
} else{
   表达式 2
}
```

如果布尔表达式为 true, 则会把表达式 1 的值赋给变量 a。如果布尔表达式为 false, 则会把表达式 2 的值赋给变量 a。即如果布尔表达式为 true, a= 表达式 1, 否则, a= 表达式 2。

例如：

```
vala=if(true){
   "a"
}else{
   "b"
}
```

在上面的代码中, 由于 if 语句中的布尔表达式的值为 true, 所以返回值为 a。

下面举例说明。根据不同年龄, 对人群进行分类, 并返回实际年龄段字符串。

● 视 频

根据年龄分类练习

(1) 12 岁以下, 输出童年。

(2) 12 ~ 20 岁, 输出青年。

(3) 30 ~ 40 岁, 输出中年。

(4) 40 ~ 50 岁, 输出壮年。

(5) 50 岁以上, 输出老年。

创建 ClassifyPerson.scala 文件, 相关代码如下：

```
1  package scala03
2  object ClassifyPerson {
3    def main(args: Array[String]): Unit = {
4      val c=matchAge(65)
5      println(c)
6    }
7    def matchAge(age:Int)={
8      var classify=if(age<12){
9        "童年"
10     }else if(age>=12 && age<30){
```

```
11        "青年"
12      } else if(age>=30 && age<40){
13        "中年"
14      }else if(age>=40 && age<50){
15        "壮年"
16      }else{
17        "老年"
18      }
19      classify
20    }
21 }
```

输出结果如图 3-7 所示。

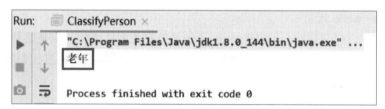

图 3-7 输出结果

第 7 行代码定义了一个用于匹配年龄的方法 matchAge()，输入的参数必须是年龄。第 8 行定义了一个变量 classify 作为这个方法的返回值。方法体中使用 if 语句按照不同的年龄划分为不同的人群。第 16 行代码划分老年时，并没有指定 age>50。因为年龄是从小到大进行划分的，当不满足上面所列出的年龄段时，那肯定就是年龄大于 50 了。第 19 行代码定义了方法的返回值，表示返回一个字符串。第 4 行代码指定年龄后，会输出对应的分类。当输入 65 时，会输出"老年"。

3.2.4 Scala 的循环结构

Scala 中的循环语句与 Java 中的相同，主要包括 for 循环语句、while 循环语句和 do…while 循环语句。下面详细介绍这三种 Scala 循环结构并与 Java 中的语句对比介绍，分析它们的不同之处。

1. Scala 的 while 语句

首先介绍 Scala 中的 while 循环结构，实际上 Scala 中的 while 语句和 Java 中的相同，都是通过条件判断语句是否为真来判断是否会执行接下来的语句。

1）while 语句的语法格式

当 while 语句中的 condition（条件语句）为真时，则会执行接下来的语句；当 condition（条件语句）为假时，则会跳出循环结构。

while 结构的语法格式如下：

```
while(condition){
  statement(s);
}
```

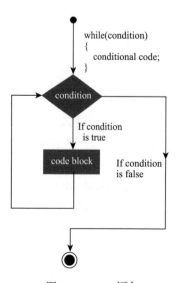

如果 condition 为 true 时，会按照代码的逻辑执行；如果 condition 为 false 时，不会进行代码的执行，如图 3-8 所示。每执行一次就会进行一次判断，这与 Java 相同。

图 3-8 while 语句

2）while 语句实例

下面通过一个 while 实例具体介绍 while 循环语句的结构特点。

```
1  var i=0
2  while(i<5){
3    println(s"i=$i")
4    i+=1
5  }
```

上面的例子中，第 1 行代码定义 i 的初始值为 0，在循环语句中，当 i 的值小于 5 时会一直执行循环体中的语句。i 初始值为 0，每执行一次循环体中的语句 i 的值就会加 1，一直到 i 的值等于 5 时才会跳出循环结构。

2. Scala 的 do…while 语句

Scala 的 do…while 语句与前面介绍的 while 语句虽然都是循环语句，但是这两者有所差异。While 语句会先判断条件语句再执行循环体，do…while 语句会先执行循环语句再进行判断。

1）do…while 语句的语法格式

do…while 语句至少执行一次循环体中的语句，执行完循环体中的语句后才进行条件语句的判断。当条件满足后会再一次执行循环体中的语句。

do…while 语句的语法格式如下：

```
do {
   statement(s);
} while( condition );
```

do…while 语句先执行循环体语句后才判断 condition 是否为真，当condition 为真时，继续执行循环体语句；当 condition 为 false 时，会跳出循环体，如图 3-9 所示。

2）do…while 语句实例

下面通过一个 do…while 实例具体介绍 do…while 循环语句的结构特点。

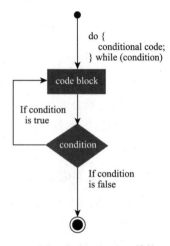

图 3-9 do…while 结构

```
1  var i=1
2  do{
3    println(s"i=$i")
4    i+=1
5  }while(i<1)
```

第 1 行代码定义了变量 i 的初始值为 1，程序会先执行循环体中的语句，输出 i 的值并且 i 加 1，此时 i 的值为 2。然后判断 while 语句中的条件 i<1，现在 i 的值为 2，并不满足这个条件，所以不会再执行这个循环语句。

3. Scala 的 while 和 do…while 语句的返回值

Scala 中的 do…while 语句和 while 语句与 Java 中有不同之处，那就是 Scala 中的这两个语句都有返回值，这个返回值是空值，而 Java 中没有返回值。

```
1  val result = do {
2    println(s"i=$i")
3    i += 1
```

```
4  } while (i < 1)
5  println(result ==())
```

第 5 行代码中 result ==() 表示输出结果为空值，而在 Java 中则没有这一特性。

3.2.5 Scala 的 for 语句

在了解了前面两种循环语句之后，接下来介绍另外一种循环语句，即 for 语句。Scala 中的 for 语句与 Java 中的定义方式不同。

1. For 语句的语法格式

Scala 的 for 语句的语法格式如下：

```
for( var x <- Range; 表达式 1; 表达式 2 ){
  statement(s);
}
```

for 循环中的 <- 实际上也是一种模式匹配，这里可以简单理解为把 Range 中的值分别赋予变量 x，然后再把 x 的值赋予表达式进行操作。

2. For 语句的实例

下面通过一个 for 实例具体介绍 for 循环语句的结构特点。

```
1  val fruits = List("apple", "banana", "origane", "strawberry")
2  for (fruit <- fruits) {
3    println(fruit + " is " + ftype)
4  }
```

第 1 行代码定义了一个 List 集合，当要遍历集合中的元素时，会把要遍历的集合放在 <- 的后面，相当于把 fruits 中的每一个元素赋给了变量 fruit。赋予一次就会进入一次 for 循环。

3.2.6 Scala 带卫语句的 for 语句

1. 卫语句 for 循环的语法格式

卫语句 for 循环的语法格式如下：

```
for( var x <- List
  if condition1; if condition2...
  ){
    statement(s);
}
```

集合中元素赋给变量 x 后，x 会执行条件判断语句。如果满足条件判断语句，变量 x 会接着执行接下来的语句。如果不满足条件判断语句，则不会执行接下来的语句。

2. Scala 带卫语句的 for 循环实例

下面通过一个卫语句 for 循环实例具体介绍带卫语句的 for 循环语句的结构特点。

```
val fruits = List("apple", "banana", "origane", "strawberry")
for (fruit <- fruits;
  if fruit.startsWith("b");
  ) {
  println(fruit + " is " + color)
}
```

首先把集合中的第一个元素 apple 赋值给变量 fruit，然后 fruit 通过调用 startsWith() 方法判断集合中的元素是否以 b 开头。因为元素 apple 不是以 b 开头的，所以不会进入 for 循环。集合中的第二个元素 banana 是以 b 开头的，所以会接着执行下面的输出语句。而集合中的第三个元素和第四个元素都不是以 b 开头的，所以都不会执行下面的输出语句。

3.2.7　Scala 带返回值的 for 语句

前面介绍的 if 语句和 while 语句都有返回值，接下来介绍 for 语句带返回值的情况。for 语句带返回值的情况与 Java 中的不同，下面详细说明。

1. 带返回值的 for 语句的语法格式

带返回值的 for 语句通过 yield 关键字表示返回值的情况，语法格式如下：

```
for{ var x <- List
if condition1; if condition2...
}yield x
```

将集合中的每一个元素赋值给变量 x，程序执行完一次语句，都会将结果存入 yield 关键字创建的集合中。最后把 yield 的这个集合返回给变量 x。

2. 带返回值的 for 语句实例

下面通过一个带返回值的 for 语句实例具体介绍带返回值的 for 语句的结构特点。

```
val fruits = List("apple", "banana", "origane", "strawberry")
val upfruit= for (fruit <- fruits;  if fruit.startsWith("b");) yield
fruit.toUpperCase
println("upfruit =" +upfruit)
```

以上代码中，集合中的第一个元素 apple 赋给变量 fruits 后，会判断是否以 b 开头，由于集合元素 apple 不是以 b 开头的，所以不会执行接下来的语句。集合中只有元素 banana 符合条件，所以 yield 关键字会把 banana 放入 yield 创建的集合中并赋给变量 upfruit。变量 upfruit 相当于一个序列，可以返回多个元素。

3.3　Scala 的类和构造器

视 频

类的创建和属性的访问

下面介绍 Scala 的类和构造器的相关定义及应用。Scala 中的类主要分为 4 种，这里主要介绍普通类的有参和无参两种特征。Scala 中的构造器有主构造器和辅助构造器两种，通过介绍这两种构造器的特点说明它们之间存在的关系。

3.3.1　Scala 类的定义

Scala 和 Java 都是面向对象编程的语言，而对象又隶属于类，所以接下来介绍 Scala 中常见的类。Scala 的主要分类如下：

（1）普通类：通过 class 关键字定义的类。

（2）匿名类：指没有名字的类，可以利用接口和抽象类的名字创建匿名类。

（3）内部类：在普通类中创建的另外一个类。

（4）抽象类：通过 abstract 关键字定义的类。

3.3.2　Scala 的类成员

在定义一个类的时候，类中可以定义的成员主要有以下几种：

（1）构造器 / 辅助构造器：为类创建不同的对象。

（2）属性：每一个对象所具有的特征。

（3）方法：对象具有的行为动作。

（4）类（内部类）：对类的属性封装。

（5）对象：对象是类的具体实例，是具体的。

假设定义一个 Person 类，类中可以有 P1、P2 等不同的对象。从面向对象编程的角度来说，每一个人都可以看成是 Person 类的一个对象。每一个人都有不同的属性，比如每一个人都有年龄、身高、性别等属性。

另外，每一个人都有自己的行为，而且每一个人的行为有相同的也有不同的，比如每一个人具有的行为动作都不相同，说话方式也不相同。这些对象具有的行为可以称为方法。

类中定义的类主要适用于类的内部，对类的属性进行一些封装，分开之后便失去了原有的意义。所有属性和行为都是由对象产生的，使用构造器可以为类创建不同的对象。

3.3.3　Scala 的普通类

Scala 的普通类是学习 Scala 的基础，其定义方法与 Java 中的相似。在了解了 Java 的基础上理解 Scala 类的定义方式并不难。下面主要介绍无参普通类的定义和实例应用。

1．无参普通类的定义

在 Scala 中定义一个无参普通类的语法如下：

```
class  <identifier> [extends<identifier>] [{
  [field]
  [methods]
  [class]
}]
```

在 Scala 中使用 class 关键字定义普通类，identifier 表示合法的标识符，即类的名字。[] 表示可有可无的部分，这需要根据实际需求来定义。extends 关键字表示继承，一个类可以继承另外一个类。类中定义了一些成员属性。

2．无参普通类的实例

下面通过一个无参普通类的实例具体介绍普通类的结构特点。

```
class Person {
}
```

这个实例中定义了一个没有任何属性和成员的类 Person。

3.3.4　Scala 类的属性

接下来介绍 Scala 类中的第一个成员，即属性。Scala 中的成员属性可以理解为是一个变量，可以使用 val 或者 var 关键字定义属性。Scala 类的属性定义方式如下：

第一种方式：val identifier = value，使用 val 关键字定义属性。identifier 表示属性的标识符，即属性的名字。value 表示属性的值，可以是字符串、数值等。

第二种方式：var identifier = value，使用 var 关键字定义属性。identifier 和 value 的含义同上。

3.3.5 Scala 类的成员访问和修改

在了解了类成员定义的基础上，下面介绍访问和修改成员属性的方式。在类中定义了一个属性后，会涉及属性值的访问和修改方式，访问类中的方法时，通过对象调用即可。

1. 访问和修改成员属性

在外部类中，访问类中成员的方式为：

> 对象 . 成员

这种方式与 Java 中的方式相同。

另外，在 Java 中修改成员属性时会提供一些方法，而 Scala 中是通过对象调用成员直接赋予一个新的值，方式为：

> 对象 . 成员 = 修改的值

2. 访问和修改成员方法

在 Scala 中访问和修改方法是通过对象调用方法名来实现的，即：

> 对象 . 方法名

如果有参数，则需要加上参数。如果没有参数，则不需要添加参数，直接访问方法即可。

下面举例说明。定义一个 Socket 类，要求有 sourceIP、port 和 deip 三个属性，具体要求如下：

（1）sourceIP 不能修改。

（2）port 和 deip 可修改且可访问。

（3）sourceIP=127.0.0.1 和 port=22，deip 赋予默认属性。

（4）打印 sourceIP、port 和 deip 三个属性。

（5）修改 port=50070，deip=192.168.12.10。

创建 RunSocket.scala 文件，相关代码如下：

```
1  package scala
2  object RunSocket {
3    def main(args: Array[String]): Unit = {
4      //access attr and print
5      val sk=new Socket1()
6      println(s"sourceIP=${sk.sourceIP},port =${sk.port},deip=${sk.deip}")
7      //modify atrr
8      //sk.sourceIP="192.168.2.1"
9        sk.port=60010
10       sk.deip="192.168.2.1"
11       println(s"sourceip=${sk.sourceIP},port =${sk.port},deip=${sk.deip}")
12   }
13 }
14 class Socket1{
15   val sourceIP="127.0.0.1"
16   var port=22
17   var deip=""
18 }
```

输出结果如图 3-10 所示。

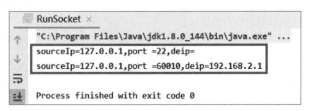

图 3-10　输出结果

第 15 行代码使用 val 关键字定义了一个不可修改的属性 sourceIP，第 16 行和第 17 行代码分别使用 var 关键字定义了两个可修改的属性 port 和 deip。第 5 行代码通过 new 关键字新建了一个类 Socket1 的对象，用来访问属性并且把对象赋给了一个变量 sk。第 6 行代码使用对象调用这几个属性，并打印输出这三个属性的值。第 9 行代码修改了属性 port 的值，由之前的 22 修改为 60010。第 10 行代码修改了属性 deip 的值为 192.168.2.1。第 11 行代码输出了修改后的成员属性值。

3.3.6　成员访问的本质

下面主要学习 Scala 类的成员访问的本质，了解编译器参与了哪些工作。在 Java 中，如果类是私有的，外部类访问时可以通过 get 方法，而在 Scala 中访问或修改成员属性时，Scala 内部会自动生成 get 和 set 方法。

视频 ●……

Scala 的 get 和 set
●…………

1. Scala 的成员属性访问的本质

在 Scala 中，当对象访问成员属性获取属性值时就相当于生成了一个 get 方法，而修改成员属性值时相当于生成了一个 set 方法。这两个方法可以帮助用户访问和修改变量，这一点与 Java 的本质相同。但并不是所有变量都可以提供 get 和 set 方法，通过 val 关键字定义的变量可以生成 get 方法，不能生成 set 方法，而通过 var 关键字定义的变量既可以生成 get 方法，也可以生成 set 方法。

2. 阻止 get 和 set 方法

阻止 get 和 set 方法的方式有两种，分别如下：

（1）val：通过 val 关键字定义的变量会阻止 set 方法的生成，但不会阻止 get 方法。

（2）private：当一个变量使用 private 关键字修饰时，那么这个变量就是既不可以访问也不可以修改的变量，它可以同时阻止 get 和 set 方法。

下面举例说明，定义一个 Pig 类，要求有 name、age、sex 和 color 四个属性，具体要求如下：

（1）name 和 age 既可访问也可修改。

（2）color 可以访问。

（3）sex 不可访问和修改。

创建 Pig.scala 文件，相关代码如下：

```
1  package scala
2  class Pig {
3    var name="peiqi"
4    var age=90
5    val color="red"
6    private val sex=true
7    println(s"sex=${sex}")
8  }
```

```
 9  object RunPig{
10    def main(args: Array[String]): Unit = {
11      val p1=new Pig()
12      println(s"name=${p1.name},age=${p1.age},color=${p1.color}")
13      p1.age=100
14      println(s"name=${p1.name},age=${p1.age},color=${p1.color}")
15      p1.age_$eq(88)
16      println(s"name=${p1.name},age=${p1.age},color=${p1.color}")
17    }
18  }
```

输出结果如图 3-11 所示。

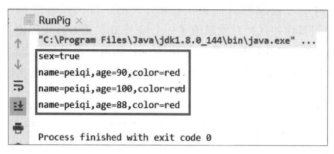

图 3-11　输出结果

第 3 行和第 4 行代码分别使用 var 关键字定义了两个既可以修改也可以访问的属性 name 和 age。第 5 行代码使用 val 定义了一个只可以访问不可以修改的属性 color。第 6 行代码使用 private 关键字定义了一个不允许外部访问和修改的变量 sex。第 7 行代码通过在类 Pig 的内部访问变量 sex 的值，返回输出结果为 sex=true。第 13 行代码通过 p1.age=100 的方式修改 age 的值为 100，第 15 行代码通过 p1.age_$eq(88) 的方式修改了 age 的值。

● 视频

Scala 参数赋值

3.3.7　Scala 的有参类

下面介绍 Scala 中的有参类定义和实例应用。Scala 中的有参类定义方式与 Java 中的不同，Java 中是通过创建有参数的构造器实现多参数创建的。

1. 有参类的定义

有参类的定义方式与无参类的定义方式相比多了一个 () 中的内容，下面是定义一个有参类的方式：

```
class ([[val\var] <identifier>:type,[,....]]) [extends <identifier>] [{
  [field]
  [methods]
  [class]
}]
```

class 关键字后面的 () 中定义了参数的类型，可以通过逗号 (,) 分隔定义多个参数。在定义一个参数时，可以使用 val 或者 var 关键字定义也可以不用。identifier 表示参数的名字，type 表示参数的数据类型。有参类中的参数名和参数类型是必需的，而 val 或者 var 关键字不是必需的。

使用 var 或 val 以及不使用这两个关键字的区别：使用 var 或 val 关键字修饰变量时有两点隐藏含义，第一点是对于类来说会把参数当成类的一个属性；第二点是使用 val 关键字修饰参数时会生成 get 方法，使用 var 关键字修饰参数时会生成 get 和 set 方法。

如果不使用 var 或 val 关键字修饰变量，对于类来说有两种处理形式。第一种是如果参数在类中被调用，那么类会把参数当成一个属性。如果参数在类中没有被调用，那么类不会把参数作为类的属性，并且会生成 get 和 set 方法。

2．有参类的实例

下面通过一个有参类的实例具体介绍有参类的结构特点。

```
class Person(val name :String,var age:Int) {
  var tel="13301934456"
}
```

通过 class 关键字定义了一个类 Person，类的参数有两个，分别是 String 类型的 name 和 Int 类型的 age。参数列表中的属性是需要被传递的，而类体中的属性 tel 不需要传递。

3.3.8　类参数的赋值

下面介绍类参数的赋值方式和构造参数的默认值赋值和修改。通过对类参数的两种赋值方式的学习，可以进一步了解构造参数默认值的相关知识，加深理解默认值的赋值和修改情况。

1．类参数的赋值方式

在了解了类参数的定义方式后，接下来介绍类参数的赋值方式。类参数的赋值方式有两种，分别是：

（1）通过创建对象赋值。比如 new Per("scala",10) 表示使用 new 关键字创建类 Per 的对象，并传递参数值 scala 和 10。

（2）默认值。可以给参数赋予一组默认值。

2．设置构造参数默认值的语法

构造参数默认值的语法中 parameter 表示构造参数的名字，type 表示参数类型，value 表示参数值。构造参数默认值语法格式如下：

```
class(parameter:type=value,…){
}
```

3．默认参数的赋值和调用

当参数被赋予了默认值后，对默认参数的修改有两种方式，分别如下：

（1）通过 new 关键字新建对象，直接重新赋值并覆盖之前的参数值。

```
对象(value...)
```

比如 new P(Java,10)，参数值修改为 Java 和 10。

（2）只对其中一个参数赋值。

```
对象(parameter=value)
```

比如 new P(age=10)，这种方式只会覆盖 age 的值。

对于单参数赋值的情况，一种方式是可以直接通过参数名指定值，比如 age=0。变量名的赋值过程是按照从左至右的顺序进行的，另一种方式是可以将有默认值的参数放在参数列表的后面。

下面举例说明，使用带参数构造器定义 Rational 类，参数分别是要操作的三个有理数。

（1）参数是 Int 类型。

（2）定义一个方法对参数求和。

视 频

Scala 参数赋值
示例

（3）使用已经定义好的 Rational 类，实现对指定的一个参数加 10 和 20。

创建 Rational.scala 文件，相关代码如下：

```
1  package scala
2  class Rational(val x:Int=10,var y:Int, z:Int=20) {
3    def sum(): Int ={
4      x+y+z
5    }
6  }
7  object RunRational{
8    def main(args: Array[String]): Unit = {
9      val r=new Rational (1,2,3)
10     println(s"sum1=${r.sum()}")
11     val r1=new Rational(y=1)
12     println(s"sum2=${r1.sum()}")
13     val r2=new Rational(5,y=1,10)
14     println(s"sum3=${r2.sum()}")
15   }
16 }
```

输出结果如图 3-12 所示。

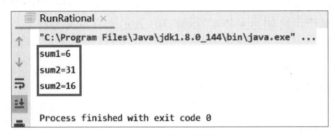

图 3-12　输出结果

第 2 行代码定义了三个 Int 类型的类参数，分别是 x、y 和 z。类中定义了一个求和的方法 sum()，方法的返回值类型也是 Int。第 9 行代码创建了一个 Rational 类的对象并传递了三个参数 1、2 和 3，结果输出 sum=6。第 11 行代码传递参数 y=1，结果输出 sum=31。第 13 行代码传递参数 x 为 5，y 为 1，z 为 10，结果输出 sum=16。

3.3.9　Scala 的主构造器

视 频

Scala 的构造器

构造器的作用是为类创建对象，是创建对象的入口。本节主要介绍 Scala 的主构造器的定义方式以及主构造器参数的类型。

　　1. Scala 的主构造器定义方式

　　Java 中定义构造器的方式是通过 public 关键字定义一个与类同名的方法。而 Scala 的主构造器定义方式如下：

```
class 类名 ([parameter1, parameter2......]){
}
```

在 Scala 的定义方式中包含两种含义，一种含义是使用 class 关键字定义一个类，另一种含义是定义一个主构造器。这种方式体现了 Scala 代码的简洁性。

　　2. 主构造器参数

　　主构造器中的参数类型有三种，分别是：

（1）val：定义不可修改的参数。

（2）var：定义可以修改的参数。

（3）非 val 和 var。

3．私有主构造器参数

私有主构造器存在的目的是防止外部随意创建对象，将构造器私有化之后，将不可以再随意创建对象。在 Scala 中使用 private 关键字修饰私有主构造器，private 关键字位于类名和参数列表之间。

3.3.10　Scala 的辅助构造器

主构造器私有化之后，可以通过辅助构造器创建对象。Scala 的辅助构造器可以为类提供多种创建对象的方式。

1．Scala 的辅助构造器定义方式

定义辅助构造器时一定要使用 this 关键字，定义的语法格式如下：

```
this([parameter1,parameter2......]){
}
```

通过 this 关键字定义辅助构造器时，参数列表中的参数使用逗号分隔，辅助构造器没有私有化。

2．辅助构造器与主构造器的关系

辅助构造器一定会调用主构造器。当声明一个类时，只有一个构造器。如果想应用辅助构造器，就一定要调用主构造器。当辅助构造器是类中的第一个辅助构造器时，一定会先调用主构造器，通过 this. 的方式调用主构造器。

3．辅助构造器与辅助构造器的关系

辅助构造器在应用时除了可以调用主构造器之外，还可以调用已经定义的辅助构造器。需要注意的是辅助构造器会先调用主构造器。

3.3.11　Scala 的辅助构造器默认参数

Scala 的辅助构造器和主构造器无论是参数的使用还是定义的方式都是相同的，Scala 的辅助构造器默认参数的定义方式如下：

```
this([parameter1:type=value,parameter2:type=value......]){
}
```

下面举例说明，定义一个注册类，提供多种不同的创建对象方法。

（1）必填属性：name、手机号、密码和邮箱。

（2）可选属性：公司和职位。

（3）name 不可修改。

（4）其他属性可读可修改。

创建 Register.scala 文件，相关代码如下：

视频

构造器示例

```
1  package scala
2  class Register(val name:String,var tel:String,var psword:String,var email:String) {
3  var company=""
4  var position=""
5  println("enter into Register contruction")
6  def this(name:String,tel:String, psword:String, email:String,company:String){
```

```
 7     this(name,tel,psword,email)
 8     this.company=company
 9   }
10   def this(name:String,tel:String, psword:String, email:String,company:String,
position:String){
11     this(name:String,tel:String, psword:String, email:String,company:String)
12     this.position=position
13   }
14 override def toString = s"Register($company, $position, $name, $tel, $psword, $email)"
15   }
16 object RunRegister{
17   def main(args: Array[String]): Unit = {
18     var r= new Register("xiaoxin","13301922222","123","abc@163.com")
19     println(r.toString)
20     var r1= new Register("xiaoxin","13301922222","124","abc@163.com","beijingal")
21     println(r1.toString)
22     var r2=new Register("xiaoxin","13301922222","124","abc@163.com","beijingal",
"manager")
23     println(r2.toString)
24   }
25 }
```

输出结果如图 3-13 所示。

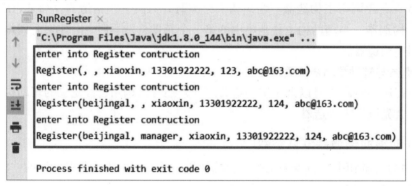

图 3-13 输出结果

第 2 行代码中定义了 4 个类参数，分别是不可修改的 name，可以修改的 tel、psword 和 email。第 18 行代码通过创建的 Register 对象传递了 4 个属性值，当调用对象时一定会通过构造方法。第 6 行代码定义了一个辅助构造器，这是定义的第一个辅助构造器，所以必须调用主构造器。

课堂案例

视 频

创建汽车类示例

案例名称：创建汽车类。

需求描述：

定义一个 Car 类，提供四组构造器。

（1）只读属性制造商、型号名称和年份。

（2）可读写属性车牌号。

（3）每一组构造器制造商和型号名称必填。

（4）型号、年份和车牌号可选，如果未设置年份为 -1，车牌为空字符串。

答案：

创建 Car.scala，相关代码如下：

```
1  package scala03
2  class Car(val producerName: String, val productType: String, val carYear: Int, var
   carNum: String) {
3    def this(producerName: String, productType: String) {
4      this(producerName, productType, -1, "空字符串")
5    }
6    def this(producerName: String, productType: String, carYear: Int) {
7      this(producerName, productType, carYear, "空字符串")
8    }
9    def this(producerName: String, productType: String, carNum: String) {
10     this(producerName, productType, -1, carNum)
11   }
12   override def toString = s"Car($producerName, $productType, $carYear, $carNum)"
13 }
14 object Car {
15   def main(args: Array[String]): Unit = {
16     val car1 = new Car("audi", "Q5", 2008, "888888")
17     val car2 = new Car("audi", "A4")
18     val car3 = new Car("audi", "A6", 2008)
19     val car4 = new Car("audi", "Q3", "666666")
20     println(s"car1=$car1")
21     println(s"car2=$car2")
22     println(s"car3=$car3")
23     println(s"car4=$car4")
24   }
25 }
```

输出结果如图 3-14 所示。

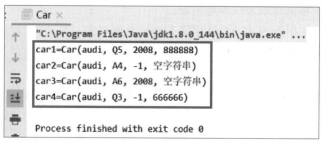

图 3-14　输出结果

第 2 行代码 Car 类中定义了四个属性，分别是三个只读的 producerName、productType 和 carYear 以及可修改的 carNum。第 3 行代码中定义了第一个辅助构造器用于传递参数，由于这个构造器只传递 producerName 和 productType 两个参数，没有传递 carYear 和 carNum，所以第三个参数和第四个参数的位置传递 −1 和空字符串。这里为了方便同学观察，传递一个字符串用于打印"空字符串"。第 6 行代码定义了第二个辅助构造器用于传递三个参数 producerName、productType 和 carYear。第 9 行代码定义了第三个辅助构造器用于传递 producerName、productType 和 carNum。第 15~19 行代码在程序入口的 main() 方法中定义了四个变量 car1、car2、car3 和 car4 用来传递构造器中的参数。

3.4 Scala 的伴生类和对象

下面介绍 Scala 的伴生类和伴生对象相互之间的联系以及应用这两者可以解决的问题。接下来还会学习 Scala 类的三种创建方式和对象所属类的相等性判断。另外，覆写 equals 方法也是本节需要学习的知识点。

3.4.1 Scala 的单例对象

在 Java 中如果一个类只允许创建一个对象，那么就把这个对象称为单例对象。单例对象对应的类称为单例类。Java 中创建单例类的条件是构造器必须私有化，提供对外的方法用于返回对象，这个方法必须是公共方法，可以对外提供服务。而 Scala 中创建单例对象的方式比 Java 中要简单得多。

1. Scala 的单例对象声明

Scala 中不需要像 Java 中那样需要三个条件，Scala 内部已经独立完成了。Scala 的单例对象使用 object 关键字声明，方式如下：

```
object identifier{
}
```

object 是声明单例对象的关键字，identifier 表示一个合法的标识符，是对象的名字。

2. Scala 的单例对象注意点

已经明确了 Scala 单例对象的声明方式以及与 Java 的不同之处，下面介绍单例对象的三个需要注意的地方，分别如下：

（1）不是一个类型：通过 object 关键字创建的是一个对象，不是一个类型。

（2）不能使用 new 关键字：声明单例对象时不可以使用 new 关键字。

（3）不能传递参数：单例对象无法传递参数。

下面举例说明，分别使用 Java 和 Scala 创建 Single 单例对象。

创建 Single.java 文件，相关代码如下：

```
1  package javacode;
2  public class Single {
3    /**
4    * 1.private contruction
5    * 2.public method
6    * 3.one
7    */
8    private static  Single instance;
9    private Single(){
10   }
11   public static Single getInstance(){
12     if(instance==null){
13       instance=new Single();
14     }
15     return instance;
16   }
17   public static void main(String[] args) {
18     Single instance1 = Single.getInstance();
19     Single instance2 = Single.getInstance();
```

```
20        System.out.println(instance1 ==instance2);
21    }
22 }
```

创建 Single.scala，相关代码如下：

```
1  package scala
2  object Single {
3    var name="scala single"
4    def printName()={
5      println(s"name=$name")
6    }
7    def main(args: Array[String]): Unit = {
8      Single.printName()
9    }
10 }
```

Java 中创建单例对象的输出结果如图 3-15 所示。

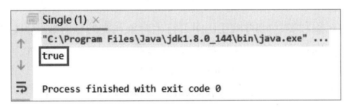

图 3-15　输出结果

在 Java 文件 Single.java 中，第 9 行代码定义了一个私有化的构造器 Single，第 11 行代码定义了一个静态的 getInstance() 方法，返回值类型为 Single，在方法体中通过 if 语句判断对象是否已经创建，如果没有创建，则需要创建一个 Single 对象；如果已经创建了对象，则执行返回语句，返回一个单例对象。第 18 行代码对于静态成员可以通过类 Single 调用方法 getInstance() 的方式返回一个对象 instance1。第 20 行代码通过两个对象 instance1 和 instance2 的返回值判断是否相等，结果返回 true。

Scala 中创建单例对象的输出结果如图 3-16 所示。

图 3-16　输出结果

在 Scala 文件 Single.scala 中，第 2 行代码创建了一个单例对象 Single，第 4 行代码定义了一个方法 printName() 用于输出属性 name 的值。第 8 行代码中 Single.printName() 表示通过对象调用方法，结果输出 name=scala single。

3.4.2　Scala 的单例对象应用场景

Scala 的单例对象应用场景主要有两种情况，分别如下：

（1）资源共享的情况：节省存储空间，优化性能。

（2）控制资源的情况：可以直接控制资源的配置情况，比如数据库的连接池。

视频 ●……

伴生类和对象
●……

3.4.3 Scala 的伴生类和伴生对象

本节主要介绍 Scala 中的伴生类和伴生对象的含义以及应用。伴生类和伴生对象之间是相互的。

1. Scala 的伴生对象与伴生类的定义

当同名的类和单例对象在同一个源码文件中时，这个类称为单例对象的伴生类，对象称为类的伴生对象，这两者是相互的。Scala 的伴生对象与伴生类主要有两个要点：

（1）必须同名。

（2）必须在同一个源码文件中。

2. Scala 的伴生对象与伴生类解决的问题

Scala 是比 Java 更加面向对象的编程语言，面向对象说明一切皆对象，但是在 Java 中有静态的成员，静态成员属于类不属于对象。而 Scala 中没有静态成员这个概念，没有 static 关键字。Scala 的伴生对象和伴生类可以解决如下问题。

● 视频

伴生类和对象
示例

（1）生成静态成员：如果 Scala 中需要生成类似静态成员的应用场景，可以使用伴生对象解决该问题。

（2）伴生对象和类之间的相互访问：伴生对象和类的私有成员可以相互访问。

（3）构建单例对象：这一点与静态成员问题相似。

下面举例说明，创建一个 Student 类和它的伴生对象。

（1）分别用 Java 和 Scala 创建静态属性，并访问。

（2）为 Student 类和它的伴生对象分别创建私有属性，并相互访问。

创建 Student.scala 文件，相关代码如下：

```
1 package scala
2 object Student {
3   private val secrect1="i am secrect1 *****"
4   def accessCompanionClass(s:Student)={
5     println(s" access Companion Class private field = ${s.secrect2}")
6   }
7 }
8 class Student{
9   private val secrect2="i am secrect2 *****"
10  def accessCompanionObject()={
11    println(s" access Companion Object private field = ${Student.secrect1}")
12  }
13 }
14 object Run1{
15   //extra class/objec access student class field
16   // Student.secrect1
17   //object access Companion Class private field
18   def main(args: Array[String]): Unit = {
19     //object access Companion Class private field
20     // Student.accessCompanionClass(new Student())
21     //Class  access Companion object private field
22     new Student().accessCompanionObject()
23   }
24 }
```

创建 StaticAccess.java 文件，相关代码如下：

```
1 package javacode;
```

```
2  public class StaticAccess {
3    private static String name ="java";
4    public static void printName(){
5      System.out.println("method =>"+name);
6    }
7    public static void main(String[] args) {
8      StaticAccess.printName();
9      System.out.println("field =>"+StaticAccess.name);
10   }
11 }
```

创建 StaticAccess.scala 文件，相关代码如下：

```
1  package scala
2  object StaticAccess {
3    val name ="scala"
4    def getSomthing()="beijing"
5    def main(args: Array[String]): Unit = {
6      println(s"filed => ${StaticAccess.name}")
7      println(s"method => ${StaticAccess.getSomthing()}")
8      //sa.name
9    }
10 }
11 class sa{
12     val name ="sa"
13 }
```

Java 中使用类名调用静态成员的输出结果如图 3-17 所示。

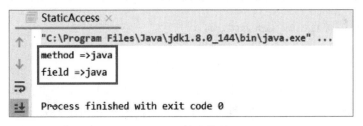

图 3-17　输出结果

在 Java 中的 StaticAccess.java 文件中，第 3 行代码定义了一个静态属性 name，第 4 行代码定义了一个静态方法 printName()，第 8 行代码通过类名的方式调用方法，第 9 行代码使用类名 StaticAccess 调用了属性 name。

Scala 中使用类名调用成员的输出结果如图 3-18 所示。

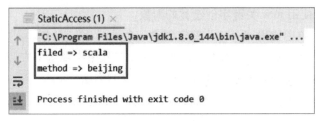

图 3-18　输出结果

在 Scala 的 StaticAccess.scala 文件中，第 2 行代码定义了一个单例对象 StaticAccess，在这个单例对象中定义了属性 name 和方法 getSomthing()。第 6 行代码通过类名 StaticAccess 调用了属性 name，第 7 行代码通过类名调用了方法 getSomthing()。如果想要在 Scala 中实现类似于有 Java 成员的功能，只要把需要使用类名调用的成员定义在单例对象中，把非静态成员定义在伴生对象对应的伴生类中就可以了。

伴生对象访问伴生类的输出结果如图 3-19 所示。

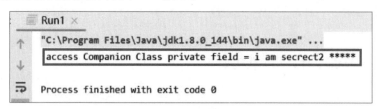

图 3-19　输出结果

在 Scala 的 Student.scala 文件中，第 4 行代码通过定义一个方法 accessCompanionClass(s:Student) 访问伴生类中的成员，第 5 行代码通过 s.secrect2 的方式访问伴生类中的成员，结果可以成功访问。

伴生类访问伴生对象的输出结果如图 3-20 所示。

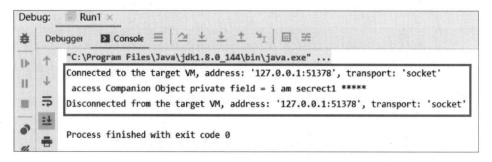

图 3-20　输出结果

在 Scala 的 Student.scala 文件中，第 2 行代码定义了一个伴生对象 Student，第 8 行代码定义了一个伴生类 Student。外部成员无法访问伴生对象和伴生类中的私有属性。第 10 行代码定义了一个方法 accessCompanionObject() 用于访问伴生对象的成员，结果可以成功访问。

3.4.4　Scala 对象的创建

下面学习 Scala 对象的三种创建方式，其中第三种方式可以合并到类中，但是使用 apply 的方式创建对象有一个条件，必须定义一对伴生类和伴生对象，在伴生对象中还需要实现 apply 方法。第三种方式可以用于解决使用非 new 关键字创建对象的问题。

（1）new：使用 new 关键字创建类的对象。

（2）伴生对象：使用 object 关键字创建一个单例对象。

（3）apply：apply 是一个方法，需要在伴生对象中实现这个方法。

下面举例说明使用三种方式创建 Person 对象的方法。

创建 Person.scala 文件，相关代码如下：

```
1  package scala
2  class Person {
3    var name ="person"
```

● 视频

创建对象的
三种方式

● 视频

创建对象示例

```
 4    println("enter into person construction ")
 5  }
 6  object Person {
 7    println("enter into person object construction ")
 8    def apply(): Person = new Person()
 9    def apply(name: String): Person = {
10      var p = new Person()
11      p.name = name
12      p
13    }
14  }
15  object RunPerson{
16    def main(args: Array[String]): Unit = {
17      // 1.new
18      //new Person
19      //2.object
20      //Person
21      //3.apply
22      /**
23      * 1.companion class and object
24      * 2.overwrite apply on companion object
25      * 3.apply return Person object
26      */
27      val p1= Person("apply person")
28      println(s"create object by apply p1 = $p1")
29      println(s"create object by apply p1 = ${p1.name}")
30      val p2 =Person.apply("apply person")
31      println(s"create object by apply p2 = $p2")
32      println(s"create object by apply p2 = ${p2.name}")
33    }
34  }
```

使用 new 的方式创建对象的输出结果如图 3-21 所示。

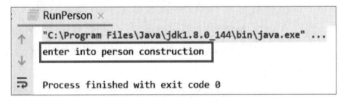

图 3-21　输出结果

第 2 行代码定义了类 Person 的构造器，在这个构造器中定义了属性 name 和打印输出语句，只要是创建了类的对象就会进入这个构造器。第 18 行代码通过 new 的方式创建了一个 Person 对象，结果返回构造器中的输出语句 enter into person construction。

使用 object 关键字的方式创建对象的输出结果如图 3-22 所示。

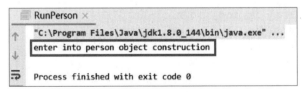

图 3-22　输出结果

123

第 6 行代码通过 object 关键字创建了一个单例对象 Person，第 20 行代码直接调用对象，结果返回单例对象中的输出语句 enter into person object construction

使用 apply 的方式创建对象的输出结果如图 3-23 所示。

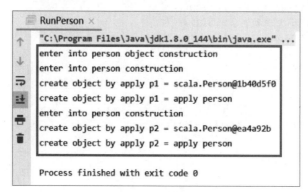

图 3-23　输出结果

使用 apply 创建对象的第一步需要定义一对伴生类和伴生对象，第 2 行和第 6 行代码已经分别定义了伴生类和伴生对象。第二步需要在伴生对象中重写一个 apply 方法，第 8 行代码是 IED 自动重写的一个 apply() 方法，第 9 行代码重写了一个带有参数 name 的 apply() 方法，在 apply() 中创建了一个 Person 对象，返回对象 p。第三步要求 apply 方法返回一个 Person 对象，第 27 行代码使用 apply 的方式创建了一个对象。重写 apply() 方法时，参数可以有也可以没有，参数实际上决定了创建构造器时的参数。第 30 行代码使用单例对象直接调用 apply() 方法，结果同样可以返回正确的输出结果。

3.4.5　Scala 对象的所属类

●⋯⋯● 视 频

对象所属类型和示例

前面已经学习了创建 Scala 对象的几种方式，接下来介绍如何判断一个对象所属的类。在 Scala 中有两种方式判断对象所属的类，分别如下：

（1）getClass：使用反射机制判断 Scala 对象所属的类。假设判断对象 A 和对象 B 是否属于同一个类，通过 A.getClass==B.getClass 的方式判断是否相等，A.getClass 表示 A 对象所对应类的反射对象，B.getClass 表示 B 对象所对应类的反射对象。如果这两个对象的反射对象相等，那么这两个对象一定属于同一个类。

（2）isInstanceof：判断对象是否属于某一个类型，A.isInStanceof[B] 表示判断对象 A 是否属于类型 B，实际上是判断 A 是否是 B 或者 B 的子对象。如果返回 true，则表示 A 是 B 的子对象；如果返回 false，则表示 A 不是 B 的子对象。使用 isInstanceof 进行判断时，A 表示对象，B 表示类型。

同样，举例说明，判断某一个对象属于 Teacher 还是 Student。

创建 RunJudgeObject.scala 文件，相关代码如下：

```
1  package scala
2  object RunJudgeObject {
3    def main(args: Array[String]): Unit = {
4     val p1=new Person2()
5     val p2=new Person2()
6     val s=new Student2()
7     val t=new Teacher2()
8     //1.getClass
9     println(s"p1==p2 ? ${p1.getClass==p2.getClass}")
```

```
10      println(s"p1==p1 ? ${p1.getClass==p1.getClass}")
11      println(s"p1==s ? ${p1.getClass==s.getClass}")
12      println(s"p1==t ? ${p1.getClass==t.getClass}")
13      println(s"s==t ? ${s.getClass==t.getClass}")
14      println(s"p1 = ${p1.getClass},p2=${p2.getClass},
15      s=${s.getClass},t=${t.getClass}")
16      //isInstanceOF[]
17      println(s"p1 isInstanceOF person2 ? ${p1.isInstanceOf[Person2]}")
18      println(s"p2 isInstanceOF person2 ? ${p2.isInstanceOf[Person2]}")
19      println(s"s isInstanceOF person2 ? ${s.isInstanceOf[Person2]}")
20      println(s"t isInstanceOF person2 ? ${s.isInstanceOf[Person2]}")
21      println(s"s isInstanceOF Student2 ? ${s.isInstanceOf[Student2]}")
22    }
23  }
24  class Person2{
25    var name="person1"
26  }
27  class Student2 extends Person2{
28  }
29  class Teacher2 extends Person2{
30  }
```

输出结果如图 3-24 所示。

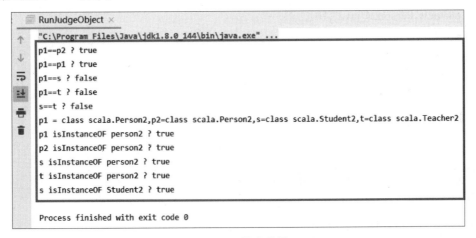

图 3-24　输出结果

第 24 行代码定义了一个类 Person2，在类中定义了一个属性 name，第 27 行代码中的类 Student2 继承类 Person2，第 29 行代码中的类 Teacher2 继承类 Person2。第 4 行和第 5 行代码创建了两个 Person2 的对象，第 6 行和第 7 行代码分别创建了 Student2 的对象和 Teacher2 的对象。第 9 行代码使用 getClass 的方式判断 p1 是否等于 p2，因为这两个对象属于同一个类，所以结果返回 true；第 10 行代码判断 p1 是否等于 p1，结果返回 true；第 11 行代码判断 p1 是否等于 s，由于这两个对象不属于同一个类，所以结果返回 false。第 14 行代码中 p1.getClass 的输出结果是 class scala.Person2，包含包名和类名。在阅读源代码的过程中，当无法判断子类之间的调用关系时，这种方式非常有用。

第 17 行代码使用 isInstanceOf 的方式判断对象 p1 是否属于类 Person2，因为 p1 是类 Person2 的对象，所以结果返回 true。第 18 行代码判断对象 p2 是否属于类 Person2，结果同样返回 true。第 20 行代码判断对象 s 是否属于类 Person2，由于 Student2 继承 Person2，而 s 又是类 Student2 的对象，所以结果返回 true。

3.4.6 Scala 的对象相等性判断

在介绍如何判断 Scala 对象是否相等之前，先来了解一下 Java 中判断两个对象是否相等的方式。Java 中的类型分为两大类，一种是基本类型，主要存储的是数值，使用 == 的方式判断两个值是否相等；另一种是引用类型，在引用类型中有两种比较方式，第一种方式是使用 == 比较引用的是否是同一个对象，第二种方式是使用自定义的 equals 方法比较两个对象的引用是否相等。

在 Scala 中有三种方法判断对象的相等性，这三种方法主要分为两大类，第一种和第二种为一类，第三种方法为另外一类。在大多数情况下（非空），equal 方法和 == 比较的内容是相同的。三种判断方法如下：

（1）equal 方法：相当于 Java 中的 equals 方法。

（2）== 与 !=：相当于 Java 中的 equals 方法。

（3）eq 与 ne：相当于 Java 中的引用（使用 == 判断引用）。

下面举一个例子，判断对象是否相等。

（1）val p1=new Person2("java",10)。

（2）val p2=new Person2("scala",10)。

（3）val p3=new Person2("java",30)。

（4）val p4=new Person2("java",10)。

（5）val a1=Array(1,2)。

（6）val a2=Array(1,2)。

（7）val l1=List(1,2)。

（8）val l2=List(1,2)。

创建 RunEqual.scala 文件，相关代码如下：

```
1  package scala
2  object RunEqual {
3    def main(args: Array[String]): Unit = {
4      //1.String
5      val s1=new String("scala")
6      val s2=new String("scala")
7      val s3=new String("java")
8      println(s"s1 == s2 ? ${s1==s2}")
9      println(s"s1 == s3 ? ${s1==s3}")
10     println(s"s1 equals s2 ? ${s1 equals s2}")
11     println(s"s1 equals s3 ? ${s1 equals s3}")
12     println(s"s1 eq s2 ? ${s1 eq s2}")
13     println(s"s1 eq s3 ? ${s1 eq s3}")
14     //LIST
15     val l1=List(1,2)
16     val l2=List(1,2)
17     println(s"l1 == l2 ? ${l1==l2}")
18     println(s"l1 equals l2 ? ${l1 equals l2}")
19     println(s"s1 eq s2 ? ${l1 eq l2}")
20     //class be defined by uesr
21     val sk1=new Socket("127.0.0.1",22)
22     val sk2=new Socket("127.0.0.1",22)
```

```
23        val sk3=new Socket("127.0.0.1",23)
24        val sk4=new Socket("127.0.2.1",28)
25        println(s"sk1 == sk2 ? ${sk1==sk2}")
26        println(s"sk1 == sk3 ? ${sk1==sk3}")
27        println(s"sk1 == sk4 ? ${sk1==sk4}")
28        println(s"sk1 equals sk2 ? ${sk1 equals sk2}")
29        println(s"sk1 equals sk3 ? ${sk1 equals sk3}")
30        println(s"sk1 eq sk2 ? ${sk1 eq sk2}")
31        println(s"sk1 eq sk3 ? ${sk1 eq sk3}")
32      }
33    }
34  class Socket(ip:String,port:Int){
35      override def equals(obj: Any): Boolean = {
36        true
37      }
38    }
```

输出结果如图 3-25 所示。

第 8 行代码使用 == 的方式判断对象 s1 和对象 s2 是否相等，结果返回 true。第 9 行代码判断对象 s1 和对象 s3 是否相等，结果返回 false。第 10 行代码使用 equals 的方式判断对象 s1 和对象 s2 是否相等，结果返回 true。第 12 行代码使用 eq 的方式判断对象 s1 和 s2 是否相等，由于 eq 比较的是引用，而 s1 和 s2 不是同一个引用，所以结果返回 false。

第 15 行和第 16 行代码分别定义了两个集合 l1 和 l2。第 17 行代码使用 == 的方式判断集合 l1 和 l2 是否相等，结果返回 true。第 18 行代码使用 equals 的方式判断集合 l1 和 l2 是否相等，结果返回 true。因为 == 和 equals 判断的是集合的内容，所以这两种方式返回的结果相同。第 19 行代码使用 eq 的方式判断集合 l1 和 l2 是否相等，由于这两个集合的引用不相等，所以结果返回 false。

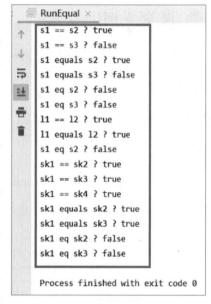

图 3-25　输出结果

第 34 行代码定义了一个 Socket 类和两个类参数 ip 和 port，在类中重写了 equals 方法，结果返回 true。第 25 行代码使用 == 的方式判断 sk1 和 sk2 是否相等，结果返回 true。第 29 行代码使用 equals 的方式判断 sk1 和 sk2 是否相等，结果返回 true。第 30 行代码使用 eq 的方式判断 sk1 和 sk2 是否相等，结果返回 false。对象相等的这种行为实际上是由重写的方法决定的。

3.4.7　覆写 equals 方法

接下来介绍如何在 Scala 中覆写 equals 方法。在 Java 中，equals 方法属于 Object 顶级类，所有类都继承自 Object，所有类都有 equals 方法。而在 Scala 中，可以重写 equals 方法来为不同的类定义不同的判断标准。

1. Scala 的自定义对象相等性

在重写 equals 方法时，需要满足以下几个条件：

（1）方法的名字不可以改变。

（2）参数列表一定要相同，参数类型是 Any 类型。

视频 ●……

覆写 equal
●…………

（3）重写方法时需要使用 override 关键字。

根据不同的要求可以实现不同的方法体，重写 equals 方法的语法格式：

```
override def equals(other: Any): Boolean = {
  true/false
}
```

2．覆写原则

在重写 equals 方法时，除了需要满足不同的要求之外，还需要符合方法覆写的原则。覆写原则如下：

（1）反射性：在比较对象 x 和对象 y 是否相等时，对象 x 调用 equals 方法与自身相比时，结果一定返回 true，即 x.equals(x) 的结果是 true。

（2）对称性：如果 x.equals(y) 的结果为 true，那么 y.equals(x) 的结果一定也是 true。

（3）过渡性：如果 x.equals(y)=true，y.equals(z)=true，那么 x.equals(z)=true。

（4）非空性：如果 x 是一个非空的元素，那么 x.equals(null) 结果返回 false。

课堂案例

…… ● 视 频

覆写案例

案例名称：判断 Student 对象相等。

需求描述：

定义一个 Student 类，有名字、性别、年龄和身份证号属性，覆写 equals 方法。

（1）身份证号相等，则认为两个对象相等。

（2）所有属性相等，则认为两个对象相等。

答案：

创建 RunOverwriteEq.scala，相关代码如下：

```
1  package scala
2  object RunOverwriteEq {
3    def main(args: Array[String]): Unit = {
4      val s1=new Student3("xiaoming",15,true,"110111123")
5      val s2=new Student3("xiaoming",16,true,"110111123")
6      val s3=new Student3("xiaoming",15,true,"110111124")
7      val s4=new Student3("xiaoming",15,true,"110111124")
8      println(s"s1 equals s2 ${s1 equals(s2)}")
9      println(s"s1 equals s3 ${s1 equals(s3)}")
10     println(s"s1 equals null ${s1 equals(null)}")
11     println(s"s1 == s2 ${s1 == s2}")
12     println(s"s4 equals s3 ${s4 equals(s3)}")
13   }
14 }
15 class Student3(var name:String,var age:Int,val sex:Boolean,val iden:String){
16   def canEqual(other: Any): Boolean = other.isInstanceOf[Student3]
17   //1.according to iden
18 // override def equals(other: Any): Boolean =  {
19 //     if(this == other){
20 //       return true
21 //     }
22 //     if(other !=null && this.getClass==other.getClass ){
23 //       val s=other.asInstanceOf[Student3]
24 //       return this.iden == s.iden
```

```
25  //     }
26  //     false
27  //  }
28    //2.according to all attr
29     override def equals(other: Any): Boolean =  {
30       if( other !=null && this.getClass==other.getClass ){
31         val s=other.asInstanceOf[Student3]
32         return this.iden == s.iden && this.sex==s.sex &&this.name == s.name && this.
age==s.age
33       }
34      false
35    }
36    override def hashCode(): Int = {
37      val state = Seq(name, age, sex, iden)
38      state.map(_.hashCode()).foldLeft(0)((a, b) => 31 * a + b)
39    }
40  }
```

根据属性 iden 重写 equals() 方法的输出结果如图 3-26 所示。

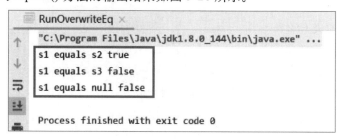

图 3-26　输出结果

第 15 行代码定义了类 Student3 和类参数 name、age、sex 和 iden，在类中重写了 equals() 方法。第 18 行代码根据属性 iden 重写 equals() 方法。重写方法比较两个对象时，需要在重写的方法体中判断这两个对象是否属于同一个类。第 22 行代码使用 this.getClass==other.getClass 的方式判断两个对象是否相等并且另一个对象不能为空。由于 other 传递的是 Any 类，所以要将 other 转换为需要判断的类型。第 23 行代码使用 asInstanceOf() 方法将 other 转换为 Student3 类。第 24 行代码返回比较的两个对象的 iden 属性是否相等，如果相等，则返回 true。如果 other 是空，则返回 false。第 8 行代码使用 equals() 方法比较对象 s1 是否和对象 s2 相等，结果返回 true。第 9 行代码比较对象 s1 是否和对象 s3 相等，结果返回 false。第 10 行代码判断对象 s1 是否为空值，结果返回 false。

根据所有属性重写 equals() 方法的输出结果如图 3-27 所示。

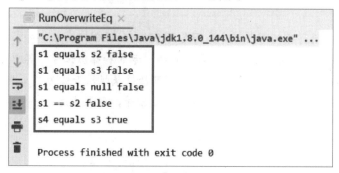

图 3-27　输出结果

第 29 行代码根据所有属性重写了 equals() 方法，通过 == 判断两个对象的属性 iden、sex、name 和 age 是否相等。只有所有属性相等才认为这两个对象是相等的，其中有一个属性不相等就认为这两个对象不相等。第 12 行代码判断对象 s3 和 s4 是否相等，结果返回 true。

视频

总结

小 结

本章通过 Scala 内建控制的学习和练习，为学生学好 Scala 奠定了坚实的基础。通过与 Java 的对比学习，学生可以学会如何创建和构建类和对象。通过 Scala 伴生类的学习，读者可以学会如何创建类似 Java 的静态成员。另外，通过 Java 和 Scala 的对比学习，如何还可以学会如何为类添加参数，创建不同的构造器。

习 题

一、简答题

1. Scala 的程序入口是什么？
2. Scala 对外访问变量的原因是什么？

二、编程题

1. 打印数字 1 ~ 100，每行包含一组 5 个数，例如：

1,2,3,4,5

6,7,8,9,10

...

2. 写一个表达式，打印数字 1 ~ 100，所有 3 和 5 的倍数除外。3 的倍数打印 "triple"，5 的倍数打印 "five"，3 和 5 的倍数打印 "triple_five"。

3. 写一个表达式，要求给一个双精度，如果值大于 0 返回 "greater"，等于 0 返回 "equal"，否则返回 "less"。表达式的值赋给一个变量 result。

打印 result。

4. 根据参数 n，输出等腰三角形，例如 $n=4$：

```
   #
  ##
 ###
####
```

5. 定义一个 Point，使得可以不用 new，而是用 Point(3,4) 创建对象，并求横纵坐标的和。

6. 定义一个学生注册信息类，要求有姓名、电话、专业和身份证号。其中你可以选择用姓名和电话或姓名身份证号注册。电话、姓名和身份证号为不可修改属性，专业为非必要属性且可修改（提示：提供 2 个构造器），如果姓名和电话或姓名和身份证号相等，可认为是同一个学生，打印输出（"信息已经注册或请核对信息"）。

第 **4** 章

Scala 自适应类型和函数

学习目标

- 了解 Scala 的 Nothing、Tuple 等特殊类型。
- 掌握 Scala 的面向函数编程。
- 了解 Scala 的高阶函数特性，如部分应用函数和偏函数等。
- 掌握 Scala 的常见高阶函数应用。

本章主要通过理论知识和案例相结合，学习 Scala 自适应类型和函数的相关知识。首先学习 Scala 的特殊类型和函数的基础知识，初步了解 Scala 函数；接着学习 Scala 函数的进阶知识，包括字面量、闭包、柯里化等知识应用；然后通过学习几种常见的高阶函数，进一步深入了解 Scala 高阶函数的应用。

4.1　Scala 的自适应类型

在使用 Scala 进行开发时，大多数情况下，不需要提供冗余的类型信息。在不指定具体参数类型的情况下，Scala 可以自行进行类型推算。Scala 的这种特性可以节省很多开发成本，深受程序开发者的喜爱。

4.1.1　Scala 的特殊类型——Nothing

下面介绍 Scala 的 Nothing 特殊类型，主要包括 Nothing 特殊类型的概念、作用和常用方法，再结合相关案例进行详细介绍。

1. Nothing 的概念

在 Scala 的特殊类型中，Nothing 是 Scala 中特有的一种类型，Java 中并没有这种类型。Nothing 类型与字符串、整型等属于同一级别，都属于类型。Nothing 的独特之处在于它是一个抽象类，是没有任何值的特殊类型。最重要的一点是 Nothing 是所有类型的子类，即 Nothing 可以赋值给任何类型。

2. Nothing 的作用

Nothing 赋值给任何类型，可以帮助 Scala 进行类型推断。假设定义一个方法 a()，如 x 为真时返回 1，否则抛出异常，通过把异常定义为 Nothing 类型可帮助推断返回类型。

下面通过一个案例进一步理解 Nothing 的应用。

定义一个方法，对两个整数相除，如果除数是 0，则抛出 "can not divide by zero" 异常。

创建 RumNothing.scala 文件，相关代码如下：

```
1  package scala04
2  object RumNothing {
3    def main(args: Array[String]): Unit = {
4      val result1=divide(4,2)
5      println(s"result1=$result1")
6      val result2=divide(4,0)
7      println(s"result2=$result2")
8    }
9    //can not divide by zero
10   def error(msg:String)={
11     throw new RuntimeException(msg)
12   }
13   def divide(x:Int,y:Int)={
14     if(y!=0){
15       x/y
16     }else{
17       error("can not divide by zero")
18     }
19   }
20 }
```

输出结果如图 4-1 所示。

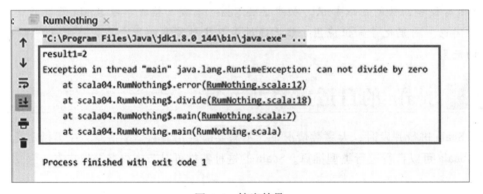

图 4-1　输出结果

第一种是正常整数相除的输出结果，即 result1=2；第二种是除数为 0 的输出结果，根据定义的方法，抛出一个异常 can not divide by zero。第 10 ～ 12 行代码定义了一个抛出异常的方法 error()，抛出运行异常的 msg 为 String 类型。第 13 ～ 19 行代码定义了一个 divide() 方法，用于两个整数相除，通过 if 语句判断除数 y 是否为 0。如果 y 为 0，则调用 error() 方法抛出异常。

● 视频

Scala 的 option

4.1.2　Scala 的特殊类型——Option[T]

下面介绍 Scala 特殊类型中的 Option[T]，将从 Option[T] 的返回类型、作用以及常用方法说明 Option[T] 的应用，再结合案例进一步详细介绍。

1. Option[T] 的概念

在 Java 中获取一个引用类型后，再去调用引用类型的方法时需要判断引用类型是否为空（null）。只有在引用类型不为空的情况下，才进行方法的调用；若引用类型为空，则会抛出空指针异常，使程序无法继续运行。针对 Java 中的这类问题，Scala 提出了 Option[T] 特殊类型。Option[T] 可以返回两种类型，分别为 Some(T) 类型和 None 类型，其中 T 表示返回的类型。实际上这两种类型都是 Option[T] 类型的子类。如果取值为非空，则返回 Some(T) 类型；如果取值为空（null），则返回 None 类型。

2. Option[T] 的作用

Option[T] 的作用是避免引用类型调用出现空指针异常。通过取值为空或非空返回不同的类型，即 Some(T) 类型或 None 类型，以避免程序中空指针异常的发生。

3. Option[T] 的常用方法

Option[T] 的常用方法有 get()、getOrElse(default) 和 isEmpty()。假设定义一个方法的返回类型为 Option[String]，若返回值 x 取值为字符串，这时可以通过调用 get() 方法获取 Some[T] 中的值。若 x 为空，则返回 None，这时通过 None 调用 get() 方法则会抛出异常。为了解决这一问题，引出了 getOrElse(default) 和 isEmpty() 两种方法。getOrElse(default) 会返回指定的默认类型，一般情况下会使用该方法避免异常情况。isEmpty() 会结合判断结果和 get() 方法避免异常情况。

下面举例说明，定义一个 map 集合，并获取里面的值输出打印。

创建 RunOption.scala 文件，相关代码如下：

```scala
package scala04
object RunOption {
  def main(args: Array[String]): Unit = {
    OptionTest()
  }
  def OptionTest(): Unit ={
    val map:Map[String,String]=Map("1"->"java","2"->"scala")
    val v1=map.get("1")
    val v2=map.get("3")
    println(s"v1=$v1,v2=$v2")
    //get value by get
    println(s"v1=${v1.get},v2=${v2}")
    //1.isEMploy
    if(v2.isEmpty){
      println(s"v2=$v2")
    }else{
      println(s"v2=${v2.get}")
    }
    //2getorelse
    println(s"v1=${v1.getOrElse("v1_default")},v2=${v2.getOrElse("v2_default")}")
  }
}
```

输出结果如图 4-2 所示。

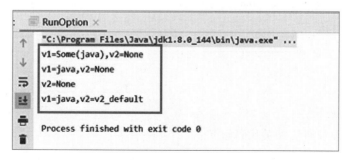

图 4-2 输出结果

　　这里通过两种方式分别输出 v2 的值。第一种方式是通过判断取值是否为空返回 v2 的值，如果取值为空则返回 v2 的值，否则通过 get() 方法返回 v2 的值。第二种方式是通过 getOrElse(default) 方法指定默认值返回 v2 的值。第 6 行代码定义了一个 OptionTest() 方法，在方法体中定义 map，通过泛型的形式返回字符串。通过调用 get() 方法分别返回 v1 和 v2 的值，v1 有对应的 value，所以返回 Some(java)，而 v2 没有对应的 value，所以返回 None。由于 get() 方法返回的是 Option[T] 类型，而 Some(T) 和 None 是其子类，子类可以赋值给父类的对象，所以可以返回 Some(T) 和 None 类型。第 12 行代码通过 v1.get 直接获取 value，由于 v2 为 None，则不可以使用 v2.get 的方式。第 14 行代码通过 if 语句判断 v2 是否为空，决定是否通过 v2.get 的方式返回 v2 的 value。第 20 行代码中通过调用 getOrElse(default) 方法分别返回 v1 和 v2 的值。

4.1.3　Scala 的元组类型

● 视 频

Scala 的元组

　　下面介绍 Scala 的最后一个特殊类型，即元组类型。与 Scala 相比，Java 中没有元组类型。元组表示不同类型值的集合，即元组可以用于存放不同类型的元素，例如可以存放整型、字符串、浮点型、自定义类型等。Scala 的元组类型可以使方法同时返回多个值，省略了中间部分的解析和集合的遍历。

1．元组的表示

元组有两种表示方式，第一种表示方式为：

```
（元素 1, 元素 2, …, 元素 N）
```

元素 1、元素 2、元素 N 等可以是不同的类型，例如（1，"Scala"，P）表示三元素的元组。

元组的第二种表示方式为：

```
new TupleN（元素 1, 元素 2, …, 元素 N）
```

例如，new Tuple2(1,2) 表示二元素的元组。其中元组表示方式中的 N 最大取值为 22，即一个元组最多可存放 22 个元素。

2．元组的访问

元组通过 Tuple_INDEX 方式访问元组中的元素，Tuple 表示元组，INDEX 表示索引。假设定义一个变量 t，把 new Tuple2(1,2) 赋值给 t，即 valt=new Tuple2(1,2)，则通过 t_1 可以访问元组中的第一个元素 1，通过 t_2 可以访问元组中的第二个元素 2。

3．元组的遍历

如果需要访问元组中的所有元素，则可以通过元组遍历的方式，即 Tuple.productIterator()，例如 t.productIterator() 表示遍历元组 t 中的所有元组。

下面举例说明元组的使用。

（1）访问元组。

（2）遍历元组。

（3）交换元组。

（4）元组所有元素求和。

创建 RunTuple.scala 文件，相关代码如下：

```
1  package scala04
2  object RunTuple {
```

```
3    def main(args: Array[String]): Unit = {
4      //1.define tuple
5      val t1=("java",4)
6      var t2=new Tuple2[String,Int]("python",6)
7      //2.access Tuple
8      println(s"t1_1=${t1._1},t1_2=${t1._2}")
9      println(s"t2_1=${t2._1},t2_2=${t2._2}")
10     //4 .loop through tuple
11     val t4=(1,2,3,4)
12     // t4.productIterator.foreach(i=>println(s"i =${i+1.toString}"))
13     t4.productIterator.foreach(i=>println(s"i =${i.asInstanceOf[Int]+1}"))
14     //Sum
15     var sum =0
16     t4.productIterator.foreach(i=>
17       sum=sum+i.asInstanceOf[Int]
18     )
19     println(s"sum=$sum")
20     //swap
21     // val t1=("java",4)
22     println(t1.swap)
23   }
24 }
```

输出结果如图 4-3 所示。

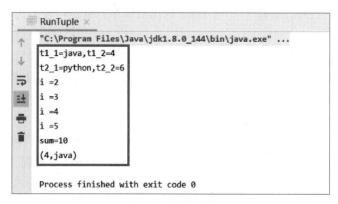

图 4-3　输出结果

第 5、6 行代码中分别通过两种方式定义了两个元组，并赋值给 t1 和 t2。第 8、9 行代码分别返回两个元组中的元素，通过元组的下标和索引的形式访问元组中的元素，例如 t1_1=${t1._1} 访问 t1 元组中的第一个元素 java。第 13 行代码中通过 t4.productIterator.foreach() 方法遍历元组 t4 的值。第 16、17 行代码通过遍历元组 t4 的元素并相加对其求值，返回 sum=10，i.asInstanceOf[Int] 表示将元组中的元素转换成 Scala 中对应的整型。第 22 行代码通过 t1.swap 交换元组中的元素，即元组 t1 中的元素由原来的 (java,4) 变成 (4,java)。

视频 ●······

Scala 的函数
定义
●·············

4.2　Scala 的函数基础

下面介绍 Scala 的函数，这是与 Java 的不同之处，即面向函数式编程。Scala 既是一个面向对象编程的语言，也是一个面向函数编程的语言。Scala 中的函数和方法的语法是相同的，只是意义不同。Java 中并没有函数和方法的区分，因为 Java 是面向对象编程的语言。

4.2.1 Scala 的函数定义

从不同的角度理解 Scala 函数会有不同的定义，如果一个函数作为某一对象的成员，那么这种函数就称为方法。如果从面向函数的角度理解 Scala 函数，那么 Scala 函数会具有面向函数式编程的特性。Scala 的方法定义和 Scala 的函数定义相同，如图 4-4 所示。

Scala 的函数定义以 def 关键字开头，只要是合法的标识符都可以定义为函数名，Scala 的函数参数列表与 Java 的不同之处在于函数参数的类型声明在变量名之后，并通过冒号分隔。Scala 的函数返回类型定义在函数参数列表之后并通过冒号分隔，

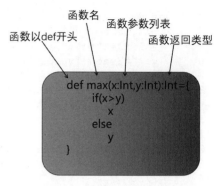

图 4-4　Scala 的函数定义

而 Java 中的返回类型则是定义在方法名之前。{} 中的内容为函数体，Scala 的函数返回值可以省略 return 语句。当省略 return 语句后，Scala 的函数返回值会以函数体中的最后一个表达式的值为准。

4.2.2 Scala 的函数规则、类型推导的限制及函数调用

本节将介绍 Scala 的函数规则和推导函数返回值的类型限制以及函数的调用方式，通过 Scala 的函数规则和应用，再结合相关案例进行详细介绍。

1. Scala 的函数规则

第一条规则：只有一行可以省略 {}。当 Scala 的函数体中只有一行表达式时可以省略 {}，输出结果依然不变。

第二条规则：最后一条语句为函数的返回值。当函数体中有多个语句存在时，返回最后一条语句的值。

第三条规则：函数的返回值可以省略。Scala 的面向函数式编程可以帮助推断返回值类型，所以可以省略声明函数的返回值类型。

2. Scala 函数的类型推导的限制

Scala 函数的类型推导是有限制的，并不是在所有情况下都可以省略声明函数的返回值类型。一般情况下可以省略，Scala 的函数会默认推断函数返回值的类型，只有两种情况下不可以省略：return 必须显示指定返回值；递归调用必须使用返回值。如果在使用 return 返回表达式的值时，函数返回值类型的声明不可省略，必须指明函数的返回值类型。如果函数体中存在递归调用时，函数返回值类型的声明不可省略。

3. Scala 函数的调用

声明一个函数之后，可以通过"对象.函数名(参数列表)"的方式调用该函数，参数列表中不需要指定参数的类型。在 Java 中通过对象调用非静态成员，通过类名调用静态成员。在 Scala 中没有静态成员，统一称为对象。Scala 中 Object 是一个单例对象，同样可以使用 Object 进行函数的调用。

下面定义一个 Rational 类，说明 Scala 函数的使用。

（1）定义一个求两个整数和的方法。

（2）定义一个求两个数的最大公约数的方法。

创建 RunFunction.scala 文件，相关代码如下：

```
1  package scala04
2  object RunFunction {
3    def main(args: Array[String]): Unit = {
```

```
 4      val a=sum1(4,5)
 5      println(s"a=$a")
 6      val a2=sum2(4,5)
 7      println(s"a2=$a2")
 8      println(s"gcd=${gcd(0,4)}")
 9    }
10    //1.
11    def sum1(x:Int,y:Int):Int={
12      return x+y
13    }
14    def sum2(x:Int,y:Int):Int= return x+y
15    //2.
16    def gcd(x:Int,y:Int):Int ={
17      if(x==0) y
18      else gcd(y%x,x)
19    }
20  }
```

输出结果如图 4-5 所示。

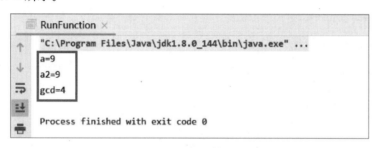

图 4-5 输出结果

第 11 ～ 13 行代码中定义了一个求和的方法 sum1，返回 x+y 的值。第 14 行代码中根据 Scala 的函数规则，定义了简化版的求和方法 sum2，省略 {} 并自动推断返回值类型。第 16 ～ 19 行代码中定义了一个求最大公约数的方法，通过递归调用取两个数的最大公约数。

4.2.3 Scala 函数的参数默认值

Scala 可以为函数参数指定默认值，这样在调用函数的过程中可以不需要传递参数，这时函数就会调用其默认值。如果传递了参数，则传递值会取代默认值。

视频 ●……

默认参数和返回多值

● ……………

下面介绍 Scala 的函数默认值传递参数的方式以及函数返回值的情况，包括如何为 Scala 的函数设定默认的参数以及如何返回多个值，再结合相关案例进行详细介绍。

1. Scala 的函数的默认值

传递参数的第一种方式：函数使用默认值时可以不传递参数。当函数传递值时会覆盖默认值，如果函数没有传递值，则会取默认值为参数。

传递参数的第二种方式：可以用参数名指定传递参数。当使用第二种方式传递参数时，因为已经指定了变量名，所以并不需要固定参数的前后顺序。只有在没有指定变量名时，参数的前后顺序才需要固定。

2. Scala 的函数返回多个值的方式

在 Java 中，如果一个方法要返回多个值可以利用封装和集合的方式。在 Scala 中，函数要想返回多个值可以利用 Tuples。

下面举例说明。定义一个 Connection 类，定义一个 createConnect 方法，有 timeout 和 protocol 两个参数，默认值分别是 5000 和 Http。

（1）使用默认值打印 timeout 和 protocol 值。

（2）timeout=600，protocol 使用默认值。

（3）timeout= 默认值，protocol="https"。

（4）timeout=700，protocol="https"。

（5）定义一个 getconnectInfo 方法，返回 timeout 和 protocol 两个值。

创建 RunConnection.scala 文件，相关代码如下：

```
 1  package scala04
 2  object RunConnection {
 3    def main(args: Array[String]): Unit = {
 4      var c=new Connection()
 5      //1.default
 6      c.createConn()
 7      //2.
 8      c.createConn(700)
 9      //3
10      c.createConn(600,"https")
11      //4
12      c.createConn(protocol="https")
13      c.isboolean(true,true)
14      c.isboolean(isman=true,isStudent=true)
15      c.createConn(protocol="https",timeout=100)
16      val (a,b)=c.createConn(protocol="ftp",timeout=200)
17      println(s"a=${a},b=$b")
18    }
19  }
20  class Connection{
21    def createConn(timeout:Long=5000,protocol:String="http") ={
22      println(s"timeout=${timeout},protocol=$protocol")
23      (timeout,protocol)
24    }
25    def isboolean(isman:Boolean,isStudent:Boolean): Unit ={
26      println(s"isman=${isman},isStudent=$isStudent")
27    }
28  }
```

输出结果如图 4-6 所示。

第 21 行代码中定义了一个 createConn() 方法，并在该方法中定义两个参数 timeout 和 protocol，它们的默认值分别是 5000 和 http。在类 Connection 的外部通过类的对象调用类的方法，第 6 行代码中通过 c.createConn() 方式打印 timeout 和 protocol 的默认值，createConn() 方法中不需要传值。第 8 行代码中通过 c.createConn(700) 方式在 createConn() 方法中传递 timeout 的值为 700，protocol 还是使用默认值。第 10 行代码中 c.createConn(600,"https") 传递 timeout 和 protocol 的值分别为 600 和 https。第 12 行代码中通过 protocol="https" 的方式指定 protocol 的值为 https。

第 25 行代码在类 Connection 中定义了一个返回值为布尔类型的 isboolean() 方法，并定义了两个参数 isman 和 isStudent。第 13 行代码通过 c.isboolean(true,true) 方式传递参数表示 isman=true 和 isStudent=true，第 14 行代码直接指定 isman 和 isStudent 的返回值。这两种方式的返回值相同，但使用时倾向使用后者。

图 4-6　输出结果

4.2.4　Scala 的函数参数的变参

下面介绍 Scala 的函数参数中的变参情况，通过创建不带 () 的方法、创建接受变参的方法以及变参的传值等内容介绍有关函数参数类型及参数对应值的内容，并结合相关案例进行详细介绍。

1. 创建不带 () 的方法

通常定义函数参数列表时，通过 () 加上变量名和变量类型的方式进行定义。创建不带 () 的方法为：def 方法名 :[返回类型]={}。如果定义方法的时候没有 ()，那么在调用该方法时也不需要加上 ()。带 () 的方法和不带 () 的方法在功能上没有区别，但是由于 Scala 面向函数的编程特性，不带 () 的方法在运行时是无副作用的方式，因此 Scala 更倾向于使用后者。

2. 创建接受变参的方法

在 Java 中接受一个可变参数的方法为：参数类型…。在 Scala 中创建接受变参的方法为：参数类型 *，这种方式只能接受同一类型的参数。例如定义一个可接受变参的 b 方法：b(strs:String*)。

3. 变参传值

变参传值有两种方式，第一种方式为：参数类型对应值，例如通过可接受变参的 b 方法进行变参传值为 b("Java","Scala")。第二种方式为 _*，例如定义一个 List 集合，由于集合中元素众多，可以通过 b(List:_*) 把集合中的每一个元素作为参数传递给 b 方法。

下面举例说明 Scala 的函数参数的使用。定义一个 Util 类，包含一个 printlnall 方法，参数列表分别接受以下参数：

（1）接受不定字符串。

（2）接受集合。

（3）接受一个整型和一个不定字符串。

（4）接受不传递任何参数。

创建 Utils.scala 文件，相关代码如下：

```
1  package scala04
2  class Utils {
3    def printNames(names:String*): Unit ={
```

视频
Scala 的变参

```
4       names.foreach(x=>println(x))
5     }
6   def printClass(names:String*): Unit ={
7       println(names.getClass)
8     }
9   def printNamesandClass(i:String,j:String,names:String*): Unit ={
10       println(s"i=$i,j=$j")
11       names.foreach(x=>println(x))
12    }
13 }
14 object RunVarible{
15   def main(args: Array[String]): Unit = {
16     val u=new Utils()
17     //1.par
18     println("----------------1----------------")
19     u.printNames("java")
20     println("----------------2----------------")
21     u.printNames("java","scala")
22     println("----------------3----------------")
23     u.printNames("java","scala","python")
24     //list
25     println("----------------4----------------")
26     val fruits=List("apple","banana","cherry")
27     u.printNames(fruits:_*)
28     //3.
29     println("----------------5----------------")
30     u.printNamesandClass("go","c","java")
31     u.printNamesandClass("go","c")
32     println("----------------6----------------")
33     u.printNames()
34     println("----------------7----------------")
35     u.printClass()
36     println("----------------8----------------")
37     u.printClass("go","c","java")
38   }
39 }
```

传递参数的输出结果如图 4-7 所示。

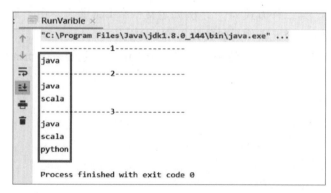

图 4-7　输出结果

第 3 行代码定义了一个 printNames() 方法，接受一个可变的字符串，可以传递零个或多个参数。
第 16 行代码创建了类 Utils 的对象 u，通过 u 调用 printNames() 方法，传递一个或多个不同的参数。

传递集合的输出结果如图 4-8 所示。

```
RunVarible ×
↑   python
↓   -------------4-------------
ᵇ   apple
    banana
    cherry
    -------------5-------------
    i=go,j=c
🖨   java
🗑   i=go,j=c
    -------------6-------------
    -------------7-------------
    class scala.collection.immutable.Nil$
    -------------8-------------
    class scala.collection.mutable.WrappedArray$ofRef

    Process finished with exit code 0
```

图 4-8　输出结果

第 26 行代码定义了一个集合 fruits，在调用 printNames() 方法时通过 fruits:_* 方式传递集合中的元素。第 9 行代码定义了一个 printNamesandClass() 方法，该方法的可变参数一定要位于参数列表的最后位置，这样不会出现传参歧义的问题。第 30 行代码通过 u 调用 printNamesandClass() 方法传递了 3 个参数，第 31 行代码传递的 2 个参数，默认没有传递可变参数，而是传递了 i 和 j 的值。如果调用 printNamesandClass() 方法只传递了一个参数，则会因缺少参数而报错。第 6 行代码定义了一个 printClass() 方法，传递 names 参数，用于打印 names 的类型。第 35、37 行代码分别使用 u 调用 printClass() 方法，在不传参和传参的情况下，返回结果有所不同。

4.2.5　Scala 的函数的链式风格

链式风格编程并不是 Scala 中独有的，它在 Java 等其他编程语言中也是存在的。链式风格并不是一种语法而是一种设计模式，通过一些编程技巧实现链式风格编程。

视频
Scala 的链式编程

1. 链式风格

在 Java 中如果想要给属性赋值，需要通过对象调用方法来赋值。例如定义一个对象 p，通过 p 调用方法，示例如下：

```
personp=newperson()
p.setName("Scala")
p.setCity("beijing")
```

Scala 的链式风格，示例如下：

```
person.setName("Scala")
      .setCity("beijing")
```

与 Java 中的调用方法相比，Scala 的链式风格代码可读性较好，整体风格简洁。而在 Java 的调用方式中，一旦对象名出错，容易造成调用出错。

2. 链式风格语法

Scala 中的两种链式风格语法分别为 this.type 和 this。如果想要通过链式风格编程定义一个类，并且这个类是不可继承的，那么可以通过方法返回 this。如果类是可扩展的，那么可以通过方法返回 this.type。

下面举例说明链式风格编程的使用。

（1）定义一个 Person 类，包含 name、age、city 属性，用链式风格为它们赋值。

（2）定义一个 Student 类继承 Person，包含 name、age、city 和 sex 属性，使用链式风格为它们赋值。

创建 RunChainMode.scala 文件，相关代码如下：

```scala
 1  package scala04
 2  object RunChainMode {
 3    def main(args: Array[String]): Unit = {
 4    val person=new Person().setName("suyoupeng").setAge(45)
 5    .setCity("shanghai").toString
 6      println(s"person=$person")
 7    val student=new Student().setName("linzhiying").setAge(48)
 8    .setCity("hangzhou").setSex("man").toString
 9      println(s"student=$student")
10    }
11  }
12  class Person{
13    var name=""
14    var age=0
15    var city="beijing"
16    def setName(name:String):this.type ={
17      this.name=name
18      this
19    }
20    def setAge(age:Int):this.type ={
21      this.age=age
22      this
23    }
24    def setCity(city:String):this.type ={
25      this.city=city
26      this
27    }
28    override def toString = s"Person($name, $age, $city)"
29  }
30  class Student extends Person{
31    var sex=""
32    def setSex(sex:String):this.type ={
33      this.sex=sex
34      this
35    }
36    override def toString = s"Student($name, $age, $city,$sex)"
37  }
```

输出结果如图 4-9 所示。

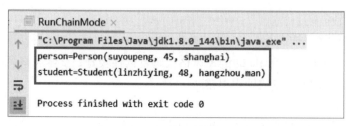

图 4-9　输出结果

第 12 行代码定义了一个类 Person，在类中分别定义了 3 个属性和 3 个方法。第 4 行代码定义了一个 Person 类的对象，使用链式风格连续赋值。第 30 行代码通过 extends 关键字定义了一个 Student 类继承 Person 类，并在类 Student 中重新定义了一个属性 sex 和 setSex() 方法，在 setSex() 方法中通过 this.type 声明子类的对象类型。第 7 行代码通过类 Student 的对象使用链式风格调用方法赋值。

4.3　Scala 的函数进阶

下面从面向函数的角度介绍 Scala 的函数的高级特性，即 Scala 面向函数的一些特点。通过函数的字面量、函数作为参数、闭包、柯里化及部分应用函数的相关知识和案例进一步说明 Scala 的函数。

视 频

字面量函数

4.3.1　Scala 的函数字面量

字面量是一个常量，它可以在编译的过程中进行类型的确定。下面通过 Scala 的函数字面量定义及作用等相关介绍进一步说明 Scala 的函数的高级特性。

1．Scala 的函数字面量语法

Scala 的函数字面量语法为：

```
(参数列表)=>{方法体}
```

与定义函数的语法相比，它省略了 def 关键字、函数名以及函数的返回类型。在 Scala 的函数字面量的定义中直接把参数列表与方法体通过 => 相连。例如定义一个函数字面量对输入变量加 1 并返回，即 (x:Int)=>{x+1}。由于 Scala 的函数字面量没有定义函数名，所以又把这种函数字面量称为匿名函数。

2．Scala 的函数字面量作用

由于 Scala 的函数字面量没有定义函数名，所以可以通过变量进行调用。另外，也可以通过参数的方式进行调用，关于这种方式的介绍将在 Scala 的函数高阶中进一步说明，这里不再展开叙述。

3．Scala 的函数字面的简化

Scala 的函数字面量的简化有两种方式，第一种方式为：_（占位符）。如果函数中的参数在方法体中只使用一次，可以用 _（占位符）替换，这种方式比较常用。当使用 _（占位符）替换变量时，需要指明变量的类型。

第二种方式为：只有一个表达式时，可以省略括号。当函数体中只有一个表达式时，可以省略括号。例如，可以把 (x:Int)=>{x+1} 简写成 (x:Int)=>x+1。

4．Scala 的函数字面量的懒加载

Scala 的函数字面量的懒加载关键字为 lazy。在 Scala 中，把函数赋值给变量时，变量可以使用 lazy 关键字修饰。使用 lazy 修饰的变量表示只有变量在使用时才进行赋值。如果把字面量函数赋值给一个变量，该变量通过 lazy 修饰，那么只有在变量调用时，函数对象才会被创建。

举例说明 Scala 的函数字面量的使用。定义一个字面量 sum 函数，返回两个数的和，并赋予一个变量。

（1）简化上述函数。

（2）懒加载 sum 函数。

创建 RunLiteralFuntion.scala 文件，相关代码如下：

```
1   package scala04
2   object RunLiteralFuntion {
3     def main(args: Array[String]): Unit = {
4       val sum1=(x:Int,y:Int)=>{x+y}
5       println(s"sum1=${sum1(3,4)}")
6       val sum2=(x:Int,y:Int)=>x+y
7       println(s"sum2=${sum2(1,4)}")
8       val sum3=(_:Int)+(_:Int)
9       println(s"sum3=${sum3(7,4)}")
10      val sum4:(Int,Int)=>Int=_+_
11      println(s"sum4=${sum4(6,4)}")
12      lazy val sum5=(x:Int,y:Int)=>{x+y}
13      println(sum5(8,2))
14    }
15  }
```

输出结果如图 4-10 所示。

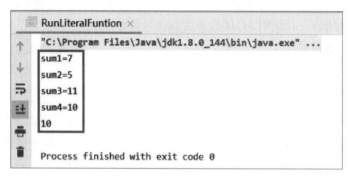

图 4-10 输出结果

第 4 行代码中定义 sum1 求和，字面量参数列表中定义了两个参数 x 和 y，通过 => 连接方法体 {x+y} 中的内容。第 6 行代码定义字面量 (x:Int,y:Int)=>x+y 并赋值给 sum2，由于方法体中只有一个表达式，所以省略了 {}。第 8 行代码通过占位符 _ 的方式简化函数字面量 (_:Int)+(_:Int) 并赋值给 sum3，一个占位符相当于一个变量。第 10 行代码直接定义了参数列表和返回值的类型，通过定义 sum4:(Int,Int)=>Int=_+_ 的方式简化字面量。第 12 行代码使用 lazy 关键字定义了懒加载 sum。

4.3.2 Scala 的函数作为参数

● 视频

字面量赋给
函数

前面介绍了把字面量函数赋值给变量，然后通过调用变量为函数赋值。下面介绍把字面量赋值给函数的方式：简单函数作为参数和除函数外的其他参数。定义一个接受函数作为参数的函数 def a(f:()=>Unit)={}，其中函数的类型 ()=>Unit 部分 () 为函数的参数，Unit 为函数的返回值。通过定义字面量传递值时，字面量必须和函数的类型匹配。

下面举例说明将 Scala 的函数作为参数的方法。

（1）定义一个 exeFunction 函数，接受一个无参数的 sayHello 函数。

（2）定义一个 exeAdd 函数，接受一个带有整型参数的函数，对整数加 10。

（3）定义一个 exeAndPrint 方法，要是接受一个带两个参数的函数和两个整型，将整型参数赋予函数，计算打印结果。（使用两种方式）

创建 RunWithParFuntion.scala 文件，相关代码如下：

```
1  package scala04
2  object RunWithParFuntion {
3    def main(args: Array[String]): Unit = {
4      //1.withoutPar
5      val sayhello=()=>{println("hello scala function")}
6      exeFuctionWithOutPar(sayhello)
7      //2.withpar
8      val plusTen=(i:Int)=>{i+10}
9      val result= exeAdd(plusTen)
10     println(s"r=$result")
11     //3
12     val sum=(x:Int,y:Int)=>x+y
13     exeAndPrint(sum,2,3)
14     val multi=(x:Int,y:Int)=>x*y
15     exeAndPrint(multi,2,3)
16   }
17   def exeFuctionWithOutPar(callback:()=>Unit): Unit ={
18     callback()
19   }
20   def exeAdd(callback:Int=>Int): Int ={
21     callback(8)
22   }
23   def exeAndPrint(callback:(Int,Int)=>Int,x:Int,y:Int): Unit ={
24     val result=callback(x,y)
25     println(s"callback=$result")
26   }
27 }
```

输出结果如图 4-11 所示。

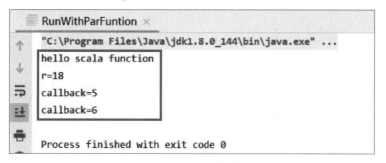

图 4-11 输出结果

第 17 行代码定义了 exeFuctionWithOutPar() 方法，接受无参字面量。第 5 行代码中定义了一个无参的函数 sayhello，并通过 exeFuctionWithOutPar() 方法接受 sayhello 函数，输出结果为 hello scala function。第 20 行代码定义了一个带参的 exeAdd 函数，参数和返回值的类型定义为 Int，并通过 callback(8) 方式传递数值 8。第 8 行代码定义了一个字面量函数，对传递的函数加 10。第 9 行代码把字面量 plusTen 传递给了用于接受整型和返回整型的 exeAdd() 方法。第 23 行代码定义了 exeAndPrint() 方法，并带有两个整型参数，通过 callback(x,y) 接受两个参数。第 12 行代码定义了一个求和的函数 sum，返回 callback=5，第 14 行代码定义了一个求乘积的函数 multi，返回 callback=6。例如，exeAndPrint(sum,2,3) 接受函数变量的方式在编程的过程中既方便又规范。

4.3.3　Scala 的函数的闭包

闭包是 Scala 面向函数编程的一个重要特性。Closure in ruby 闭包的条件为：代码块当作值传递，可以被任何拥有该值的对象按需执行，可以引用上下文已经创建的变量。这三个条件可以用一句话概括：一个函数连同该函数的非局部变量的一个引用环境。可以理解为函数和变量的定义要在同一个作用域，函数可以引用已经创建的变量，函数可以同值一样被传递和引用，当执行函数时该函数仍然引用着变量。

下面举例说明闭包的使用。

创建 RunClosure.scala 文件，相关代码如下：

```
1  package scala04
2  object RunClosure {
3    def main(args: Array[String]): Unit = {
4      val isage1=(age:Int)=>age>18
5      println(isage1(10),  isage1(20))
6      var voteage=18
7      val isage2=(age:Int)=>age>voteage
8      println(isage2(10),  isage2(20))
9      new Clouse().printResult(isage2,20)
10     voteage=21
11     new Clouse().printResult(isage2,20)
12   }
13 }
14 class Clouse{
15   def printResult(f:Int=>Boolean,x:Int): Unit ={
16     println(f(x))
17   }
18 }
```

输出结果如图 4-12 所示。

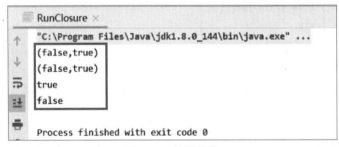

图 4-12　输出结果

第 14 行代码定义了类 Clouse，并在该类中定义了一个用于打印结果的方法。在 printResult() 方法中定义了判断大小的 f 函数，参数为 x，类型为整型。第 4 行代码定义了一个字面量函数 isage1，用于判断年龄是否满 18 岁，第 5 行代码调用 isage1 函数判断返回值是 true 还是 false。第 6 行代码定义变量 voteage 为 18，第 7 行代码中函数引用了变量 voteage，形成了一个闭包。第 9 行代码中通过 new 关键字创建了一个 Clouse 对象，并调用 printResult() 方法，把闭包函数传递到方法中。传递的值会随着引用变量 voteage 的变化而改变。

4.3.4　Scala 的函数的柯里化

下面介绍 Scala 函数的柯里化这一特性，柯里化也是函数定义的一种方式。通过柯里化的定义和柯里化函数结合相关案例进行详细介绍。

1．柯里化的定义

柯里化的定义语法为：

```
def 函数名（参数列表1）（参数列表2）...（参数列表n）:type={
    方法体
}
```

柯里化可以有多个参数列表，例如 def a(x:Int)(y:Int):Int={x+y}。

2．柯里化的注意要点

使用柯里化的过程中需要注意的地方有三点。

第一点：不能传递部分参数。在使用柯里化传值时需要传递全部参数，不可以只传递部分参数。

第二点：可以利用隐式参数传递部分值。这一点在介绍隐式转换时会详细说明。

第三点：不能返回新的函数。这一点与部分应用函数相对照，稍后将会详细说明。

下面定义两个整数乘法的柯里化函数。

创建 RunK.scala 文件，相关代码如下：

```
1  package scala04
2  class RunK {
3    def multi(x:Int)(y:Int): Int ={
4      x*y
5    }
6  }
7  object RunK{
8    def main(args: Array[String]): Unit = {
9      val r=new RunK().multi(10)(3)
10     println(r)
11   }
12 }
```

输出结果如图 4-13 所示。

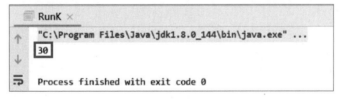

图 4-13　输出结果

第 3 行定义了一个 multi() 方法，使两个整数相乘，返回 x*y，方法的参数列表中的参数类型可以不相同。第 9 行代码定义 RunK 的对象调用 multi() 方法，通过 multi(10)(3) 的方式传递两个参数 10 和 3，输出结果为 30。当只传递一个参数时，会出现错误。

4.3.5　Scala 部分应用函数

部分应用函数本身就是一个函数，在定义方面和普通的函数没有区别，不同之处在于调用方面，部分应用函数可以定义多个参数而只调用一个参数。

视频 ●······

部分应用函数

●·············

1．部分应用函数的定义

如果一个函数包含多个参数，对该函数传递部分参数使得该函数返回一个函数，那么这种函数称为部分应用函数。

部分应用函数的定义语法为：

```
def 函数名 ( 参数列表 X,Y..):type={
    f(Y)
}
```

2. 部分应用函数的作用

部分应用函数的作用：返回新的函数。假设定义一个函数 def sum(x+y)=x+y，通过给 x 赋值（x 通过占位符 _ 表示）返回一个新的函数 sum(_:Int,2)=_+2，由两个变量的函数变为一个变量的函数，由此返回一个新的函数。

下面举例说明部分应用函数的使用。

（1）定义一个函数为 HTML，添加前后缀（如 <div> 和 <\div>）。

（2）定义一个接受三个参数的函数，实现三个数相乘，传递部分参数，打印结果。

创建 RunPartialFunction.scala 文件，相关代码如下：

```
1  package scala04
2  class RunPartialFunction {
3  def warpHTMl(pref:String,context:String,suffix:String): String ={
4    pref+context+suffix
5  }
6    def mutlti(x:Int,y:Int,z:Int)=x*y*z
7  }
8  object RunPartialFunction{
9    def main(args: Array[String]): Unit = {
10     val p=new RunPartialFunction()
11     val htmlwithp= p.warpHTMl("<p>",_:String,"</p>")
12     println("p= "+htmlwithp("i am p"))
13     val htmlwithdiv= p.warpHTMl("<div>",_:String,"</div>")
14     println(  "div= "+htmlwithdiv("i am div"))
15     //2.
16     val f1=p.mutlti(_:Int,2,_:Int)
17     println(f1(4,5))
18     val f2=p.mutlti(_:Int,2,3)
19     println(f2(5))
20     val f3=p.mutlti(_:Int,_:Int,_:Int)
21     println(f3(5,1,2))
22     //a(x)(y)  a(2)(3)=====>a(x) _
23   }
24 }
```

输出结果如图 4-14 所示。

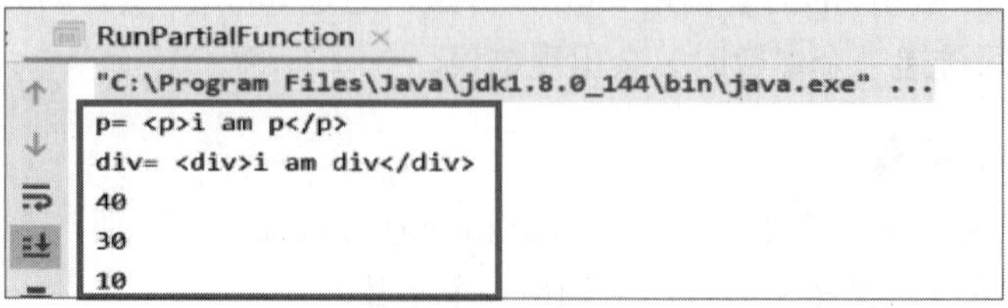

图 4-14　输出结果

第 3 行定义了 warpHTMl() 方法，参数列表中定义了 3 个参数，分别是前缀 pref、内容 context 和后缀 suffix，方法体中通过 + 将这 3 个参数连接起来。第 11 行代码通过 RunPartialFunction 类的对象 p 调用 warpHTMl() 方法，传递不同的内容对应不同的标签。第 6 行代码定义了一个求 3 个参数乘积的 mutlti() 方法，第 16 行代码通过调用 mutlti() 方法，传递不同的参数。

4.4 Scala 的高阶函数

下面通过 Scala 的高阶函数的定义和几种常见的高阶函数来介绍 Scala 的高阶函数的特性和应用，并结合相关案例进行分析。

视频 •⋯⋯

map 和 foreach
•⋯⋯

4.4.1 Scala 高阶函数概述

Scala 的高阶函数指使用其他函数作为参数或者返回一个函数作为结果的函数。在 Scala 中，函数是"一等公民"，所以允许定义高阶函数。这里的术语可能有点让人困惑，一般约定，使用函数值作为参数，或者返回值为函数值的"函数"和"方法"。

Scala 的常见高阶函数包括 map、flatten、flatmap、foreach、reduce、filter 和 fold 等。这里只是列举了一些常见的高阶函数，还有一些其他重要的高阶函数，在需要时可以通过查阅相关文档使用即可。

4.4.2 map 和 foreach 函数的应用

下面介绍两种 Scala 的常见高阶函数，分别为 map 和 foreach。这两个函数都可以遍历集合对象，差别之处在于 foreach 无返回值，map 返回集合对象。下面将进一步说明这两种函数的联系和区别。

1. Scala 的 map

Scala 的 map 解释为：Apply Builds a new array by applying a function to all elements of this array。返回值构建了一个新的数组通过应用函数遍历数组中的每一个元素。

语法：

```
def map[B](f: (T)=>B)(implicit ct:ClassTag[B]):Array[B]
```

假设定义一个数组 Arr(1,2,3)，通过数组调用 map，即 Arr(1,2,3).map(x=>x+1)，返回值会形成一个新的数组 Array(2,3,4)。

2. Scala 的 foreach

foreach 的语法定义与 map 相似。Scala 的 foreach 解释为：Apply f to each element for its side effects。在每个元素上执行指定的程序。

语法：

```
def foreach[U](f:(T)=>U):Unit
```

两者的差别之处在于 foreach 没有返回值而 map 有返回值。常用于打印一些结果，例如通过 (1,2,3) 数组调用 foreach 打印结果，(1,2,3).foreach(x=>println(x+1))，打印结果为 2,3,4。

下面举例说明 map 和 foreach 函数的应用，打印如下图形：

*

**

***

```
****
*****
...
```

创建 RunHighFun.scala 文件，相关代码如下：

```scala
 1  package scala04
 2  object RunHighFun {
 3    def main(args: Array[String]): Unit = {
 4      val array = Array(1, 2, 3, 4, 5)
 5      //"a"*3 =aaa
 6      val s = array.map(x => "*" * x)
 7      //  s.foreach(x=>println(x))
 8      // array.map(x=>"*"*x).foreach(x=>println(x))
 9      array.map("*" * _).foreach(println(_))
10    }
11  }
```

输出结果如图 4-15 所示。

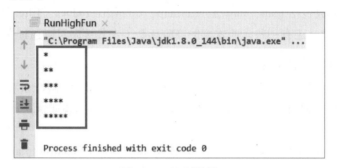

图 4-15　输出结果

第 4 行代码定义了包含 5 个元素的数组 array，第 6 行代码通过数组 array 调用 map() 函数，返回 "*" * x，第 7 行代码通过调用 foreach() 方法输出 * 的打印结果。第 9 行代码简化了调用 map() 函数的方式输出 *，map("*" * _) 函数中的 x 简化为占位符 _，foreach() 方法中的 println(x) 简化为 println(_)。

4.4.3　filter 函数的应用

视频

Scala 的 filter 函数也是一个应用非常广泛的函数，filter 函数的解释为：Selects all elements of this array which satisfy a predicate。

语法：

```scala
def filter(p:(T)=>Boolean): Array[T]
```

filter

根据函数返回值来确定过滤数组中的元素，最终的返回值也是一个数组。如果传递的函数的返回值为真，将保留元素中的值；如果为假则过滤元素。在实际应中可以使用 filter 过滤一些以字母开头的名称、某些 IP 等方面。

下面举例说明 filter 函数的应用。

（1）过滤 1 ~ 5 中的偶数。

（2）字符串数组，将其转成大写，过滤掉以 s 开头的字符串。

创建 RunHighFun.scala 文件，相关代码如下：

```
1  //filter
2  val array1 = Array(1, 2, 3, 4, 5)
3  array1.filter(x => x % 2 != 0).foreach(e => println(e))
4  val s2 = Array("java", "scala", "go")
5  //  s2.map(x=>x.toUpperCase).foreach(e=>println(e))
6  s2.map(x => x.toUpperCase).filter(s => (!s.startsWith("S"))).foreach(e => println(e))
```

输出结果如图 4-16 所示。

图 4-16　输出结果

第 2 行代码定义了一个数组 array1，第 3 行代码通过调用 filter() 函数传递参数 x。通过判断条件 x%2!=0 过滤数组中的偶数。使用 foreach() 方法打印出符合条件的奇数 1、3、5。第 4 行代码定义了数组 s2，第 6 行代码中调用 map(x=>x.toUpperCase) 函数将数组中的字符串转换成大写，通过 filter(s=>(!s.startsWith("S"))) 过滤掉以 s 开头的字符串，再调用 foreach(e => println(e)) 返回结果为 JAVA、GO，过滤掉了 scala。

4.4.4　flatten 和 flatmap 函数的应用

下面介绍 Scala 的高阶函数中的另外两个函数，分别为 flatten 和 flatmap。在实际应用中 flatmap 比 flatten 应用更广泛，下面将进一步说明这两种函数的联系和区别。

视频 ●······

reduce、flatmap 和 fold

1. Scala 的 flatten

Scala 的 flatten 的解释为：Flattens a two-dimensional array by concatenating all its rows into a single array。将二维数组中的元素展平至单数组中。

语法：

```
def flatten[B](implicit asIterable: (T) => collection.IterableOnce[B], m:
ClassTag[B]): Array[B]
```

例如定义一个集合调用 flatten 函数，即 List(List(1,2),List(3,4)).flatten=(1,2,3,4)。

2. Scala 的 flatmap

Scala 的 flatmap 的解释为：Builds a new array by applying a function to all elements of this array and using the elements of the resulting collections。flatmap 函数相当于先调用 map 函数再调用 flatten 函数。如果某些应用需要先使用 map 再使用 flatten，那么这种情况直接调用 flatmap 函数即可。

语法：

```
def flatmap[BS, B](f: (T) => BS)(implicit asIterable: (BS) => collection.
Iterable[B], m: ClassTag[B]): Array[B]
```

4.4.5　reduce、reduceleft 和 fold 函数的应用

下面介绍 Scala 的高阶函数中的三种常用函数，分别为 reduce、reduceleft 和 fold。在实际应用中

flatmap 比 flatten 应用更广泛，下面具体说明这三种函数的相关知识。

1. Scala 的 reduce

Scala 的 reduce 的 解 释 为：Reduces the elements of this immutable sequence using the specified associative binary operator。对不变序列的每个元素执行指定的二元规约操作。

语法：

```
def reduce[B >: A](op: (B, B) => B): B
```

reduce 接受两个参数返回一个参数，例如对数组中的所有元素求和，通过调用 reduce 来实现。(1,2,4,3).reduce((x,y)=>(x+y) 通过把集合中的第一个元素赋值给 x，第二个元素赋值给 y，即 x=1，y=2，并对这两个值求和。然后把和赋值给 x，第三个元素赋值给 y，即 x=3，y=4，再次求和。通过将每一次表达式的结果赋值给 x，将下一个元素的值作为 y 的值，依此类推，最终结果为 10。

2. Scala 的 reduceleft

Scala 的 reduceleft 的解释为：Applies a binary operator to all elements of this immutable sequence, going left to right。reduceleft 是按照从左至右的取值顺序进行运算，reduceleft 还有一个相似的函数 reduceRight 是按照从右至左的顺序取值运算。

语法：

```
def reduceLeft[B >: A](op: (B, T) => B): B
```

3. Scala 的 fold

Scala 的 fold 的解释为：Folds the elements of this array using the specified associative binary operator。对数组的每个元素执行指定的二元折叠操作。

语法：

```
def fold[A1 >: A](z: A1)(op: (A1, A1) => A1): A1
```

……▶ 视 频

案例演示

fold 与前两者的不同之处在于 fold 有一个初始值，在取值运算的过程中第一个元素需要先与初始值进行运算，再依次进行下一步的运算。

下面举例说明 reduce、reduceleft 和 fold 函数的应用。

（1）利用 reduceleft 实现数组中最大的元素。

（2）计算整型数组所有数的乘积。

创建 RunHighFun.scala 文件，相关代码如下：

```
1  package scala04
2  object RunHighFun {
3    def main(args: Array[String]): Unit = {
4      val array = Array(1, 2, 3, 4, 5)
5      //1.multi,array.reduce(_*_)
6      val r2 = array.reduce((x, y) => x * y)
7      println(s"r2=$r2")
8      //2.find max value by reduceleft
9      val maxarray = Array(1, 20, 38, 400, 666, 0, 999)
10     val max = maxarray.reduceLeft { (x, y) =>
11       if (x > y)
12         x
13       else
```

```
14          y
15      }
16      println(s"max=$max")
17    }
18 }
```

输出结果如图 4-17 所示。

```
GO
r2=120
max=999

Process finished with exit code 0
```

图 4-17　输出结果

第 6 行代码通过数组 array 调用 reduce((x,y)=>x*y) 计算数组中所有元素的乘积，并赋值给 r2，输出结果为 120。第 10 行代码 maxarray 数组调用 reduceLeft() 函数计算比较数组中元素的最大数。定义两个参数 x、y，使用 if 语句比较两个数的大小，输出数组 maxarray 中的最大值 999。

课堂案例

实现字符串的求和。

需求描述：

字符串数组中的数字个数，如 Array("1,2""3,4") 求和。

使用技能：

高阶函数。

答案：

创建 RunHighFun.scala，相关代码如下：

```
1  val sumarray = Array("1,2","3,4")
2  val sum=sumarray.flatmap(x=>x.split((","))).map(_.toInt).reduce(_+_)
3  println(s"sum=$sum")
```

输出结果如图 4-18 所示。

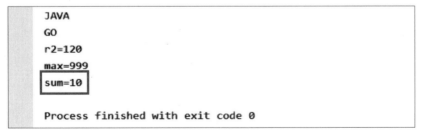

图 4-18　输出结果

第 2 行代码中通过 sumarray 数组调用 flatmap(x=>x.split((","))) 实现数组元素的切分，把字符串数组中的数值元素转换成 1,2,3,4。调用 map(_.toInt) 把数组元素转换成整型数值，再调用 reduce(_+_) 进行数值元素的加法运算。

● 视频

总结

小　结

　　本章通过特殊类型的学习，使学生掌握 Scala 相对于 Java 的不同之处和特殊类型解决的问题。通过 Scala 函数和高阶函数的学习，使学生深入理解 Scala 面向对象编程的特性，如闭包、部分应用函数等。通过高阶函数的学习和练习，可以使学生掌握一些常见的高阶函数编程技巧，为学习 Spark 打下坚实基础。

习　题

一、简答题

1. 怎么理解 Scala 的闭包？

2. 简述 Scala 与 Java 函数的相同点和不同点。

3. 简述 Nothing 的作用。

二、编程题

1. 编写函数 values(fun:(Int)=>Int,low:Int,high:Int)，该函数输出一个集合，对应给定区间内给定函数的输入和输出。例如，values(x=>x*x,-5,5) 应该产生一个对偶的集合 (-5,25),(-4,16),(-3,9),···,(5,25)。

2. 编写函数 largest(fun:(Int)=>Int,inputs:Seq[Int])，输出在给定输入序列中给定函数的最大值。例如，largest(x=>10*x-x*x,1 to 10) 应该返回 25。不得使用循环或递归。

3. 修改前一个函数，返回最大的输出对应的输入。例如，largestAt(fun:(Int)=>Int,inputs:Seq[Int]) 应该返回 5。不得使用循环或递归，这两题类似，不同的是一个是求值，一个是求索引。

第 5 章

Scala 继承和多态

视频 ●┈┈┄

目标
●┈┄

学习目标

- 掌握 Scala 的继承、多态思想和编程技巧。
- 了解 Scala 的匿名类、内部类、内部对象和抽象类。
- 理解 Scala 的 trait。

本章主要通过理论与案例相结合的方式学习有关 Scala 的继承、多态、抽象类以及 trait 的相关知识。首先通过继承与多态的应用学习继承关系，然后进一步学习 Scala 的抽象类和 trait。在介绍的过程中，通过与 Java 中的相关知识点对比，加深对 Scala 的继承与多态等相关知识的理解。

5.1 Scala 的继承与多态

Scala 中的继承与多态与 Java 中的比较相似，下面通过介绍 Scala 的继承和多态的概念、作用以及语法等知识再结合相关案例说明继承与多态的应用。

视频 ●┈┈┄

继承
●┈┄

5.1.1 Scala 的继承概述

下面通过介绍继承的定义、优点以及相关语法来说明 Scala 中的继承特点。Scala 中的继承与 Java 中的继承十分相似，这有助于我们进一步了解 Scala 的继承。

1. 继承的定义

关于继承，Java 中也有相关概念，Scala 中继承的定义为在原有类的基础上定义一个新类，原有类称为父类，新类称为子类。

2. 继承的好处

继承可以复用代码和实现多态。继承就代表子类可以继承父类的特性并且子类可以在自己内部实现父类没有的特性，以实现代码的复用和多态特性。

3. 继承的语法

在 Scala 中，子类继承父类使用关键字 extends，这一点与 Java 相同。假设定义 Parents 为父类，C1 为子类，通过关键字 extends 子类便可以继承父类的特性，相关代码为：

```
class C1 extends Parents{
}
```

5.1.2 构造器

下面介绍父类构造器的基础知识和语法规则以及辅助构造器的调用规则，然后结合相关案例进一步说明继承和构造器调用的应用。

1. 调用父类构造器语法

通过之前对 Scala 继承关系的了解，下面介绍有关父类构造器的知识。调用父类构造器的语法为：

```
class Dog(name:String,age:Int) extends Animal(name,age)
```

从调用父类构造器的语法中可以看出定义类的同时也调用了一个构造器，并通过 extends 关键字在表明继承关系的同时，也明确了调用类中的哪一个构造器。

● 视 频

2. 辅助构造器调用

辅助构造器调用规则如下：

第一条规则：父类的辅助构造器可以被子类的主构造器调用。假设父类 A 有一个名为 name 的构造器，同时类的内部有一个无参的构造器。子类 A1 继承自 A，则 A1 可以调用父类中的无参构造器，即父类的辅助构造器。

继承示例

第二条规则：父类的辅助构造器不能被子类的辅助构造器调用。如果子类 A1 中有一个无参的构造器，那么这个构造器不可以像 Java 中一样使用 super 调用父类的辅助构造器。

下面举例说明构造器的应用。定义一个 Person 和一个继承它的子类 Employee。

（1）Person 主构造器有 name 和 age 两个属性，辅助构造器无参数。

（2）Employee 有三个属性，其中 name 和 age 继承 Person 类，而 address 为 Employee 的自有属性。

（3）Employee 分别调用主构造器的无参和有参数构造器。

创建 RunInheritPerson.scala 文件，相关代码如下：

```
1 package scala05
2 object RunInheritPerson {
3   def main(args: Array[String]): Unit = {
4     new employee("scala",5,"amc")
5   }
6 }
7 class InheritPerson(val name:String,var age:Int){
8   def this()={
9     this("java",30)
10   }
11   println(s"parent=>name=$name,age=$age")
12 }
13 class employee(name:String,age:Int,var addr:String) extends InheritPerson(){
14   println(s"sub=>name=$name,age=$age,addr=-$addr")
15 }
```

输出结果如图 5-1 所示。

图 5-1 输出结果

第 7 行代码定义了 InheritPerson 类，包含 name 和 age 两个属性，并在类中定义了一个无参的辅助构造器。第 13 行代码定义了 employee 类继承自 InheritPerson 类，除了包含继承自父类的 name 和 age 属性，还有一个自有属性 addr。父类输出的是 name=java，age=30，而子类输出的是 name=scala，age=5，以及自有属性 addr=-amc。

5.1.3　Scala 的多态概述

视　频

多态

下面从多态的含义、作用以及多态的实现手段介绍 Scala 的多态。同一操作作用于不同的对象，可以有不同的解释，产生不同的执行结果，这就是多态性。Scala 的多态与 Java 中的相关概念相似。

1．多态的定义

从编译的角度解释 Scala 的多态含义：在执行期间而非编译期间确定所引用对象的类型，根据实际类型调用其方法。一个编译型的语言有两种类型，分别为编译类型和运行类型。程序中定义的引用变量所指向的具体类型和通过该变量发出的方法调用在编译时并不确定，而是在程序运行期间才确定的。

2．多态的作用

当子类继承父类时，不同的子类需要实现自己的行为。Scala 多态的这种特性可以提高程序的可扩充性和可维护性，提高代码的复用率。

3．多态的实现手段

多态通过重写实现。重写要求名称和参数列表相同，这种特性与 Java 中的相同。子类对父类中的某些方法进行重新定义，在调用这些方法时就会调用子类的方法。

5.1.4　方法的继承和重写

下面通过介绍方法的继承和方法的重写进一步说明 Scala 中子类继承父类的特性，结合 Scala 的多态相关案例详细说明方法的继承和多态。

1．方法的继承

Scala 中子类继承父类表示同时继承了父类的所有功能，包括父类的方法。子类可以调用从父类继承过来的方法，这种方式使程序得以扩充，程序代码得以复用。

2．方法的重写

当子类继承父类，并且从父类继承的方法不能满足要求时，子类需要有自己的行为。当需要对一个类的方法新增功能时，一般不要修改原有的类，而是通过创建一个子类继承父类的所有功能，在里面使用方法重写一些新的功能。

3．方法重写语法

在 Scala 中通过 override 关键字实现方法重写。Java 中重写关键字可以省略而 Scala 中的 override 关键字不可以省略，例如重写一个方法：overridea()={ 方法体 }。

下面举例说明方法的继承和重写的应用。定义一个 Animal 类和其一个子类 Dog/Cat。

（1）父类声明 speak 和 run 两个方法。

（2）子类实现重写 speak 方法，继承 run 方法。

创建 RunInheritPerson.scala 文件，相关代码如下：

```
1  package scala05
2  object RunInheritPerson {
```

```
3    def main(args: Array[String]): Unit = {
4      println("-------Dog-----------")
5      val d=new InheritDog()
6      d.run
7      d.speak
8      println("-------cat-----------")
9      val c=new InheritCat()
10     c.run
11     c.speak
12   }
13 }
14 class InheritAnimal{
15   def speak={
16     println("animal speak ")
17   }
18   def run: Unit ={
19     println("run by leg ")
20   }
21 }
22 class  InheritDog extends InheritAnimal{
23   override def speak={
24     println("dog wangwang  speak ")
25   }
26 }
27 class  InheritCat extends InheritAnimal{
28   override def speak={
29     println("cat miaomiao  speak ")
30   }
31 }
```

输出结果如图 5-2 所示。

图 5-2　输出结果

第 14 行代码定义了 InheritAnimal 类，类中分别声明了两个方法 speak 和 run。第 22 行代码定义了一个 InheritDog 类继承自 InheritAnimal 类，第 23 行代码通过 override 关键字重写父类的 speak 方法。同样第 27 行代码也定义了一个子类 InheritCat 继承自父类 InheritAnimal，并且重写了父类的 speak 方法。第 5 行代码创建了一个 InheritDog 子类的对象 d，通过 d 调用 run 方法的返回结果为 run by leg，调用 speak 方法返回结果 dog wangwang speak。第 9 行代码创建了一个 InheritCat 子类的对象 c，通过 c 调用 run 方法返回 run by leg，调用 speak 方法返回 cat miaomiao speak。

5.2 Scala 的继承关系

在 Scala 继承的层级关系中，Any 类是所有类的顶级类，即所有类都继承自 Any 类，相当于 Java 中的 Object 类。Any 类之下分为两种类型，分别为数值类型 AnyVal 和引用类型 AnyRef，Scala 继承的层级关系如图 5-3 所示。Scala 中的数值类型 (如 Double、Float 等) 对应 Java 中的数值类型，与 Java 的不同之处在于 Scala 的这些数值类型中有很多方法。数值类型中的 Unit 相当于 Java 中的 Void，如果一个方法没有返回值可以通过 Unit 表示，Java 中使用 Void 表示。Unit 并不是任何类型的超类，但是编译器允许任何值替换成 Unit 的 () 值。

视 频

Scala 继承关系

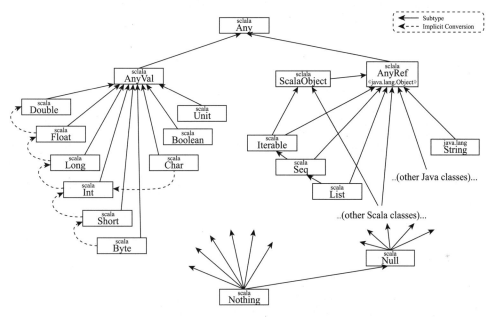

图 5-3　Scala 继承的层级关系

在引用类型中所有定义的类包括自定义类都继承自引用类型 AnyRef。所有其他类都继承自 ScalaObject 类，实际上 ScalaObject 类是一个空类，它没有任何方法，可以理解为一个空接口。Nothing 是所有类型的子类，是一个底部类，Java 中没有底部类的概念。Null 只能赋值给引用类型而不能赋值给数值类型，Scala 中不鼓励使用 Null。

5.3 Scala 的抽象类与内部类

Scala 的抽象类与 Java 中的一样，不能被实例化。抽象类中，变量不使用就无须初始化，可以在子类继承时再进行初始化。在抽象类中，抽象方法无须使用也不能使用 abstract 关键字进行修饰。

视 频

抽象类

5.3.1 Scala 的抽象类概述

下面通过 Scala 抽象类的概念、语法以及抽象类的成员介绍 Scala 抽象类的相关知识，再结合相关案例进一步详细分析说明。

1. Scala 的抽象类定义

抽象类是一个不能被实例化的类。无论是在 Scala 中还是在 Java 中都不可以直接创建对象，抽象类通过子类创建对象。

2．Scala 的抽象类语法

Scala 的抽象类语法与 Java 中的相同，都是通过 abstract 关键字进行定义的。例如定义一个 Scala 的抽象类：abstract class A{ }。

3．Scala 的抽象类成员

Scala 的抽象类成员包括成员属性和方法。Scala 的成员属性有抽象的和非抽象的，而 Java 中只有非抽象的。对于成员方法，Scala 和 Java 中都可以有抽象的和非抽象的，但是在定义时，Scala 不需要 abstract 关键字修饰。

下面举例说明 Scala 抽象类的使用。定义一个抽象类，并调用它们。

（1）成员属性。

（2）成员方法。

（3）具体方法和成员。

创建 RunAbstract.scala 文件，相关代码如下：

```
1  package scala05
2  object RunAbstract {
3    def main(args: Array[String]): Unit = {
4      val m= new mysql()
5      println(m.ip,m.port)
6      m.connect
7      m.print()
8    }
9  }
10 abstract class DataBase{
11   val ip="127.0.0.1"
12   var port:Int
13   def connect
14   def print()={
15     println("connect failed")
16   }
17 }
18   class mysql extends DataBase{
19     override var port: Int = 22
20     override def connect: Unit = {
21       println("connect mysql")
22     }
23   }
```

输出结果如图 5-4 所示。

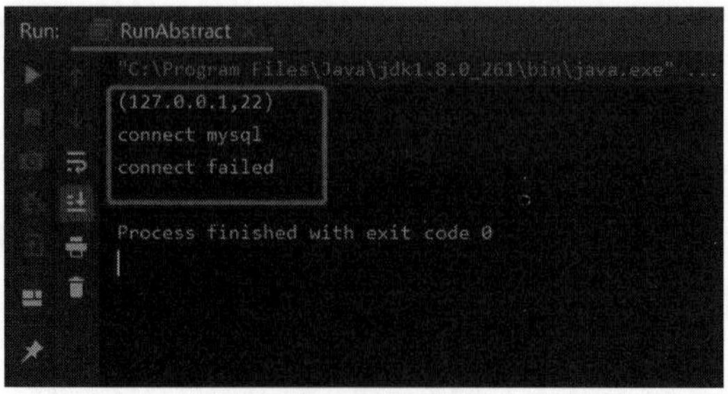

图 5-4　输出结果

第 10 行代码使用关键字 abstract 定义了一个抽象类 DataBase，并在类中定义了一些成员属性和方法。成员属性有抽象属性 port 和非抽象属性 ip，成员方法有抽象方法 connect 和非抽象方法 print()。第 18 行代码定义了一个继承自 DataBase 的子类 mysql，在子类中使用关键字 override 重写了抽象属性 port 和抽象方法 connect。第 6 行和第 7 行代码通过子类 mysql 的对象 m 分别调用了 connect 方法和 print() 方法。输出结果中的 ip 为 127.0.0.1，继承自父类 DataBase，端口号 port 为 22，是子类 mysql 重写的。connect mysql 是调用子类重写的 connect 方法的输出结果，而 connect failed 是继承自父类的 print() 方法的输出结果。

5.3.2 抽象类重写

在定义一个抽象类时，可以在内部定义一些方法，但是不需要实现这些方法。通过继承抽象类的子类可以实现这些方法，抽象类是不能被实例化的。

1. Scala 何时使用抽象类

在 Scala 中如果有基类构造器参数，可以使用抽象类；如果没有，建议使用特质（trait）。另外，在 Java 与 Scala 互相调用时会使用到抽象类。

视频
抽象类重写

2. 基类定义属性的重写

Scala 中的方法可以是抽象的和非抽象的，同样属性也可以是抽象的和非抽象的。抽象方法可以实现，而非抽象方法可以继承或重写。属性中对于抽象成员是必须要实现的，而非抽象成员可以继承或重写。

下面举例说明抽象类的调用。定义一个抽象类 Animal，定义子类 Dog 和 Cat，分别实现以下情况 Animal 成员属性的调用。

（1）非抽象 val。

（2）非抽象 var。

（3）抽象 val 和 var。

创建 RunAOver.scala 文件，相关代码如下：

```
1  package scala05
2  object RunAOver {
3    def main(args: Array[String]): Unit = {
4      val d=new DogOverride()
5      val c=new CatOverride()
6      d.run()
7      c.run()
8      d.sayHello
9      c.sayHello
10   }
11 }
12 abstract class AnimalOverride{
13   val name:String
14   var age=0
15   val color="none"
16   def sayHello
17   def run()={
18     println("run")
19   }
20 }
21 class DogOverride extends AnimalOverride{
```

```
22    val name="dog"
23    age=2
24    override val color="black"
25    override def sayHello: Unit = {
26      println(color+" "+age+" dog wangwang "+name)
27    }
28    override def run()={
29      println("dog run")
30    }
31  }
32  class CatOverride extends AnimalOverride{
33    val name="cat"
34    age=3
35    override val color="white"
36    override def sayHello: Unit = {
37      println(color+" "+age+" cat miaomiao "+name)
38    }
39    override def run()={
40      println("cat run")
41    }
42  }
```

输出结果如图 5-5 所示。

图 5-5　输出结果

在第 12 行代码中定义了一个抽象类 AnimalOverride，类中定义了一个抽象方法 sayHello 和非抽象方法 run()，使用 val 定义了一个抽象属性 name 和非抽象属性 color，使用 var 定义了一个非抽象属性 age。第 21 行代码定义了一个继承自 AnimalOverride 的子类 DogOverride，子类重写了 sayHello 方法和 run() 方法，实现了属性 name="dog"，重写父类的 age=2，重写 color="black"。第 32 行代码定义了一个继承自 AnimalOverride 的子类 CatOverride，同样重写了父类的 sayHello 方法和 run() 方法，实现了属性 name="cat"，重写父类的 age=3，重写 color="white"。子类 DogOverride 的对象 d 调用 run() 方法和 sayHello 方法返回 dog run 和 black 2 dog wangwang dog，子类 CatOverride 的对象 c 调用 run() 方法和 sayHello 方法返回 cat run 和 white 3 cat miaomiao cat。

5.3.3　Scala 的内部类

视　频

内部类和对象

Java 中的内部类从属于外部类，与 Java 中内部类不同的是，Scala 中的内部类属于对象。下面通过 Scala 的内部类和匿名类的介绍以及相关案例详细说明 Scala 的内部类以及匿名类的应用。

1. Scala 的内部类定义

Scala 的内部类是指定义在类或对象内部的类。与 Java 相同的是创建在类内部的新类都称为内部类，与 Java 的不同之处在于 Scala 中把定义在对象内部的类也称为内部类。

2. Scala 的内部对象

Scala 的内部对象是指定义在类或对象内部的对象。在 Java 中没有内部对象的概念，由于 Scala 中存在 Object 单例对象，因此出现了内部对象的概念。

3. Scala 的匿名类

Scala 的匿名类是指没有名字的类。匿名类只能使用一次，如果想再次使用需要重新创建匿名类，而定义的普通类则可以反复使用。

下面举例说明 Scala 的内部类以及匿名类的应用。创建 RunNi.scala，相关代码如下：

```
1  package scala05
2  object RunNi {
3    def main(args: Array[String]): Unit = {
4      val p1=new P("jason",10){
5        override def print: Unit = {
6          println(s"P($name,$age)")
7        }
8      }
9      p1.print
10     println("--------------intenal class/object--------------------")
11     //1.class
12     val s=new StudentIntenal("scala",5)
13     val grade= new s.Grade("1 grade")
14     println(s"grade=${grade.name}")
15     s.Uilts1.print("util1")
16     //2/object
17     StudentIntenal.Uilts2.print("util2 ")
18     val pr= new StudentIntenal.printer
19     pr.print("printer")
20   }
21 }
22 abstract class P(var name:String ,var age:Int){
23   def print
24 }
25 class StudentIntenal(var name:String ,var age:Int){
26   class Grade(var name:String)
27   object Uilts1{
28     def  print(name:String)={
29       println(name)
30     }
31   }
32 }
33 object StudentIntenal{
34   class printer{
35     def  print(name:String)={
36       println(name)
37     }
38   }
39   object Uilts2{
40     def  print(name:String)={
41       println(name)
42     }
43   }
44 }
```

输出结果如图 5-6 所示。

```
Run:     RunNi ×
  ▶        "C:\Program Files\Java\jdk1.8.0_261\bin\java.exe" ...
           P(jason,10)
  ■        ------------intenal class/object-------------
  ▣   ⇛    grade=1 grade
  ⬚  ↧     util1
  ▣        util2
  ◲  🖶     printer
     🗑
  ◱        Process finished with exit code 0
```

图 5-6　输出结果

第 4 ～ 9 行代码中演示了匿名类的简单用法。在匿名类中实现方法体，把匿名内部类赋值给 p1 对象，通过 p1 对象调用 print 方法输出 name 和 age。第 25 ～ 32 行演示了内部类和内部对象的用法。在类 StudentIntenal 中定义了一个内部类 Grade 和内部对象 Uilts1，并在对象中定义了一个 print 方法输出 name。第 33 ～ 44 行在对象 StudentIntenal 中定义了一个类 printer 和对象 Uilts2，演示了类中既有类又有对象的情况。

5.4　Scala 的 trait

●┄┄● 视　频

trait 语法

在 Scala 中，trait 是一种特殊概念。trait 可以作为接口，同时也可以定义抽象方法。类使用 extends 继承 trait，在 Scala 中，无论继承类还是继承 trait 都用 extends 关键字。在 Scala 中，类继承 trait 后必须实现其中的抽象方法，实现时不需要使用 override 关键字，同时 Scala 支持多重继承 trait，使用 with 关键字即可。

5.4.1　Scala 的特质

本节通过对 Scala 的特质概念、作用以及语法的相关阐述来说明 Scala 中的特质应用。通过与 Java 中的接口相互对比可以加深对特质的了解。

1. Scala 的特质定义

由于 Scala 没有 Java 中接口的概念，所以 Scala 的特质就相当于 Java 中的接口，但是 Scala 的特质比接口的功能强大。Scala 的特质定义如下：

```
trait identified {
}
```

其中 trait 为定义特质的关键字，identified 表示一个合法的标识，可以自定义。{} 中可以定义一些成员、属性或方法等。

2. Scala 的特质作用

Scala 的特质可以封装成员和方法。Java 中的接口不提供具体的实现，Scala 的特质同样也是封装一些成员属性和方法。例如定义一个 Scala 特质，相关代码如下：

```
trait Person{
    val  name="scala"
    def  a():Unit
}
```

Scala 的特质相当于抽象类和接口的合体。在 JDK 1.7 中，Java 的接口只能定义一些没实现的方法体和一些赋值的变量，而 Scala 的 trait 相当于接口和抽象类的合体。

3．Scala 的特质语法

在 Java 中实现多接口可以通过 implements 关键字定义，例如定义一个类 P 实现多个接口（A 和 B 为接口），即 class P implements A,B。而在 Scala 中定义特质 A 和 B 时，实现特质的语法为：extends A with B，A 和 B 的位置可以互换。例如 class P extends A with B 表示在一个类中实现多个特质。当类 P 中混入类 S 时，S 的位置必须在 extends 之后，特质 A 或 B 不可以与类 S 互换位置，但是 A 和 B 的位置可以互换，例如 class P extends S with A with B。

5.4.2　Scala 的 trait 的用法

下面主要介绍 Scala 的 trait 的用法：

- 只有抽象方法的 trait。
- 只有抽象成员和方法的 trait。
- 具体成员的变量和方法。
- 对象继承特质。

下面举例说明 trait 的前三种用法，相关代码如下：

```
1  trait Person{
2    valname: String
3    def run():Unit
4    def speak():Unit
5    varage=50
6    defjump()={ 实现 }
7  }
```

第 2 行代码中只定义了抽象成员。如果是接口则要求必须赋值，而特质不必赋值。第 3 行代码和第 4 行代码中只定义了抽象方法，方法体中没有具体实现。第 5 行代码中给变量赋值 50，定义了具体的变量。第 6 行代码的方法体中有具体的实现，表示具体的方法。

视频 ●……
trait 代码
●……………

对象继承特质是 Scala 中比较特殊的一点，可以为单独的某一对象继承 trait。例如 new Student with Person 表示对象 Student 继承特质 Person。

下面定义一个 person 特质演示 trait 的用法。创建 RunTrait.scala 文件，相关代码如下：

```
1  package scala05
2  object RunTrait {
3    def main(args: Array[String]): Unit = {
4      val mp3=new Mp3()
5      mp3.play
6      println("play .......")
7      mp3.pause
8      mp3.resume
9      mp3.close
10     mp3.see()
11     println("------mp4----")
12     val mp4=new Mp4()
13     mp4.play
14     println("play .......")
15     mp4.pause
```

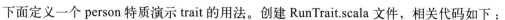

```
16        mp4.resume
17        mp4.close
18        mp4.stop
19        mp4.see()
20      }
21  }
22  trait BaseSoundPlayer{
23    //1.interface
24    def play
25    def close
26    def see(): Unit ={
27      println("BaseSoundPlayer see ")
28    }
29  }
30  trait BaseSoundPlayer1{
31    //1.interface
32    def pause
33    def resume
34  }
35  abstract class BaseSoundPlayer2{
36    def stop
37  }
38  class Mp3 extends BaseSoundPlayer1 with BaseSoundPlayer{
39    def play={
40      println("i am Mp3 play")
41    }
42    override def close: Unit = {
43      println("i am Mp3 close")
44    }
45    override def pause: Unit = {
46      println("i am Mp3 pause")
47    }
48    override def resume: Unit = {
49      println("i am Mp3 resume")
50    }
51  }
52  class Mp4 extends BaseSoundPlayer2 with BaseSoundPlayer1 with BaseSoundPlayer{
53    def play={
54      println("i am Mp4 play")
55    }
56    override def close: Unit = {
57      println("i am Mp4 close")
58    }
59    override def stop: Unit = {
60      println("i am Mp4 stop")
61    }
62    override def pause: Unit ={
63      println("i am Mp4 pause")
64    }
65    override def resume: Unit = {
66      println("i am Mp4 resume")
67    }
68  }
```

输出结果如图 5-7 所示。

图 5-7 输出结果

第 22 行代码定义了一个名为 BaseSoundPlayer 的 trait，可以把它当作一个接口使用。在这个 trait 中定义了两个抽象的方法 play 和 close 以及非抽象方法 see()。第 30 行代码定义了一个名为 BaseSoundPlayer1 的 trait，在该特质中定义了两个抽象方法 pause 和 resume。第 38 行代码中定义了一个 Mp3 类继承了这两个特质，在类中重写了特质中的方法。第 52 行代码中类 Mp4 既继承了两个特质 BaseSoundPlayer 和 BaseSoundPlayer1，又继承了抽象类 BaseSoundPlayer2。在类 Mp4 中，重写了特质和抽象类中的方法，实现了多个接口。第 4 行代码定义了 Mp3 类的 mp3 对象，通过 mp3 调用了 play、pause、resume、close 和 see() 方法。类 Mp4 的对象 mp4 调用了 play、pause、resume、close、stop 和 see() 方法。

5.4.3 trait 的 mix

下面介绍一个类继承了一个特质后，特质中的成员的处理方式。成员分为抽象成员和具体成员。成员包括方法和属性，没有方法体实现的方法称为抽象方法，没有赋值的属性称为抽象属性；方法体中有具体实现的方法称为具体方法，赋予了一个具体值的属性称为具体属性。

抽象成员包括抽象方法和抽象属性。如果一个类继承了特质，那么抽象方法一定要实现方法体。抽象属性可以通过 val 或 var 关键字修饰，如果子类要访问由 val 或 var 修饰的抽象成员，要求变量修饰必须要对应，不加 override 关键字。

具体成员包括具体方法和具体属性。如果是一个具体的方法，那么需要使用关键字 override 重写方法。使用 override 重写方法时，方法的名称、参数列表以及返回值必须相同。具体属性同样使用 val 或 var 关键字修饰，val 的重写需加上 override 关键字，即 override val 属性名称。var 的重写不需 override 关键字和 var 修饰，只需属性名称即可。

下面定义一个 Pet 特质演示 trait 的继承用法。

创建 RunInherit.scala 文件，相关代码如下：

成员重写

成员重写示例

```
1  package scala05
2  object RunInherit {
3    def main(args: Array[String]): Unit = {
```

```
 4       val d=new Dog()
 5       d.getName
 6       d.getColor
 7       println(d.size)
 8     }
 9   }
10   trait Pet{
11     val name:String
12     val size=5
13     var age:Int
14     var color="black"
15     def getName
16     def getColor={println(s"i am $color")}
17     println(s"Pet($name,$age,$color,$size)")
18   }
19   class Dog extends Pet{
20     val name="dog"
21     override val size= 1
22     var age=2
23     color="yellow"
24     def getName={
25       println(s"Dog=$name")
26     }
27     override  def getColor={
28       println(s"dog am $color")
29     }
30     println(s"Dog($name,$age,$color,$size)")
31   }
```

输出结果如图 5-8 所示。

图 5-8　输出结果

第 10 行代码定义了名为 Pet 的特质，在 Pet 中定义了一个抽象方法 getName 和具体方法 getColor，抽象属性 name 和非抽象的具体属性 size。第 19 行代码的 Dog 类继承自 Pet，重写了特质中的方法和属性。通过 Dog 类的对象 d 调用了 getName 方法，返回 Dog=dog；调用了 getColor 方法返回 dog am yellow；调用 size 属性，返回 1。

5.4.4　trait 的加载顺序

● 视频

构造器调用

在 Java 中构造器的调用顺序为先调用父类构造器再调用子类构造器。Scala 中的调用顺序与 Java 中的十分相似。trait 的加载顺序为先执行超类（父类）中的构造器，再调用子类的构造器。如果混入的 trait 有父类，会按照继承关系先调用父类。如果有多个父类，则按照从左到右的顺序调用，最后才会调用本类构造器。当有超类调用构造器时按照从左到右、从父类到子类的顺序调用即可。

下面定义多个父类和子类演示构造器的执行顺序。

创建 RunConOder.scala 文件，相关代码如下：

```scala
1  package scala05
2  object RunConOder {
3    def main(args: Array[String]): Unit = {
4      new AB()
5    }
6  }
7  trait A051{
8    println("invoke Trait A051")
9  }
10 trait AA051 extends A051{
11   println("invoke Trait AA051")
12 }
13 trait AB051 extends A051{
14   println("invoke Trait AA051")
15 }
16 trait B051{
17   println("invoke Trait B051")
18 }
19 trait BA051 extends B051{
20   println("invoke Trait BA051")
21 }
22 trait BB051 extends B051{
23   println("invoke Trait BB051")
24 }
25 class AB extends AA051 with BA051 with AB051 with BB051 {
26   println("invoke Class AB")
27 }
```

输出结果如图 5-9 所示。

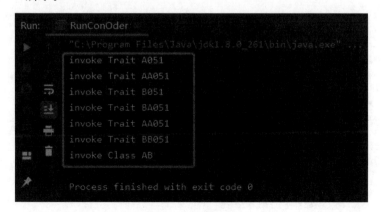

图 5-9　输出结果

第 7 行代码定义了一个 A051 的特质，输出 invoke Trait A051。第 10 行代码定义了一个继承自 A051 的特质 AA051，输出 invoke Trait AA051。第 13 行代码定义了一个继承自 A051 的特质 AB051，输出 invoke Trait AA051。第 16 行代码定义了一个 B051 特质，输出 invoke Trait B051。第 19 行代

码定义了一个继承自 B051 的特质 BA051，输出 invoke Trait BA051。第 22 行代码定义了一个继承自 B051 的特质 BB051，输出 invoke Trait BB051。第 25 行代码定义了一个类 AB 继承自 AA051、BA051、AB051 和 BB051，输出 invoke Class AB。构造器的执行顺序：首先调用父类 A051，然后调用子类 AA051，接着调用 B051 和 BA051。由于类 AB 已经调用了一次父类的构造器，所以不会再次调用父类的构造器，而是调用 AA051 和 BB051，最后调用类本身的构造器 AB。

视频

提前加载和懒加载

视频

懒加载示例

5.4.5　解决空指针异常问题

通过前面的介绍，了解了 Scala 构造器的调用顺序并解释了父类构造器打印为 0 的问题。下面介绍调用构造器引起的第二个问题，即空指针异常问题。

1. trait 的抽象成员父类使用问题

在新定义一个对象时，该对象会先调用父类的构造器。而在父类构造器中由于变量没有赋值，实际相当于 null，再通过变量（实际为 null）调用方法时就会报空指针异常的问题。

2. 解决方法

解决空指针异常的方式有两种，分别是提前定义和懒加载。提前定义就是在调用对象之前给变量赋值，即提前定义法。懒加载就是在调用的过程中通过 lazy 关键字解决问题。

下面定义一个 Logger 演示构造器执行顺序，造成空指针问题。

创建 RunFile.scala 文件，相关代码如下：

```
1  package scala05
2  import java.io.PrintWriter
3  object RunFile {
4    def main(args: Array[String]): Unit = {
5      //val p=  new Person051()
6      val p=new {
7        override val filename="p052.log"
8      } with Person051
9      p.log("Person052 create log")
10   }
11 }
12 trait Logger{
13   def log(msg:String)
14 }
15 trait FileLogger extends Logger{
16   val filename:String
17   //lazy val fileout= new PrintWriter(filename)
18   val fileout= new PrintWriter(filename)
19   //fileout.println("###########")
20   def log(msg:String)={
21     fileout.println(msg)
22     fileout.flush()
23   }
24 }
25 class Person051 extends FileLogger{
26   override val filename="p051.log"
27 }
```

懒加载解决空指针异常的输出结果如图 5-10 所示。

图 5-10　输出结果

第 12 行代码定义了 Logger 特质，并且定义了一个 log 方法，返回结果为空。第 15 行代码定义了一个继承自 Logger 的特质 FileLogger，第 18 行代码定义了一个包装类型的流对象，把对象调用输出的方法打印到传递的参数中，这里主要是打印到某一文件中。传递文件名为 filename，即 new PrintWriter(filename)。第 20 行代码重写了方法 log，在方法体中通过 fileout 调用 println(msg)，将消息打印到指定的文件中。

通过懒加载解决空指针异常传递文件 p051.log 的内容如图 5-11 所示。

图 5-11　文件 p051.log 的内容

第 25 行代码定义了 Person051 类继承自 FileLogger，在类中使用关键字 override 重写属性 filename="p051.log"。传递的打印消息为 Person051 create log。在指定的文件路径下打开 p051.log 文件，文件内容即为传递的打印消息 Person051 create log。

用提前定义法解决空指针异常的输出结果如图 5-12 所示。

图 5-12　输出结果

第 7 行代码通过 override 关键字重写了 filename="p052.log"，传递到文件中的消息为 Person052 create log。可以通过提前定义解决懒加载的问题，并传递消息。

通过提前定义法解决空指针异常传递文件 p052.log 的内容，如图 5-13 所示。

通过提前定义法生成的文件名为 p052.log，同样在指定的路径下打开文件，文件内容为 Person052 create log。

图 5-13　文件 p052.log 的内容

5.4.6　trait 与类的相关特性

通过之前的介绍我们对 trait 和类都有了一个初步的了解，下面通过 trait 和类的相同点以及不同点来说明 trait 的相关特性。

1．trait 与类的相同点

类和 trait 都可以定义成员变量和方法，成员变量和方法可以是抽象的也可以是具体的。

视　频

trait 菱形问题

如果类是抽象类，则可以定义抽象成员和抽象方法；如果类是普通类，则可以定义一些普通的变量和方法。trait 相当于抽象类和接口，所以 trait 既可以定义抽象成员也可以定义普通成员。在继承方面它们都可以使用 extends 关键字。

2. trait 与类的不同点

定义类或抽象类时可以有构造参数，而 trait 构造器不能带参数。关于多继承问题，Java 中的类不支持多继承，接口支持多实现；而在 Scala 中 trait 可以支持多继承，也可以在多继承的同时混入多个特质。

5.4.7　trait 多继承

下面从 trait 多继承的实现方法和混入多 trait 的语法格式对多继承做一个简单介绍，通过多继承产生的问题进一步加深对 trait 多继承的了解。下面简单介绍多继承产生的问题以及解决方案。

1. trait 多继承的定义

可以通过混入多个 trait 实现多继承。例如，定义特质 t1、t2，在类 A 中混入多个特质，即 class A extends t1 with t2 表示在类 A 中混入 t1 和 t2 两个特质。

2. 混入多 trait 的语法

混入多 trait 的语法如下：

```
extends A with B with C
```

其中多个特质可以互换位置，即可以 extends C with A with B。多个特质互换位置不影响实现多继承。

3. 多重继承

多重继承容易产生菱形问题。菱形问题可以描述为 B 和 C 继承自 A，D 继承自 B 和 C，如果 A 有一个方法被 B 和 C 重载，而 D 不对其重载，那么 D 应该实现谁的方法，B 还是 C？解决菱形问题的方法是采用最右优先深度遍历进行搜索。

4. 多重继承的惰性求值

惰性求值相当于懒加载问题，即当使用时再去求它的值。当使用子类调用父类的方法出现惰性求值的问题时，只有调用父类中真正的方法时才会对子类中的方法求值。

····● 视 频

菱形示例

下面举例说明 trait 多继承的使用。定义 pet1 特质和 pet2 特质都继承 Animal 特质，并定义一个 Dog 类实现多继承 pet1 和 pet2。

（1）继承特质的所有方法。

（2）实现父类特质的共有方法。

（3）继承父类共有方法 A，并在 pet1 和 pet2 中实现共有方法 A，调用 Animal 的 A 方法。

创建 RunMultiInherit.scala 文件，相关代码如下：

```
 1  package scala05
 2  object RunMultiInherit {
 3    def main(args: Array[String]): Unit = {
 4      val d=new Dog0501()
 5      d.run()
 6      d.jump
 7      d.cry
 8      println("--------------------------")
 9      d.speak("super")
10    }
11  }
```

```
12  trait Animal051{
13    def cry;
14    //def speak;
15    def speak(msg:String)={
16      val speak="Animal051"
17      println(speak+"->"+msg)
18    };
19  }
20  trait Pet0501 extends Animal051{
21    def run(): Unit ={
22      println("Pet0501 run")
23    }
24    override def speak(msg:String)={
25      val speak="Pet0501"
26     super.speak(msg+"->"+speak)
27    }
28  }
29  trait Pet0502 extends Animal051{
30   def jump={
31     println("Pet0501 jump")
32   }
33    override def speak(msg:String)={
34      val speak="Pet0502"
35      super.speak(msg+"->"+speak)
36    }
37  }
38  class Dog0501 extends Pet0502 with Pet0501{
39    override def cry: Unit = {
40      println("dog cry")
41    }
42  }
```

输出结果，如图 5-14 所示。

图 5-14 输出结果

第 12 行代码定义了一个 Animal051 特质，并在其中定义了抽象的 cry 方法和非抽象向的 speak 方法。第 20 行代码定义了一个继承自 Animal051 的 Pet0501 特质，定义了方法 run()，输出 Pet0501 run，重写了 speak 方法。第 29 行代码定义了继承自 Animal051 的 Pet0502 特质，定义了 jump 方法，输出 Pet0501 jump，重写了 speak 方法。第 38 行代码定义了一个类 Dog0501，继承自 Pet0502 和 Pet0501，重写了方法 cry，输出 dog cry。第 4 行代码创建了一个 Dog0501 类的对象 d，通过 d 调用 run() 方法，返回 Pet0501 run；调用 jump 方法，返回 Pet0501 jump；调用 cry 方法，返回 dog cry。第 9 行代码通过 super 调用父类的方法，当使用 d 调用 speak 方法时，对象会首先从 Dog0501 类继承的最右侧开始继承，即调用类 Pet0501 中的 speak 方法，通过 -> 拼接返回执行结果。

● 视 频

总结

小　结

本章通过继承和多态的学习，使学生深入理解了 Scala 面向对象编程。通过抽象类的学习，学生可以掌握 Scala 是怎样重用代码和重写代码的。通过 trait 的学习，学生掌握了 Scala 与 Java 在抽象上的不同，同时可以掌握 Scala 多继承的编程技巧。

习　题

一、简答题

1. 简述 Scala 的继承。

2. 简述 Scala 的多态。

二、编程题

1. 提供一个 cryptoLogger 类，将日志消息以凯撒密码加密，默认密钥为 3，不过使用者也可重写它，提供默认密钥和 −3 作为密钥时的使用示例。

2. 定义一个抽象类 Item，加入方法 price 和 desc。SimpleItem 是一个在构造器中给出价格和描述的物件。利用 val 也可以重写 def 这个事实。Bundle 是一个可以包含其他物件的物件，其价格是打包中所有物件的价格之和。同时提供一个将物件添加到打包中的机制，以及一个合适的 desc 方法。

3. 设计一个 point 类，其 x 和 y 坐标可以通过构造器提供。提供一个子类 LablePoint，其构造器接收一个标签值和 x、y 坐标，比如：

New LablePoint("black", 1929,230.07)

第 6 章

Scala 的权限和集合

学习目标

- 了解 Scala 的访问权限。
- 掌握 Scala 的包及其导入。
- 了解 Scala 的集合的继承关系。
- 掌握 Scala 的迭代器。

本章主要通过 Scala 的访问权限、包及其导入、集合以及迭代器的理论知识与案例相结合的方式学习有关 Scala 的权限和集合等知识。通过与 Java 中的对应知识点对比学习，可以加深学生对 Scala 的访问控制权限、包、集合以及迭代器的理解。

6.1 Scala 的访问权限

访问控制权限在 Java 中已经有所了解，下面通过与 Java 中的权限对比，介绍 Scala 中的几种访问权限，再通过相关案例进一步分析说明。

6.1.1 Scala 的访问权限概述

Scala 中的属性成员、方法和构造器这三种变量可以通过访问控制符控制访问权限。不同的访问控制符可以决定是否可以被外部类访问。由于局部方法的作用域本身有局限，所以不需要使用访问控制符修饰局部方法。属性成员、方法和构造器的访问控制权限可以通过访问控制符发生变化，而局部变量的访问作用域是不可变的。

Java 中的访问控制符有 public、default（默认无修饰符）、protected 和 private。访问控制权限的级别由小到大的顺序为 private、default、protected、public。private 为类访问权限，如果一个成员被 private 修饰，那么该成员只能在本类中被访问，不可以在外部类或继承类中被访问。default 即默认的访问权限为包访问权限，同一个包中的类可以被访问。protected 为包访问控制权限加上继承，如果不同的包中存在继承关系，则可以访问不同包中的成员。public 表示任何地方都可被访问，访问权限最宽松。

6.1.2 Scala 的属性和构造函数访问权限

通过上面介绍的 Java 中的访问控制权限，下面学习 Scala 中的属性和构造函数的访问权限。Scala 中也有四种访问控制权限，分别为：默认访问权限、protected 访问权限、private 访问权限和 private[this] 访问权限。Scala 中的默认访问权限相当于 Java 中的 public，Scala 中如果一个变量没有任何修饰符，就代表默认访问权限。protected 访问权限与 Java 中的不同，只能用于继承关系中，即只能被子类访问。private 访问权限与 Java 中相同，只能在类内部使用。private[this] 访问权限是 Java 中没有的，只能被类中的某一个对象访问，从这一点也可以看出 Scala 比 Java 更面向对象。在 Java 中，访问权限的级别范围由小到大为类、包、继承、all；在 Scala 中，访问权限的级别范围由小到大为对象、类、继承、包、all。

···● 视 频

权限示例
··············●

通过定义类，分别实现成员属性和构造器的不同访问权限。

（1）默认访问权限。

（2）protected 访问权限。

（3）private 访问权限。

（4）private[this] 访问权限。

下面举例说明如何实现成员属性的不同访问权限，创建 Person0601.scala 文件，相关代码如下：

```
1  package scala06
2  class Person0601 {
3    //default
4    val name="xiaoming"
5    //protected
6    protected  var age=10
7    println(s"internal age=${age}")
8    //3.private
9    private val city="beijing"
10   println(s"internal city=${city}")
11   //private[this]
12   private[this] val password="123456"
13   println(s"internal password=${this.password}")
14   def print(other:Person0601)={
15     println(s"other password=${this.password}")
16   }
17 }
18 class p0601 extends Person0601{
19   val p1=new Person0601()
20   println(s"name=${p1.name}")
21   println(s"p0601 age=${this.age}")
22   // println(s"p0601 age=${p1.city}")
23 }
24 object Person0601{
25   def main(args: Array[String]): Unit = {
26     new p0601()
27     val p= new Person0601()
28     println(s"object age=${p.age}")
29     println(s"object city=${p.city}")
30     //println(s"object password=${p.password}")
31     p.print(p)
32   }
33 }
```

default 和 protected 访问权限输出结果如图 6-1 所示。

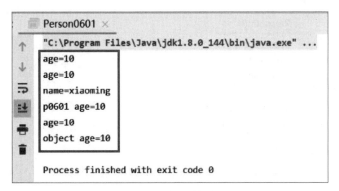

图 6-1　输出结果

第 4 行代码定义了一个具有默认权限的属性 name，第 20 行代码通过 Person0601 类的对象 p1 调用 name 属性，返回 name=xiaoming 的结果。第 6 行代码定义了一个具有 protected 权限的属性 age，外部类不可以访问具有此权限的属性。在内部类中使用 new 创建类 Person0601 的对象访问 age，输出 age=10。在创建类 p0601 的对象时，会在它本身的构造器内部创建一个 Person0601 的对象，所以也可以输出 age=10。第 28 行代码通过类 Person0601 的对象 p 调用了 age，返回 object age=10。

在伴生对象中可以访问具有 protected 权限的属性，因为伴生类和伴生对象之间的成员可以相互访问。如果一个外部类要访问 protected 权限的成员，必须继承这个成员所在的类。第 18 行代码中类 p0601 继承自父类 Person0601，第 21 行代码通过 this 的方式访问 age，结果返回 p0601 age=10。age 属于内部类的属性，在第 7 行代码中使用关键字 internal 声明属性 age 是一个内部类的成员。只要存在继承关系，即使在不同的包中，也可以访问具有 protected 权限的属性。

private 访问权限输出结果如图 6-2 所示。

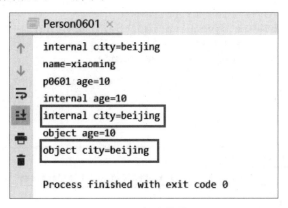

图 6-2　输出结果

第 9 行代码定义了一个具有 private 权限的属性 city，具有 private 权限的属性只可以在内部类和伴生对象中访问，在 Java 中只可以在内部类中访问。第 10 行代码访问内部类 Person0601 中的 city 属性，返回 internal city=beijing。第 29 行代码中的伴生对象中也可以访问 city 属性，返回 object city=beijing。

private[this] 访问权限输出结果如图 6-3 所示。

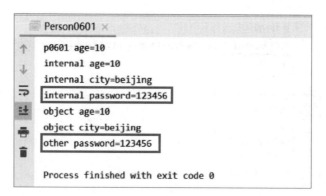

图 6-3　输出结果

第 12 行代码中定义了一个具有 private[this] 访问权限的属性 password，该成员属于对象级别的，不可以在伴生对象中通过 p.password 的方式被访问。第 13 行代码中 password 只能通过 this 的方式才可以被访问，返回 internal password=123456。第 14 行代码定义了一个 print() 方法，并在 () 中定义了一个 other 对象。在 print() 方法中通过 this 的方式访问 password 属性，返回 other password=123456。

下面举例说明实现构造器的不同访问权限，创建 Person0602.scala 文件，相关代码如下：

```
1  package scala06
2  class Person0602(protected val name:String,private val age:Int,val city:String,
private[this] val weighs:Int) {
3  }
4  class p0602 extends  Person0602("yangmi",30,"shanghai",120){
5    println(s"protected name=${this.name}")
6  }
7  object Person0602{
8    def main(args: Array[String]): Unit = {
9      val p=new Person0602("suyoupeng",20,"beijing",150)
10      println(s"privte age=${p.age}")
11      // println(s"private weighs=${p.weighs}")
12      new p0602()
13    }
14  }
```

输出结果如图 6-4 所示。

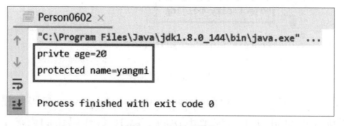

图 6-4　输出结果

第 2 行代码定义了 4 种不同权限的构造器，分别是具有 protected 权限的 name、具有 private 权限的 age、具有默认权限的 city 和具有 private[this] 权限的 weighs。第 4 行代码定义了一个继承自 Person0602 类的子类 p0602，并传递了对应的参数。第 7 行代码定义了 Person0602 类的伴生对象。age 具有 private 权限，在伴生类和伴生对象中都可以访问。第 10 行代码通过对象 p 访问 age，返回

private age=20。由于 weighs 具有 private[this] 权限,所以不可以在伴生对象中以 p.weighs 的方式被访问。第 6 行代码在子类 p0602 中访问具有 protected 权限的 name, 返回 protected name=yangmi。

6.1.3 Scala 的控制方法作用域

Scala 的控制方法作用域有:默认访问权限、protected 访问权限、private 访问权限、private[package] 访问权限、private[this] 访问权限。实际上 Scala 的另外两种变量也有 private[package] 访问权限,这里主要介绍 private[package] 访问权限,其中 package 表示包的名称。如果一个变量使用 private[package] 进行修饰,则该变量只能在 package 包中被访问。private[package] 和 private[this] 是 Scala 中特有的访问权限,这两种权限 Java 中没有。

通过定义类,实现方法作用域的控制。

(1) 默认访问权限。

(2) protected 访问权限。

(3) private 访问权限。

(4) private[package] 访问权限。

(5) private[this] 访问权限。

创建 Person0603.scala 文件,相关代码如下 :

视 频

包访问权限

```
1  package scala06
2  class Person0603 {
3    private def print1(): Unit = {
4      println("private")
5    }
6    private[this] def print2(): Unit = {
7      println("private[this]")
8    }
9    private[scala06] def print3(): Unit = {
10     println("private[scala06]")
11   }
12 //private[scala05] def print4(): Unit = {
13 //   println("private[scala06]")
14 //}
15 }
16 object Person0603 {
17   def main(args: Array[String]): Unit = {
18    val p3= new Person0603()
19     p3.print1()
20     // p3.print2()
21     p3.print3()
22     // p3.print4()
23   }
24 }
25 package com.a.b.c{
26   class Foo{
27     private[c] def c(): Unit ={
28       println("c")
29     }
30     private[b] def b(): Unit ={
31       println("b")
32     }
```

```
33      private[a] def a(): Unit ={
34        println("a")
35      }
36    }
37  }
38  import com.a.b.c._
39  package com.a.b.c1{
40    class Bar{
41      val f= new Foo()
42      //  f.c
43      f.b()
44      f.a()
45    }
46    object run1{
47      def main(args: Array[String]): Unit = {
48        new Bar()
49      }
50    }
51  }
52  package com.a.b1{
53    class Bar{
54      val f= new Foo()
55      //  f.c()
56      //  f.b()
57      f.a()
58    }
59    object run2{
60      def main(args: Array[String]): Unit = {
61        new Bar()
62      }
63    }
64  }
```

输出结果如图 6-5 所示。

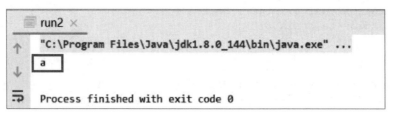

图 6-5　输出结果

在类 Person0603 中定义了具有 private 权限的 print1() 方法、具有 private[this] 权限的 print2() 方法、具有 private[scala06] 权限的 print3() 方法以及具有 private[scala05] 权限的 print4() 方法。print2() 方法是对象级别的，而 print3() 和 print4() 方法是包级别的。在伴生对象 Person0603 中，第 18 行代码创建了对象 p3，通过 p3 对象分别调用类 Person0603 中定义的 4 个不同权限的方法。由于 print2() 只可以在同一个对象中访问，而 p3 属于伴生对象，所以使用 p3 调用 print2() 会失败。

第 12 行代码中定义的 print4() 方法只能在 scala05 包中被访问，而当前处于 scala06 包中，所以 p3 调用 print4() 也会出错。第 25 行代码使用关键字 package 定义了一个包 com.a.b.c，在该包中的类 Foo 中分别定义了三个不同访问权限的方法。方法 c() 具有 private[c] 权限，即只可以在包 c 中使用；方法

b() 具有 private[b] 权限，可以在 b 包和 c 包中访问；方法 a() 具有 private[a] 权限，可以在 a 包、b 包和 c 包中访问。

第 39 行代码定义了包 com.a.b.c1，如果需要引入另一个包中的类，需要使用关键字 import 导入该包，即 import com.a.b.c._ 表示导入 com.a.b.c. 包下的所有类。第 41 行代码定义了类 Foo 的对象 f，使用 f 调用 c() 方法会出错，原因是方法 c() 只可以在 c 包中使用，而当前是 c1 包。f 可以正常调用 b() 方法和 a() 方法，因为 c1 包在 b 包中，而 b 包和 c1 包又包含在 a 中，所以可以访问。

在第 48 行代码中创建了 Bar 类的对象以调用构造器中的 a() 方法和 b() 方法，结果返回 b，a。第 52 行代码定义了包 com.a.b1，在对象调用方法 b() 时会出现错误，因为 b() 方法只能在 b 包下使用，而当前处于 a 包下的 b1 包中，所以调用会出错。由于 a() 方法处于 a 包下，处于 a 包下的所有类都可以访问，结果返回 a。

6.2 Scala 的包及其导入

Scala 使用包来创建用于模块化程序的命名空间。通过在 Scala 文件的顶部声明一个或多个包名称可以创建包，另一种声明包的方式是使用 {}，这种方式可以嵌套包，并且提供更好的范围与封装控制。对于包的导入，Scala 与 Java 的区别之一便是，Scala 可以在任意位置使用 import 语句。

视频

包的权限

6.2.1 Scala 的包

下面主要从包的定义、语法以及包的作用域介绍 Scala 包的相关知识。通过与 Java 中包的作用域对比说明两者的区别与联系。

1. Scala 的包定义

相比于 Java 中的包，Scala 中的包可以定义在文件的开头，也可以在代码的任意位置。Scala 的包用于解决类的命名冲突和类的文件管理。在引入类时加上包名可以区分不同的类，解决类名冲突的问题。类的文件管理就是通过包名可以把具有相同功能的不同类组织在一起，放入同一个包中。

2. Scala 包的语法

Java 中包的语法为：

```
package name
```

与 Java 相比，Scala 中有两种包的定义语法，第一种与 Java 相同，第二种包的语法格式为：

```
package name{
}
```

通过第二种方式，可以在 {} 中定义不同的包，实现包的嵌套。

3. Scala 包的作用域

Scala 包的作用域主要解决成员访问权限的问题。在 Java 中，如果一个包中的所有类的成员不加默认访问权限，那么这些成员可以互相访问；在不同包之间，只有 public 修饰的成员才可以互相访问。在 Scala 中，public 和 protected 修饰的成员可以访问外部包的成员，对于私有的和对象级别的成员不可以访问。

控制 Scala 包的作用域有两种方式，分别为 private[包名] 和 protected[包名]。private[包名] 表示只能在指定的包中访问成员，不论成员是否存在继承关系。protected[包名] 比 private[包名] 多了一个子类的访问权限。Scala 包的访问权限如表 6-1 所示。

表 6-1 Scala 包的访问权限

访问权限	作用域
无修饰符	任何包
private[A]	本类、A 包、A 的子包
private[this]	本类中的同一个对象
private	本类、伴生类
protected[A]	本类、子类、A 包、A 的子包
protected[this]	本类中的同一个对象、子类
protected	本类、伴生类、子类

另外，public 访问权限与 Java 中的相似，且之前已经介绍过，这里主要介绍 private 和 protected 两种访问控制权限。

下面分别使用三种方式定义包，并在不同作用域使用。

创建 RunPackage.scala 文件，相关代码如下：

```
1  package scala06
2  object RunPackage {
3    def main(args: Array[String]): Unit = {
4      println(new com.acme.store.Foo0601().toString )
5      println(new order.Foo0601().toString )
6      println(new order.customer.Foo0601().toString )
7    }
8  }
9  package com.acme.store{
10   class Foo0601{
11     /*
12      package com.acme.store
13      class Foo0601
14     */
15     override def toString = s"Foo0601() is com.acme.store.Foo0601"
16   }
17 }
18 package order{
19   import java.util
20   class Foo0601{
21     /*
22      package com.acme.store
23      class Foo0601
24     */
25     Predef
26     import scala.collection
27     override def toString = s"Foo0601() is order.Foo0601"
28   }
29   package customer{
30     class Foo0601{
31       /*
```

```
32          package com.acme.store
33          class Foo0601
34          */
35          override def toString = s"Foo0601() is order.customer.Foo0601"
36       }
37     }
38  }
39  package cn{
40    package scala{
41      object Utils{
42        def toString(x:String): Unit ={
43          println(s"Utils=$x")
44        }
45        //import cn.scala.person.Teacher
46        def getTeacher=new cn.scala.person.Teacher("wanghong")
47      }
48      package person{
49        class Teacher(var name:String){
50          def printName(): Unit ={
51            Utils.toString(name)
52          }
53        }
54      }
55    }
56  }
57  object packageDemo{
58    def main(args: Array[String]): Unit = {
59      cn.scala.Utils.toString("scala")
60      new cn.scala.person.Teacher("teacher").printName()
61    }
62  }
```

相同类名在不同包下的输出结果如图 6-6 所示。

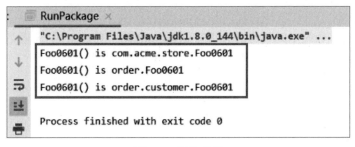

图 6-6　输出结果

第 9 行代码定义了一个 com.acme.store 包,并在该包中定义了 Foo0601 类,在类中重写了 toString 方法,重写方法可以利用 IDE 的重写工具。第 18 行代码定义了 order 包,同样在包中定义类和重写方法。第 29 行代码在包 order 中又定义了 customer 包,并且定义了一个类名相同的 Foo0601 类。这种方式可以区分不同包中名称相同的类,不会报错。第 4 行代码通过 new com.acme.store.Foo0601().toString 方式调用 toString 方法,结果返回 Foo0601() is com.acme.store.Foo0601。第 5 行代码通过 new order. Foo0601().toString 方式调用 toString 方法,结果返回 Foo0601() is order.Foo0601。第 6 行代码通过 new order.customer.Foo0601().toString 方式调用 toString 方法,结果返回 Foo0601() is order.customer.

Foo0601。同一个类名在不同的包下引用，可以直接加上包的全名调用。

同一包下的嵌套输出结果如图 6-7 所示。

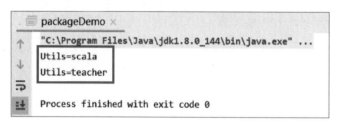

图 6-7　输出结果

第 39 行代码定义了包 cn，并在该包中又定义了一个包 scala。第 48 行代码定义的 person 包嵌套在包 scala 中，在包 person 中定义了一个类 Teacher，用于输出 name。当使用外层包调用内层包时，需要导入内层包，这一点与 Java 相似。第 59 行代码通过包名的方式调用 toString，即 cn.scala.Utils.toString("scala")，调用 toString 方法，结果返回 Utils=scala。第 60 行代码中同样使用包名的形式引用类，并调用 printName() 方法，即 new cn.scala.person.Teacher("teacher") 传递 teacher，结果返回 Utils=teacher。

6.2.2　Scala 的包的导入

● 视 频

Scala 包导入

为了解决不使用包的全名这一问题，引入了包的导入方法。包的导入有两种方式，一种是显式导入，另一种是隐式导入。Scala 中的隐式导入表示每个 Scala 程序默认都会隐式导入 java.lang._ 和 scala.Predef._ 中的所有成员。

1．Scala 的导入语法

在 Scala 中显式导入包使用 import 关键字。假如 m 包下有 A、B、C 三个类，如果想要导入 m 包下所有类，使用 import m._；如果只需要导入 m 包中的 A 类，使用 import m.A；如果想要导入 A 和 B 两个类，使用 import m.{A,B}。

2．导入成员重命名

如果在一个类中需要导入不同包中的成员且成员名相同，可以通过导入成员重命名的方式区分不同包中的成员，其语法格式为：

```
import {A=>a}
```

例如，import com.B.{a=>b} 表示把 B 包中的 a 类重命名为 b。

3．导入成员隐藏类

如果一个包中包含多个类，除包中某一个类之外都需要导入，可以使用导入成员隐藏类的方法，其语法格式为：

```
import {A=>_,_}
```

其中第一个 _ 表示需要隐藏的类，第二个 _ 表示除需要隐藏的类之外的所有类。例如包 A 中有 a,b,c,d 四个类，需要隐藏 d 类，则可以使用 import com.A.{d=>_,_} 表示。

下面举例说明包的导入。

（1）导入一个包的多个类。

（2）导入一个包的所有类。

● 视 频

Scala 包示例

（3）在一个类中，导入 Java 的 list 和 Scala 的 list。

（4）在一个类中导入除了 Random 之外的所有类。

创建 RunImport.scala 文件，相关代码如下：

```
1   package scala06
2   import java.io.File
3   import java.io.BufferedWriter
4   import java.io.{InputStream, OutputStream}
5   import java.nio._
6   import java.util
7   import scala.collection.immutable
8   //import scala.util.Random
9   object RunImport {
10    def main(args: Array[String]): Unit = {
11      import scala.util.Random
12      val r=new Random()
13      println(s"RunImport=${r.nextInt(10)}")
14      new Random0601()
15    }
16  }
17  class Random0601{
18  //  import scala.util.Random
19  //  val r1=new Random()
20  //  println(s"Random0601=${r1.nextInt(10)}")
21      def printRandom: Unit ={
22      {
23  //        import java.util.{Random=>_,List=>_,_}
24  //        val r2=new Random()
25  //        println(s"Random0601=${r2.nextInt(10)}")
26      }
27      // val r3=new Random()
28    }
29  }
30  class PrintCollection{
31      import java.util.{ArrayList=>javaList,LinkedList=>javalinklit}
32      import scala.collection.immutable.List
33      new javaList[String]()
34      // new ArrayList()
35  }
```

输出结果如图 6-8 所示。

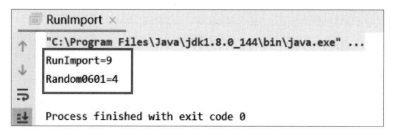

图 6-8 输出结果

第 2 行代码通过 import 关键字引入了 Java 中的 File 类，第 4 行代码引入了两个类，分别是输入流 InputStream 和输出流 OutputStream。第 5 行代码通过 java.nio._ 引入了 Java 中的所有 nio 流。对于

io 包中的类只能使用导入的这几个类，其他类不可以使用。Scala 中可以在任何位置导入包并引用。第 11 行代码导入 scala.util.Random，引入了 Random 类，导入的位置可以在类的外部也可以在内部。由于导入的 Random 类的作用域只在包含的方法体中，所以在类 Random0601 中不可以引用 Random 类。

如果要使引入的 Random 类在 Random0601 类中生效，可以在 Random0601 类中导入 scala.util.Random 包。如果文件中的所有类都要引用此包，那么可以在文件的最上部引入此包。第 21 行代码定义了一个 printRandom 方法，在方法体中定义了一些代码块。将 scala.util.Random 引入到代码块中，那么它的作用域只在该代码块中。包可以放在文件的任何位置，位置的不同决定了作用域的范围。导入除 Random 之外的所有类，使用 scala.util.{Random=>_,_} 的方式将 Random 类排除在外。第 23 行代码通过 java.util.{Random=>_,List=>_,_} 的方式同时排除 Java 中的 Random 和 List。

在类 PrintCollection 中，导入 Java 和 Scala 的 List。可以通过 java.util.List 方式导入 Java 的 List。第 32 行代码通过 scala.collection.immutable.List 方式引入了 Scala 中的 List。在类 PrintCollection 中创建一个 List 对象时，需要使用包的全名。第 31 行代码通过 java.util.{ArrayList=>javaList,LinkedList=>javalinklit} 方式对 Java 中的 List 重命名。可以通过重命名的类创建对象，解决了在同一个类中引入不同包的同名类时不需要引入包的全名创建对象这一问题。当对 ArrayList 重命名后，便不可以使用 new ArrayList() 的方式创建对象了。

6.3　Scala 的集合

对于 Java 来说，集合有很多种类，包括不同的接口，每种接口下又包括不同的数据结构，每种数据结构中又有很多方法。下面通过 Scala 与 Java 中的集合继承关系来对比学习；然后介绍父类的通用方法，即大部分集合都有的方法；之后对集合的分支进行相关介绍；最后对集合的应用进行总结。

6.3.1　Scala 的集合继承关系

视频

Scala 的集合
继承关系

Java 中的集合继承关系中 collection 接口下面有不同的继承，如 Set、List、Queue。其中 Set 表示无序且不重复的集合，List 表示有序且可重复的集合，Queue 表示队列接口。Java 中还有一个集合 Map，接口下面有 HashMap 表示无序集合，有 TreeMap 表示排序集合。

在 Scala 中集合的继承关系如图 6-9 所示。在 Scala 中把 Map 也放入了整个集合的体系中，而在 Java 中 Map 结构是独立分开的。另外，Scala 中没有了 List 集合，新增了 Seq 集合。Seq 集合表示一个有先后顺序的集合，与 Java 中的 List 集合相似，但是 Seq 集合又区别于 List 集合。

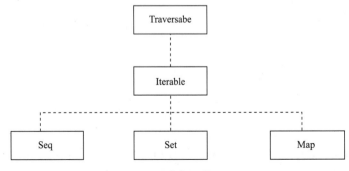

图 6-9　Scala 中集合的继承关系

6.3.2 Scala 的可变集合和不可变集合

Scala 中的所有集合都来自于三个不同的集合，分别是 Scala.collection.immutable、Scala.collection.mutable 和 Scala.collection。Scala.collection.immutable 表示不可变的集合，Scala.collection.mutable 表示可变的集合，Scala.collection 中包含可变的集合和不可变的集合。如果一个集合是可变集合，表示该集合中的元素是可修改的，修改是在原集合的基础上进行的。如果一个集合是不可变集合，表示在原集合的基础上新建了一个集合赋给了另一个变量；如果新集合重新赋值给原集合，则原集合会发生变化。

val 和 var 表示引用是否可以重新赋予值，而内容是否可以被改变是由集合是可变还是不可变决定的。在 Scala 中，如果定义一个集合 Set 默认不可变，引用可变集合时需要导入 Scala.mutable.set。

下面举例说明可变集合与不可变集合的使用。定义一个方法求一个整型的阿拉伯数字，并且放到一个集合中 (不能有重复)。

创建 RunColletion.scala 文件，相关代码如下：

```
1  package scala06
2  object RunColletion {
3    def main(args: Array[String]): Unit = {
4      //1.immutable
5      val c1=Set(1)
6      val c2=c1.+(3)       //c1 +3
7      println(s"c1=${c1},c2=${c2}")
8      var cr1=Set(9)
9      cr1=Set(5)
10     println(cr1)
11     var v1=Vector("v1")
12     //v1(0)="v2"
13     //2.MUTABLE
14     val mutableset=scala.collection.mutable.Set(5)
15     mutableset.add(3)
16     println(s"mutableset=${mutableset}")
17     //3.dog
18     val reslut=dig(1234576311)
19     println(reslut)
20   }
21   //n=12341,=set(1,2,3,4)
22   def dig(n:Int):Set[Int]={
23     if (n<0) dig(-n)
24     else if(n<10) Set(n)
25     else dig(n/10)+(n%10)
26   }
27 }
```

可变集合与不可变集合的输出结果如图 6-10 所示。

第 5 行代码中定义了一个集合 c1，集合中包含一个元素 1。如果向集合中添加元素，可以通过 + 的方式。第 6 行代码向 c1 集合中添加新元素 3，并赋值给 c2 集合，输出结果为 c1=Set(1)，c2=Set(1,3)。这种不可变集合的方式是新建了一个集合并赋值给 c2，并没有改变 c1 集合中的元素。第 8 行代码定义了一个 var 类型的集合 cr1=Set(9)，当把一个新的集合赋值给 cr1 时，集合 cr1 输出结果为新的集合 Set(5)。通过 var 和 val 的方式改变的是引用，而集合的可变性与不可变性改变的是集合元素。第 14 行代码以全包名的形式导入了一个集合并赋值给 mutableset，即 scala.collection.mutable. Set(5)。第 15 行代码使用 mutableset 调用 add() 方法将新元素 3 添加至集合中，集合输出结果为 mutableset=Set(5,3)。

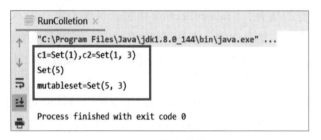

图 6-10　输出结果

阿拉伯数字案例的输出结果如图 6-11 所示。

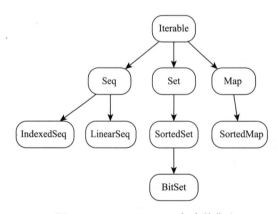

图 6-11　输出结果

第 22 行代码定义了 dig() 方法，用于传递整数 n 并返回一个 Set 集合。在方法体中通过 if 语句判断 n，返回符合条件的数值。第 18 行代码定义了一个 reslut=dig(1234576311)，输出结果为 Set(5,1,6,2,7,3,4)。由于要求集合中不可以有重复的元素，所以重复的 311 会被排除，并且不排序输出集合。

6.3.3　Scala 的集合之 scala.collection

scala.collection 包中的集合如图 6-12 所示。所有集合都继承一个迭代器 Iterable，其中，序列集合 Seq 分为 IndexedSeq（索引序列）和 LinearSeq（线性序列）。IndexedSeq 类似于 List，可以通过下标进行访问。

● 视 频

集合一致性

图 6-12　scala.collection 包中的集合

6.3.4 Scala 的集合之 scala.collection.mutable

scala.collection.mutable 包中的集合如图 6-13 所示。这里主要对集合中的层级关系有大致的认识，了解层级关系中数据结构属于可变的还是不可变的，具体用法会在后面讲解。Set 集合中包含 HashSet、LinkedHashSet、SortedSet，这几个集合中，熟悉并且在 Java 中比较常用的集合是 HashSet。Map 集合中的 HashMap、TreeMap 也是 Java 中常用的集合，包括 MultiMap 集合也是 Java 中存在的。Seq 集合中的 ArrayBuffer 是可变的集合，ListBuffer 属于 List 集合中的一个系列。一些 Java 中独立的集合，在 Scala 中都归类于一个集合中，例如 ArraySeq 和 ArrayDeque 都归类在 Seq 集合中。

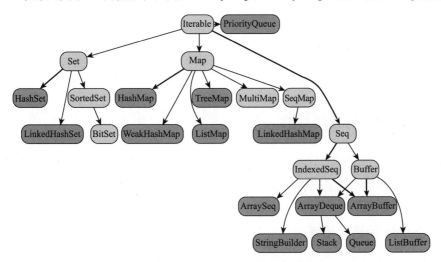

图 6-13 scala.collection.mutable 包中的集合

6.3.5 Scala 的集合之 scala.collection.immutable

scala.collection.immutable 包中的集合如图 6-14 所示。在 Scala 集合的层级关系中，可变的和不可变的都包含 HashSet、HashMap 等集合。实际上，Scala 中对于同一个集合都实现了两个不同的版本，应用于不同的场景。例如，List 在 Scala 和 Java 中存在差别，将在后面介绍不同集合的应用。

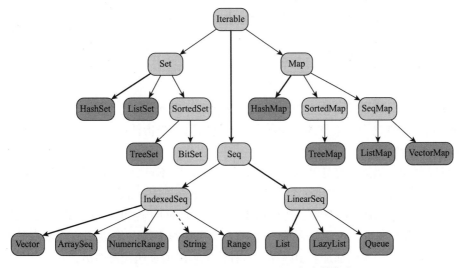

图 6-14 scala.collection.immutable 包中的集合

6.3.6 Scala 集合的一致性

Scala 中所有集合都有一个特性，即集合的一致性，它们都可以通过类名直接定义。

Scala 集合的一致性示例如下：

- Traversable(1, 2, 3)。
- Iterable("x", "y", "z")。
- Map("x" -> 24, "y" -> 25, "z" -> 26)。
- Set(Color.red, Color.green, Color.blue)。
- SortedSet("hello", "world")。
- Buffer(x, y, z)。
- IndexedSeq(1.0, 2.0)。
- LinearSeq(a, b, c)。

6.4　Scala 的迭代器

● 视 频

迭代器

在 Scala 中，迭代器（Iterator）不是一个集合，而是构建了一种访问集合的方法。当构建一个集合需要很大的空间时（比如把文件的所有行都读取到内存），迭代器就发挥了很好的作用。

6.4.1 Scala 的迭代器概述

下面通过介绍迭代器的定义和使用方式来说明 Scala 迭代器的作用，通过对比调用迭代器和集合的方式说明迭代器的使用效率。

1. 迭代器的定义

Scala Iterator（迭代器）不是一个集合，它是一种用于访问集合的方法。如果要访问集合，需要通过集合对应的迭代器调用迭代器的方法来访问。另外，还可以利用集合本身提供的方法访问集合。

2. 迭代器使用

在 Scala 中利用迭代器访问集合的方法与 Java 中相同。假如需要遍历集合 Set，则需要先遍历集合对应的迭代器。判断迭代器中是否还存在下一个元素，如果存在便会取出这个元素。迭代器的使用格式如下：

```
while (it.hasNext)
println(it.next())
```

遍历迭代器的原理：假设集合中有四个元素，每调用一次 next() 方法，迭代器的指针便会移动到下一个元素的位置，并把这个元素作为 next() 方法的返回值。当指针移动至最后一个元素后，继续调用 next() 方法会报空指针异常。

迭代器不可以复用，当遍历完迭代器后，会自动结束，即不可以对同一个迭代器遍历两次。迭代器包含了集合中的大部分方法，其中有一个方法 foreach 与集合不同。当迭代器调用 foreach 方法打印时，第一次打印输出正常，第二次会返回空。当使用集合调用 foreach 方法时会输出相同的结果。

在复用时要尽量使用集合。遍历集合时，集合非常大占用很多的内存，尤其在大数据处理的场景中，此时集合的遍历是把数据一次性都加载至内存，这种情况可以通过迭代器遍历。

6.4.2　Scala 的迭代器常用方法

迭代器的常用方法如表 6-2 所示。迭代器有两个抽象方法 it.next() 和 it.hasNext，其中通过 it.hasNext 判断迭代器中是否还存有元素，如果有元素，则返回 true；如果没有，则返回 false。it.next() 会根据 it.hasNext 返回的是 true 还是 false，对元素进行相应的操作。如果是 true，it.next() 会继续取下一个元素；如果是 false，it.next() 会抛出异常。it.duplicate 会把一个迭代器复制成两个，并返回一个元组。元组中的第一个元素表示返回的第一个迭代器，第二个元组表示返回的第二个迭代器，这两个迭代器完全相同且互不影响。通过迭代器的转换功能可以转换成需要的集合，例如 it.toList 可以转换成 List 集合。复制可以把迭代器的元素复制到数组中或缓存中等其他地方。

表 6-2　迭代器的常用方法

功能	主要方法
抽象方法	it.next()/it.hasNext
复制	it.duplicate
转换	it.toXX（List、Set 等）
复制	it copyToArray/it copyToBuffe
拉链方法	it zip jt 等
子迭代器	it dropWhile p/it slice (m,n) 等
Maps	Map/flatmap 等

下面举例说明使用迭代器的操作。

创建 RunIterator.scala 文件，相关代码如下：

视频
迭代器示例

```
1  package scala06
2  object RunIterator {
3    def main(args: Array[String]): Unit = {
4      //1.Range
5      val it1= Iterator(1 to 5)
6      println(it1.hasNext,it1.next())
7      val it2= Iterator(1 ,2,3)
8      println(it2.hasNext,it2.next())
9      println(it2.hasNext,it2.next())
10     println(it2.hasNext,it2.next())
11     //Iterator(1 ,2,3,4,5,6,7,8,9,10)
12     val it3= Iterator(1 to 5:_*)
13     while (it3.hasNext){
14       println(it3.next())
15     }
16     //2.
17     val it4= Iterator(1 to 3:_*)
18     it4.foreach(x=>println(x))
19     it4.foreach(x=>println(x))
20     //3
21     val it5= Iterator(6 to 8:_*)
22     val (it51,it52)=it5.duplicate
23     it51.foreach(x=>println(x))
```

视频
迭代器拉链
操作

```
24      it52.foreach(x=>println(x))
25      it5.foreach(x=>println(x))
26      //4.
27      val it6= Iterator(9 to 12:_*)
28      val it61=it6.take(2)
29      it61.foreach(x=>println("it61="+x))
30      it6.foreach(x=>println("it6="+x))
31      //7
32      val it7= Iterator(13 to 18:_*)
33      val it71=it7.slice(1,10)
34      it71.foreach(x=>println("it71="+x))
35      //8.zip and zipall
36      val it8key1 = Iterator("k1", "k2")
37      val it8v1 = Iterator("v1", "v2")
38      val it8v2 = Iterator("v1")
39      val it8k2 = Iterator("k1")
40      //  val k1_v1=it8key1.zip(it8v1)
41      //  k1_v1.foreach(x=>println(x))
42      //  val k1_v2=it8key1.zip(it8v2)
43      //  k1_v2.foreach(x=>println(x))
44      //  val k1_v2=it8key1.zipAll(it8v2,"default1","default2")
45      //  k1_v2.foreach(x=>println(x))
46      val k2_v1 = it8k2.zipAll(it8v1, "default1", "default2")
47      k2_v1.foreach(x => println(x))
48    }
49  }
```

迭代器的抽象方法应用输出结果如图 6-15 所示。

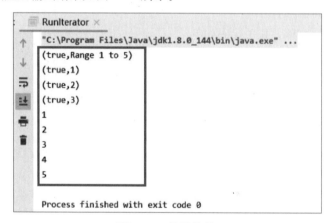

图 6-15　输出结果

第 5 行代码定义了一个迭代器，并赋值给 it1。第 6 行代码中 it1 调用 hasNext，结果返回 true，调用 next() 方法，结果返回 Range 1 to 5。迭代器中实际上只有一个 Range 对象 1 to 5，当第 2 次调用时指针获取不到元素，输出结果会出错。第 7 行代码定义了一个包含 3 个元素的迭代器，当遍历 3 次迭代器时，会分别输出迭代器中的元素。当输出迭代器中的多个元素时，可以使用 _* 方式，第 13 行代码通过 while 循环遍历迭代器中的元素。

迭代器的不可复用性和集合的复制输出结果如图 6-16 所示。

第 17 行代码定义了一个 1 至 3 的迭代器 it4，两次调用 foreach() 方法，输出结果只遍历一次迭代器中的元素。调用两次，但是只打印一次，说明迭代器的不可复用性。第 21 行代码定义了一个 6 至 8 的迭代器，第 22 行代码将集合 it5 分别复制为 it51 和 it52。通过元组接收复制的集合，元组中的第一个元素表示 it51，第二个元素表示 it52。原集合 it5 和复制的集合 it51 和 it52 分别调用 foreach() 方法，输出了两次复制集合的元素，原集合中的元素没有被打印。复制的集合影响了原集合，但是 it51 和 it52 之间互不影响。

迭代器的子迭代器应用输出结果如图 6-17 所示。

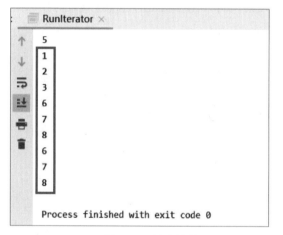

图 6-16　输出结果

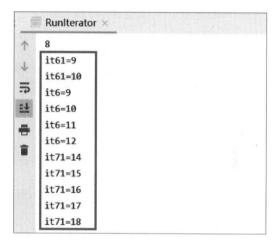

图 6-17　输出结果

第 28 行代码通过 it6 调用 take(2) 表示获取迭代器的前两个元素并赋值给新的集合 it61。原集合 it6 和 it61 分别调用 foreach() 方法，it61 返回原集合的前两个元素 9 和 10，而 it6 则返回集合中的所有元素。如果要获取迭代器的中间元素，可以使用 slice() 方法。迭代器索引从 0 开始，方法 slice(1,3) 的索引表示获取集合 it7 中的第 2 个元素和第 3 个元素。索引是左包含右不包含，即包含索引下标为 1 的元素但不包含索引下标为 3 的元素。如果索引超出了集合元素的数量，则会忽略不计。通过 it7 调用 slice(1,10)，索引 10 超出了集合 it7 中的元素索引下标。使用 it71 调用 foreach() 方法，返回 16、17 和 18，超出的部分则会自动忽略。

迭代器拉链的输出结果如图 6-18 所示。

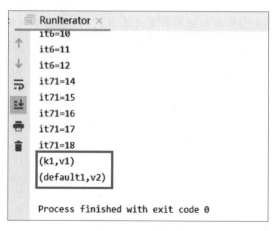

图 6-18　输出结果

第 36 行和第 37 行代码分别定义了一个包含两个元素的迭代器。第 40 行代码通过 it8key1 调用 zip(it8v1) 对 it8key1 和 it8v1 的拉链操作,将结果赋值给 k1_v1。通过 k1_v1 调用 foreach() 方法遍历,结果返回 (k1,v1) 和 (k2,v2)。将对应元素 (k1,v1) 和 (k2,v2) 组成 Tuple 作为迭代器的第一个元素和第二个元素。如果两个迭代器中的元素不是对应相等的,则在遍历元素时会将不匹配的元素去掉。zipAll() 会传递两个默认的参数,如果两个迭代器进行拉链操作,左边缺少元素,zipAll() 会使用对应的 default1 匹配,右边缺元素会使用对应的 default2 匹配。由于 it8v2 缺少 v2 元素,则 zipAll() 会使用 default2 匹配,结果返回 (k2,default2)。 it8v2 缺少 v2 元素,zipAll() 会使用 default1 匹配,结果返回 (default1,v2)。

● 视频

总结

小　结

　　本章通过访问权限的学习,学生可以掌握成员的调用规则,为编写规范和安全的程序奠定基础;通过包的学习,学生可以掌握在实际编程中如何解决命名冲突问题;而通过集合和迭代器的学习,学生可以掌握集合和迭代器的使用方法,为之后章节的学习奠定基础。

习　题

一、简答题

1. Scala 有哪些控制符?

2. Scala 包都可以在哪些位置声明,有哪些访问权限?

3. 在你看来 Scala 的设计者为什么要提供 package object 语法而不是简单地让用户将函数和变量添加到包中呢?

二、编程题

1. 编写一个包 random,加入函数: nextInt():Int,nextDouble():Double,setSeed(seed:Int):Unit

生成随机数的算法采用线性同余生成器:

后值 = (前值 * a + b)mod 2^n

其中,a = 1664525,b=1013904223,n = 32,前值的初始值为 seed。

2. 编写一段程序,将 Java 哈希映射中的所有元素复制到 Scala 哈希映射。用引入语句重命名这两个类。

第 **7** 章

Scala 的 Seq 类型

视频 ●····
课程目标

学习目标

- 了解 Scala 的结合继承关系。
- 掌握 Scala 的 Seq 的通用方法。
- 了解 Scala 的 Seq 的集合特有的实现。
- 掌握使用 Scala 的 Seq 的方法。

本章主要介绍 Scala 中集合的具体应用，通过集合的理论知识与案例相结合的方式学习有关 Seq 中不同集合的联系和区别。首先通过 Seq 序列集合的相关介绍说明集合的功能和使用方式，然后进一步学习 Seq 下的分支集合 List 和 Vector。在对集合说明的过程中，结合相关案例加深对 Scala 集合的相关知识的理解。

7.1 Scala 的 Seq

Seq 是一个特质类型，用于表示按照一定顺序排列的元素序列，Seq 分为可变的和不可变的两大类，此外还派生出了 IndexedSeq 和 LinearSeq 两个重要的子特质。

视频 ●····

Traversable
●····

7.1.1 Scala 的集合

在 Scala 的集合中，Traversable 是一个集合的最顶端特质，然后是 Iterable（迭代），在这之下又分别有不同的集合。迭代器的大部分方法在集合中是通用的，接下来主要介绍 Traversable 和 Iterable 的用法。

1. Scala 的 Traversable

Scala 的 Traversable 是所有集合的顶级 trait。trait 与 Java 中的接口不同，集合中大部分是非抽象方法，只有一个抽象方法就是 foreach。在使用 foreach 方法时，需要实现不同的方法体，而集合中的其他非抽象方法可以直接使用。

2. Scala 的 Iterable

Scala 的 Iterable 相当于给集合增加了迭代的特性。方法是用 iterator 来定义的，作用是交出集合的每个元素。利用迭代器可以实现 foreach 方法,首先定义一个 foreach 方法,由于 foreach 方法没有返回值，所以会返回空值。通过调用 iterator 方法获取迭代器，然后遍历迭代器并判断是否还有下一个元素。如果迭代器中还有元素存在，则通过 it.next() 获取元素。如果没有元素，则不继续执行。

7.1.2 Scala 集合的常见操作

下面介绍集合元素的获取方法、集合遍历的方法以及视图（view）。通过 Scala 集合的常见操作和相关案例进一步说明 Seq 中集合的用法。

1. Scala 集合元素的获取

常用的获取集合元素的方法有 head、last 和 find p。head 表示获取集合的第一个元素，与之对应的是 last，表示获取集合中的最后一个元素。find p 表示根据 p 的条件返回集合中的对应元素，其中 p 为表达式。

2. Scala 的集合遍历

遍历集合的方式有 for 方法、foreach 方法和迭代器。这三种方法对大部分集合都是通用的。例如可以通过 for 循环遍历集合，通过迭代器实现 foreach。由于实现效率的问题，不同的集合有不同的实现。集合通过迭代器遍历，相当于直接使用 Iterable 方式。

3. Scala 的集合视图

····● 视 频

Traversble 示例

Scala 的集合视图的关键字为 view。视图的作用与数据库中的视图非常类似，实际上，这里与 Scala 中的 lazy（懒加载）有些相似。如果一个变量使用 lazy 关键字修饰，那么这个变量只有在使用的时候才会进行求值计算。而视图与 lazy 关键字的功能相似，当对一个元素很多的集合调用时，通过使用关键字 view 省略了中间结果，节省了内存空间。使用 view 关键字不会立即执行，需要调用 force 强制执行或者调用行为算子才会触发 view 执行结果。

下面举例说明 Scala 的 Traversable 常用操作。

创建 RunTraserbale.scala 文件，相关代码如下：

```scala
1  package scala07
2  import scala.collection.mutable.ArrayBuffer
3  object RunTraserbale {
4    def main(args: Array[String]): Unit = {
5    //get
6    val t1 = Traversable(1, 2, 3, 5, 4)
7    println(s"head=${t1.head},last=${t1.last}")
8    println(s"tail=${t1.tail},init=${t1.init}")
9    val t2 = Traversable()
10   println(s"head=${t1.headOption.getOrElse(0)},last=${t1.lastOption.getOrElse(0)}")
11   println(s"======end====")
12   val t3 = t1.find(x => x > 3)
13   println(s"t3=${t3.get}")
14   //2
15   val fruits = Traversable("banana", "apple")
16   fruits.foreach(println(_))
17   for (fruit <- fruits) println(fruit)
18   val it = fruits.toIterator
19   while (it.hasNext) println(it.next())
20   val upeerfruits = for (fruit <- fruits) yield {
21     val upper = fruit.toUpperCase
22     upper
23   }
24   println(s"upper=${upeerfruits}")
25   val up = fruits.map(x => x.toUpperCase)
26   println(s"up=$up")
27   //3.view
```

```
28      val t5 = Traversable(1, 2, 3)
29      val initmap = t5.map(_ * 2)
30      // val view = t5.view.map(_*2).force
31      val view = t5.view.map(_ * 2).foreach(println(_))
32      println(s"initmap=$initmap")
33      val v1 = t5.view.map {
34        x =>
35        Thread.sleep(5000)
36        x * 3
37      }
38      println(s"v1=$v1")
39      //t.map.map    t.view.mapmap
40      val t6 = Traversable(1, 2, 3, 4, 5, 6, 7)
41      val arr = t6.toArray
42      val view6 = arr.view.slice(2, 5)//.foreach(println(_))
43      view6(0)=99
44      view6(1)=88
45      // println(arr.foreach(println(_)))
46      arr(4)=1001
47      println(view6.foreach(println(_)))
48    }
49  }
```

获取集合元素的方法的输出结果如图 7-1 所示。

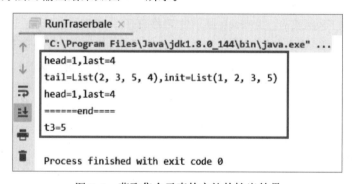

图 7-1 获取集合元素的方法的输出结果

第 6 行代码使用 Traversable 定义了一个集合并赋值给 t1，第 7 行代码使用 t1 调用 head 获取集合中的第一个元素，调用 last 获取集合中的最后一个元素。第 8 行代码使用 t1 调用 tail 获取集合中除首元素之外的其他元素，调用 init 获取集合中除尾元素之外的其他元素。如果是空集合，调用 head 和 tail 会抛出异常，影响程序的执行。第 10 行代码通过 t1.headOption.getOrElse(0) 方式获取集合 t1 中的首元素，然后通过 t1.lastOption.getOrElse(0) 获取集合 t1 中的尾元素。这样可以避免空集合异常的情况。第 12 行代码调用 find 可以返回符合条件的集合，() 内为条件表达式，然后调用 get 返回结果。

遍历集合的输出结果如图 7-2 所示。

第 16 行代码使用 foreach 遍历集合 fruits 中的元素，输出结果为 banana、apple。还可以使用 for 循环遍历集合中的元素，第 17 行代码通过 for (fruit <- fruits) 语句遍历集合中的元素。第三种遍历集合的方法是使用迭代器，调用迭代器的 hasNext 和 next() 返回集合的元素。第 20 行代码通过 for (fruit <- fruits) yield 方式获取集合的元素并赋值给变量 upeerfruits。调用 toUpperCase 可以将集合中字符串

的小写转换成大写。转换成大写还可以直接使用 map 函数,在 map 函数中传递 toUpperCase 转换大小写。这两种转换的方式都是调用 toUpperCase,但更建议使用 map 的方式。

view 的执行输出结果如图 7-3 所示。

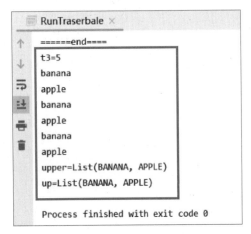

图 7-2　遍历集合的输出结果

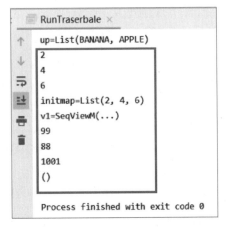

图 7-3　view 的执行输出结果

第 29 行代码中 t5 调用 map(_ * 2) 返回集合中每个元素与 2 的乘积,结果输出 2、4、6。t5 调用 view.map(_ * 2) 会返回序列视图 SeqView(...),视图属于懒加载,只有真正使用时才会加载。可以调用 force 强制执行,返回集合。foreach 属于非转移算子,第 31 行代码通过 t5 调用 view.map(_ * 2).foreach(println(_)) 方式返回集合的元素。第 42 行代码使用 slice() 方法获取集合 t6 中的元素 3、4、5 并赋值给集合 view6。通过指定索引将集合 view6 中的第一个元素更改为 99,将第二个元素更改为 88。更改视图中的元素,原集合也会改变。第 46 行代码将集合中第五个元素的值更改为 1001,对应视图中的第三个元素也会改变。

7.1.3　Scala 的 Seq 继承关系

Seq 序列集合主要分为三大类,即 IndexedSeq(索引序列)、Buffer(缓冲序列)和 LinearSeq(线性序列)。为了不同的应用场景,Seq 中的集合有不同的实现。Scala 的 Seq 继承关系如图 7-4 所示。

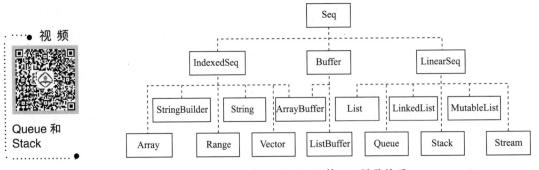

图 7-4　Scala 的 Seq 继承关系

IndexedSeq(索引序列)可以通过索引下标访问元素,适合更新元素、查询长度等操作。LinearSeq(线性序列)属于有序的集合,适合 head、tail 等操作。StringBuilder 和 String 是一组对应的集合,StringBuilder 属于可变的集合,String 属于不可变的集合。Array 的大部分功能与 Java 相同,在 Scala 中 Array 属于不可变的集合,即定义数组长度后,长度不可以发生变化。与 Array 对应的是

ArrayBuffer，是一个可变的序列。Rang 用于填充数据，可用于集合、序列等。Vector 是一个不可变的序列，在选择索引序列时，可变的集合首选 ArrayBuffer，不可变的首选 Vector。

List 集合与 Java 中的不同，它有自己的实现，是基于链表实现的。List 也是一个不可变的集合，它对应的集合为 ListBuffer，是一个可变集合。Queue 是一个先进先出的队列（FIFO），Stack 是一个先进后出的栈（LIFO）。Stream 与 view 类似，相当于具有懒加载功能的 List。

7.1.4 Scala 的 Seq 之 Range、Stack 和 Queue 集合

下面详细介绍 Seq 中的 Range、Stack 和 Queue，从这三种集合的定义、作用以及使用方式介绍相关用法。

1. Scala 的 Range

Scala 的 Range 主要用于填充数据和 for 循环。Range 可用于帮助数组填充数据，例如 1 to 3 表示 Range(1,2,3)，包含元素 3；1 Util 3 表示 Range(1,2)，不包含元素 3；'a'to'c' 表示 Range(a,b,c)。当数组中的数据比较多时，使用 Range 填充数据比较方便。还可以通过 for(1 to Array.Length) 方式遍历集合，() 中产生的就是 Range 对象。

2. Scala 的 Stack

Scala 的 Stack 属于后进先出（LIFO）的一种数据结构。Scala 中通过 Stack 关键字定义栈，push 表示在栈中增加元素，pop 表示取出元素。使用 pop 从栈中取元素时默认从栈顶开始取。top 用于查看栈顶元素，size 表示栈的大小。

3. Scala 的 Queue

Scala 的 Queue 表示一个先进先出（FIFO）的队列。定义队列的关键字为 Queue，例如 Queue[Int]() 表示定义一个空队列，Queue[Int](1,2,3) 表示一个有值的队列。Queue 添加元素可以通过 +，例如 q+=5 表示在队列 q 中添加了一个元素 5；q+=(6,7,8) 表示在队列 q 中一次性添加三个元素 6,7,8；q++=List(9,10) 表示在队列中添加一个集合。每一次取值，就表示删除队列中的一个元素。

7.1.5 Scala 的 Seq 之 Array 和 ArrayBuffer 集合

下面主要对 Array 和 ArrayBuffer 这两种相对应的集合进行介绍，通过可变数组与多维数组的理论知识结合相关案例深入分析 Array 和 ArrayBuffer 的应用。

视频

Array 和
ArrayBuffer

1. Scala 的 Array

Scala 的 Array 表示长度不可变的数组，Array 与 Java 中的大部分功能相同。Scala 中的 Array[T] 对应 Java 中的 T[]，例如 Array[String] 对应 String[]。Scala 的 Array 与 Java 中的不同点为 Scala 中的 Array 可以作为序列使用，通过隐式转换的方式把 Scala 中的数组转换成序列。

Scala 中定义数组的四种方式如下：

第一种方式：new Array[T](n)。T 表示定义数组的类型，n 表示指定数组的长度。

第二种方式：Array。例如定义 Array(1,2,3) 数组。

第三种方式：利用数组中的方法。例如可以使用 Rang 填充数组。

第四种方式：其他集合转换。例如 List.toArray 表示把 List 集合转换成数组。

2. Scala 的 ArrayBuffer

Scala 中的 ArrayBuffer 定义方式同样有多种，这里主要介绍两种。

第一种方式：ArrayBuffer。

第二种方式：new ArrayBuffer。

当定义一个不可变数组时会传递一个数组的长度，表示数组长度不可变。当定义可变数组时，可以不传递数组的长度，Scala 会分配一个默认的长度。当长度不够时，ArrayBuffer 还会自动扩展。一般情况下会指定一个初始长度，对数组进行预判。

3. Scala 的多维数组

Scala 中定义多维数组的方式为 ofDim 方法和 Array(Array1,Array2,…,Arrayn) 方法。使用 ofDim 方法时需要传递参数，即 Array.ofDim(x,y)，表示传递一个 x 行 y 列的数组。通过 Array(Array1,Array2,…,Arrayn) 方式可以静态地把数组中的元素定义为数组，例如 Array(Array(0,2),Array(3,4))。动态添加多维数组时需要使用 var 定义数组。

下面举例说明 Scala 的数组和多维数组的常用操作。

创建 RunArray.scala 文件，相关代码如下：

```
1   package scala07
2   import scala.collection.mutable.{ArrayBuffer, ListBuffer}
3   object RunArray {
4     def main(args: Array[String]): Unit = {
5       //array
6       val arr1= new Array[Int](3)
7       val arr2= Array(1,2d,31)
8       arr2.foreach(println(_))
9       val arr3=Array[Number](1,2d,31)
10      arr3.foreach(println(_))
11      arr1(0)=7
12      arr1(1)=8
13      arr1(2)=9
14      arr1.foreach(x=>print(x+","))
15      val r1= Array.range(1,5)
16      val r2= Array.range(1,5,2)
17      val r3= Array.fill(2)("scala")
18      val r4=List("a","b").toArray
19      val r5=Array.tabulate(3)(n=>n*n)
20      r1.foreach(x=>print("r1="+x+","))
21      println()
22      r2.foreach(x=>print("r2="+x+","))
23      println()
24      r3.foreach(x=>print("r3="+x+","))
25      println()
26      r4.foreach(x=>print("r4="+x+","))
27      println()
28      r5.foreach(x=>print("r5="+x+","))
29      println()
30      //arraybuffer
31      val ab1= ArrayBuffer(1,2,3)
32      val ab2= new ArrayBuffer[String](1)
33      ab2 +="a"
34      ab2 +="b"
35      ab2 +="c"
36      ab2 += ("d","e")
37      ab2 ++=Seq("s1","s2")
38      ab2.append("apend1")
```

```
39      println(s"before=$ab2")
40      ab2 -="b"
41      ab2 -=("d","e","b")
42      ab2 --=Seq("s1","s2")
43      ab2.remove(0)
44      //(a,a1,a4,a2,a3)
45      ab2.append("apend4","apend2","apend3")
46      ab2.remove(1,3)
47      ab2.clear
48      println(s"after=$ab2")
49      val arr7=Array[String]("banana","apple")
50      val arr8= arr7.filter(x=>x.startsWith("b"))
51      arr8.foreach(x=>print("arr7="+x+","))
52      val marr1=Array.ofDim[String](2,2)
53      marr1(0)(0)="a"
54      marr1(0)(1)="b"
55      marr1(1)(0)="c"
56      marr1(1)(1)="d"
57      for{
58        i<- 0 until 2
59        j<- 0 until 2
60      }
61      println(s"($i,$j)=${marr1(i)(j)}")
62      var marr2=Array(Array(1,2),Array(3,4))
63      println(marr2(1)(0))
64      marr2 ++=Array(Array(5,6))
65      println(marr2(2)(1))
66    }
67 }
```

遍历数组和填充数据的输出结果如图 7-5 所示。

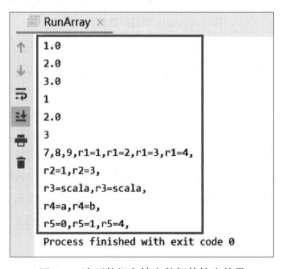

图 7-5　遍历数组和填充数据的输出结果

第 6 行代码通过 new 的方式创建了一个数组的泛型，相当于 Java 的整型数组。数组 arr1 长度为 3，数组中没有任何元素。第 7 行代码通过伴生对象的方式创建数组并赋值给变量 arr2，使用 foreach() 遍历数组 arr2，结果返回 1.0、2.0 和 3.0。在 Scala 中不指定泛型时，会自动推断类型，默认把数组元素推断为 Double 类型。第 9 行代码指定一个 Number 类型的泛型数组，返回结果会按照指定的类型输出，输出结果为 1、2.0 和 3。通过 arr1(0)=7 的方式向数组 arr1 中填充第一个元素 7，通过这种方式分别向数组中填充三个元素，然后调用 foreach() 方法，结果返回 7、8、9。对于不可变数组，当数组的长度超出指定长度后，会报数组越界错误，且不会自动扩展数组长度。

另外，还可以使用填充的方式对数组元素进行填充，第 15 行代码 Array.range(1,5) 表示向数组中填充五个元素。第二种方式是通过步长填充数组元素，第 16 行代码 Array.range(1,5,2) 表示每隔 2 个步长填充一次。第 17 行代码 Array.fill(2)("scala") 表示向数组中填充两个相同元素 scala。第 18 行代码 List("a","b").toArray 表示把一个集合 List("a","b") 转换成一个数组。第 19 行代码通过 tabulate 制表符的方式制作数组，Array.tabulate(3)(n=>n*n) 表示集合中的三个元素按照表达式执行操作。

ArrayBuffer 的输出结果如图 7-6 所示。

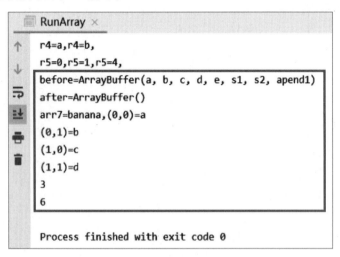

图 7-6 ArrayBuffer 的输出结果

第 31 行代码使用 ArrayBuffer(1,2,3) 的方式创建了一个 ArrayBuffer。第 32 行代码中使用 new 的方式创建一个 ArrayBuffer 并传递一个泛型，指定初始长度为 1，当超过初始长度时，Scala 会自动扩容。第 33 行代码对 ab2 进行扩容，ab2 +="a" 表示向 ab2 中添加一个元素 a。同时也支持一次性添加多个元素，第 36 行代码 ab2 +=("d","e") 表示一次添加了两个元素 d 和 e。第 37 行代码通过 ++ 的方式把 Seq("s1","s2") 添加到集合 ab2 中。第 38 行代码调用 append() 方法向集合 ab2 中添加元素 apend1。删除元素与添加元素是对应的，通过 -= 可以删除一个元素，--= 可以同时删除多个元素。第 43 行代码调用 remove(0) 表示删除集合中的第一个元素。第 46 行代码调用 remove(1,3) 表示删除集合中索引从 1 ~ 3 的元素，将元素清空使用 clear 方法。第 50 行代码通过 filter 过滤器过滤掉指定条件之外的元素以达到删除元素的目的，filter(x=>x.startsWith("b")) 表示过滤元素中不包含 b 的元素，结果返回 banana，过滤掉了 apple。

第 52 行代码定义了一个 2 行 2 列的数组 marr1 并调用 ofDim() 方法。给数组赋值后，可以通过双重 for 循环的方式遍历数组。第 62 行代码通过 Array(Array(1,2),Array(3,4)) 的方式定义了一个数组，在 Array() 中传递了两个数组元素 Array(1,2) 和 Array(3,4)，marr2(1)(0) 表示数组 marr2 中的第二行的第一个元素 3。第 64 行代码通过动态的方式在原集合的基础上添加数组元素。

7.2　Scala 的 List

Scala 列表类似于数组，它们所有元素的类型都相同，但是它们也有所不同。首先，列表是不可变的，值一旦被定义了就不能改变；其次，列表具有递归的结构（也就是链表结构），而数组不是。列表的元素类型 T 可以写成 List[T]。

List

7.2.1　Scala 的 List 概述

Scala 中的 List 与 Java 中的完全不同，它是基于链表实现的并且是一个不可变的集合，无论大小还是元素都是不可变的。由于 List 的这种特性，它在 Scala 中的大部分操作是基于递归进行的。List 与栈类似，也是后进先出的数据结构。

1. Scala 的 List 的构建

在 Scala 中可以通过 Nil 和 :: 方式构建 List。Nil 表示空，相当于 List()，即 List 集合中没有任何元素。:: 表示添加的意思，与堆栈的 push 有些类似。定义 List(1,2,3,4) 的方式相当于 1::2::3::Nil。在集合中添加多个集合元素使用 ::: 方式，例如 List(1,2)=l1，List(3,4)=l2，结合这两个集合可以使用 l1:::l2=(1,2,3,4)。

2. Scala 的 List 的类型

定义 List 的类型方式为 List[T]，T 表示数据类型，指定 List 集合中只能存放 T 类型的元素。例如 List[String] 表示 List 集合中只可以存放 String 类型的元素。

3. Scala 的 List 对应的懒加载集合

Stream 类似于之前介绍的 view，只是 view 适用于所有集合，而 Stream 相当于 List 集合的懒加载形式。例如，定义一个 Stream，Stream(1,2,3) 等价于 1#::2#::3::Stream.empty。当对 Stream 进行转换操作时，不会立即求值。当强制操作时才会触发求值操作。

4. Scala 的 List 的可变

List 是一个不可变的集合，想要获取可变的序列就需要 Listbuffer，List 与 Listbuffer 之间相互对应。通过 -= 或 += 方式删除或添加元素，还可以调用 remove 方法移除元素。Listbuffer 可以通过索引方式赋值，而 List 不可以。

7.2.2　Scala 的 List 的基本操作

List 的基本操作中 /: 或 :\ 的形式称为折叠方法，也是大部分集合都有的一种方法。/: 称为左折叠，:\ 称为右折叠。左折叠运算由初始值、操作符、List 和操作组成，即 (z/: List)(op) 等价于 op(op(op(z,a),b),c)。右折叠是 List 在前，即 (List(a,b,c):\z)(op) 等价于 op(a,op(b,op(c,z)))。左折叠和右折叠实现功能相同，两者存在效率问题，将在后面介绍。

zipped 相当于元组的操作，可以实现多个列表的操作。集合调用 zipped 表示把集合中的每个元素进行结合。

下面举例说明 Scala 的 List 操作。

创建 RunList.scala 文件，相关代码如下：

List 示例

```
1  package scala07
2  import scala.collection.mutable.ListBuffer
3  object RunList {
4    def main(args: Array[String]): Unit = {
```

```
5      //list (1,2,3)
6      var l1=1::2::3::Nil
7      println(s"l1,head=${l1.head},list(2)=${l1(2)}")
8      val l2=List(4,5,6)
9      val l3= l2::l1
10     println(l3)
11     //++,concat
12     val l4=l2:::l1
13     println(l4)
14     val lb1= ListBuffer(7,8,9)
15     lb1(0)=99
16     println(lb1)
17     val s=1 #:: 2#::3#::Stream.empt
18     val s2=s.map(x=>x+1)
19     println(s2 ,s2(2) )
20     println(s.force)
21     val zip1=(List(1,2),List(3,4,5)).zipped.map(_*_)
22     println(s"zip1=$zip1")
23     //list(scala is good)
24     val words=List("scala","is","good")
25     val s3= (" " /: words)(_+" "+ _)
26     println(s3)
27     val s4= (words.head /: words.tail)(_+" "+ _)
28     println(s4)
29     //l1 ::: l2
30     (List[String]() /: List(List[String]("1","2"),List("3","4")))(_ ::: _)
31     (List(List[String]("1","2"),List("3","4")) :\ List[String]())(_ ::: _)
32   }
33 }
```

输出结果如图 7-7 所示。

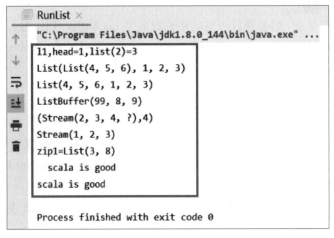

图 7-7　输出结果

第 6 行代码通过 :: 方式创建了一个由 (1,2,3) 组成的 List，第 7 行代码调用 head 获取集合中的第一个元素，l1(2) 表示通过索引方式访问集合中的第三个元素。第 9 行代码通过 :: 方式将集合 l2 和 l1 结合在一起，结果返回 List(List(4,5,6),1,2,3)。如果想要获取单元素，可以通过 l2:::l1 的方式，结果返回 List(4,5,6,1,2,3)。如果想要获取一个可修改的元素，可以通过创建 ListBuffer 的方式。第 17 行代码定

义了一个含有 (1,2,3) 的 Stream 集合。第 21 行代码中的 zipped 可以将不同集合中对应位置的元素结合，按照 map(_*_) 进行元素相乘。如果有多余的元素，则会进行过滤。第 25 行代码通过 (" " /: words)(_+" "+ _) 的方式将 List 中的元素进行拼接，这种拼接方式在输出结果的字符串中会存在空格。第 27 行代码通过 (words.head /: words.tail)(_+" "+ _) 的方式可以有效地消除字符串开头的空格。可以通过 (List[String]() /: List(List[String](),List()))(_ ::: _) 的方式将列表中的所有元素进行拼接。

下面举例说明如何利用 List 实现归并排序。

创建 MergeSort.scala 文件，相关代码如下：

```scala
object MergeSort {
  def merge(l1: List[Int], l2: List[Int]):List[Int] =(l1, l2) match {
    case (Nil, _) => l2
    case (_, Nil) => l1
    case (h1::t1, h2::t2) =>
      if(h1<h2) h1::merge(t1, l2)
      else h2::merge(l1, t2)
  }
  def mergesort(list: List[Int]):List[Int]=list match {
    case Nil => list
    case h::Nil => list
    case _ =>
      val (l1, l2)=list.splitAt(list.length/2)
      merge(mergesort(l1), mergesort(l2))
  }
  def main(args: Array[String]): Unit = {
    val num=List(1, 4, 8 , 2, 10)
    println(mergesort(num))
  }
}
```

7.3 Scala 的 Vector

Vector 是一个容器，可以保存其他数据对象，又称集合。Vector 是 Scala 标准包的一部分，可以直接使用，不需要导包。

7.3.1 Scala 的 Vector 概述

Vector 属于 IndexSeq 下的分支结构，是为了解决 List 随机访问效率低下的问题而引入的。Vector 通过索引进行访问，可以很好地解决随机访问的问题。Vector 可以在固定时间内访问列表元素，很好地平衡快速访问和快速更新两方面。Vector 可以通过索引下标访问，但是不可以通过下标修改元素值，这是不可变集合的一个特性。如果要更新集合操作，可以通过 Vector 调用 take 方法，这种操作不影响原集合。

如果想要更新 Vector 集合中的元素，可以通过遍历的方式。还可以根据索引更新，通过 Vector 调用 update 方法，例如 Vector.update(0,"*") 表示更新第 0 个索引下标，集合中的第一个元素用 * 代替，建立一个新集合。当定义一个索引序列 IndexSeq(1,2) 时，实际会返回 Vector(1,2)。在开发程序时，尽量使用 IndexSeq，因为 IndexSeq 是父类，父类的通用性更强。

视频 ●······

Vector 和 Seq 选择

7.3.2　Scala 的 Seq 选取

学习了对 Seq 集合的相关介绍后，下面讲解 Seq 集合的选取。从大方向上 Scala 的 Seq 选取如表 7-1 所示。

表 7-1　Scala 的 Seq 选取

特　质	描　述
IndexSeq	随机访问
LinearSeq	线性访问
Seq	不需要指出是索引还是线性

如果想通过随机访问的方式可以从 IndexSeq 中选取；如果想通过线性方式可以从 LinearSeq 中选取；如果在不确定的情况下，可以先定义 Seq，之后再进行转换。

除了上述选取方式之外，还可以选择通用选取方式，如表 7-2 所示。

表 7-2　通用选取方式

方　式	不　可　变	可　变
索引	Vector	ArrayBuffer
线性链表	List	ListBuffer

当已经选择了随机访问方式后，对于不可变的索引类型，可以选择 Vector；对于可变的集合，可以选择 ArrayBuffer。对于线性链表，不可变的选择 List，可变的选择 ListBuffer。在 Scala 中，表 7-2 中的 4 个集合是使用最多的集合。

不可变集合中，List 适合链表的拆分和递归调用，例如使用 head 拆分头，使用 tail 拆分尾部。Queue 是一个线性集合，如果需要先进先出的操作，可以选择队列。Range 通过索引方式访问，填充数据并遍历。Stack 是一个后进先出的线性集合，与 Queue 相反。

可变集合中，Array 与 Java 中相同，元素可变，长度不可变。Array 可以通过索引进行访问，与之对应的是 ArrayBuffer。ArrayStack 是一个后进先出的索引序列，性能比 Stack 好。ListBuffer 通过链表实现，大部分线性操作。

······● 视频

总结

····················●

小　结

本章通过对集合的继承关系的学习，学生可以深入理解 Scala 的集合分类。然后通过 Seq 的学习和案例练习，可以使学生掌握 Scala 的 Seq 的操作和使用方法。通过 Seq 的总结学习，可以使学生掌握如何应用 Seq。

习　题

一、简答题

Harry Hacker 写了一个从命令行接收一系列文件名的程序。对每个文件名，都启动一个新的线程来读取文件内容并更新一个字母出现的频率映射，声明为：

```
val frequencies = new scala.collection.mutable.HashMap[Char,Int] with scala.
collection.mutable.SynchronizedMap[Char,Int]
```

当读到字母 c 时，调用：

```
frequencies(c) = frequencies(c).getOrElse(c,0) + 1
```

为什么这么做得不到正确答案？

二、编程题

1. 编写一个函数，从一个整型链表中去除所有零值。

2. 编写一个函数，接收一个字符串集合，以及一个从字符串到整数值的映射。返回整型的集合，其值为能和集合中某个字符串相对应的映射的值。举例来说，给定 Array("Tom","Fred","Harry") 和 Map("Tom"->3,"Dick"->4,"Harry"->5)，返回 Array(3,5)。提示：用 flatMap 将 get 返回的 Option 值组合在一起。

3. 实现一个函数，与 mkString 相同，使用 reduceLeft。

4. 编写一个函数，将 Double 数组转换成二维数组。传入列数作为参数。举例来说，Array(1,2,3,4,5,6) 返回 Array(Array(1,2,3),Array(4,5,6))。用 grouped 方法实现。

第 8 章

Scala 映射和模式匹配

学习目标

- 掌握 Scala 的 Map 及其常见操作。
- 了解 Scala 的集合的运行性能。
- 理解 Scala 的模式匹配。

　　本章主要对 Scala 中的 Set 和 Map 集合进行对比介绍。首先通过 Set 和 Map 的继承关系，了解 Set 和 Map 的定义和作用。然后学习 Map 的可变和不可变操作以及 Map 的其他常用操作。最后通过可变序列和不可变序列的对比以及模式匹配的数据类型，学习集合性能和 Scala 的模式匹配。通过理论介绍与案例分析相结合的方式加深理解各知识点。

8.1　Scala 的 Set 集合

　　Scala 的 Set（集合）是没有重复的对象集合，所有元素都是唯一的。Scala 的集合分为可变的和不可变的两种。默认情况下，Scala 使用的是不可变集合，如果想使用可变集合，需引用 scala.collection.mutable.Set 包，默认引用 scala.collection.immutable.Set 包。

8.1.1　Scala 的 Set 继承关系

　　Scala 为 Set 中的每一个集合几乎都提供了两个版本，分别是可变的版本和不可变的版本。Scala 的 Set 继承关系如图 8-1 所示。BitSet 是一个字节集合，主要存储非负的整数，可以提高内存空间的使用率。HashSet 基于 HashTable 实现可变版本，基于 HashTrie 实现不可变版本。ListSet 只有不可变版本，基于链表实现不可变版本。ListSet 对应的可变版本是 LinkedhashSet，用于保证集合的插入顺序。TreeSet 基于树实现不可变版本，基于 AVL 树实现可变版本。SortedSet 是有排序功能的 Set，它基于红黑树实现不可变版本，基于有序二叉树实现可变版本。

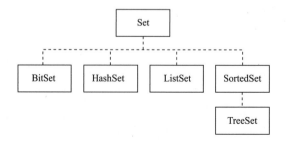

图 8-1　Scala 的 Set 继承关系

对于 BitSet、HashSet、ListSet 等集合只是底层实现不同，大部分操作都与 Set 相同，可以直接使用。考虑到性能问题，会根据不同的应用场景选择不同的 Set 集合。

8.1.2 Scala 的 Set 概述

下面主要通过 Set 集合的可变版本和不可变版本的通用方法介绍 Set 集合的特点和常用操作，通过集合的增加、删除、修改、查询、排序等操作进一步了解 Set 集合的应用，再结合案例加深对 Set 集合操作的理解。

1. Scala 的 Set 定义

Scala 的 Set 分为可变的和不可变的，默认情况下使用不可变的集合。如果想要使用可变的集合，需要导入指定的包。Set 集合的特点是无序不重复。当在 Set 集合中添加元素时，没有重复的元素，并且不保证顺序。如果集合中有重复的元素，Set 集合会自动去掉重复元素，Set 集合在调用 apply 方法时会对元素进行判断。

2. Scala 的常用操作

Scala 的常用操作如表 8-1 所示。条件操作主要是判断元素是否在集合中，例如使用 Contains 方法判断集合中是否包含某一个元素，如果存在，则返回 true，否则返回 false。另外，可以通过加法或减法操作向集合中添加或移除元素，这种集合操作在之前已经有所介绍。一般情况下，对于不可变集合，使用 + 方式添加单个或多个元素，使用 ++ 方式添加集合，这种操作是父类的通用方法。

表 8-1　Scala 的常用操作

分　类	描　述
条件操作	判断集合是否包含元素 / 子集
加法	向集合添加元素
减法	移除集合中的元素
二元逻辑操作	两个集合的交集、并集和差集
更新	更新集合的元素

可变集合与不可变集合各有一套通用方法。对于可变集合，使用 += 方式添加单个或多个元素，使用 ++= 方式添加集合。与添加元素或集合相对应的是移除元素或集合，可以使用 -= 和 --= 以及 remove 等方式移除元素。remove 可以用于删除指定的元素，例如 remove(x) 表示删除 x 元素。对于不可变集合，它的元素是不可以进行更新操作的，只有可变集合才可以进行元素的更新，使用集合调用 update 方法可以直接更新元素。

二元逻辑操作就是通过交集、并集和差集对集合进行操作。假设有两个集合 Set1 和 Set2，它们的元素分别为 (1,2,3) 和 (2,3,4)。如果对这两个集合取交集，则返回 (2,3)；如果取并集，则返回 (1,2,3,4)，由于不可以有重复元素，所以会把重复元素去掉；如果取差集，则返回 (1)。

下面举例说明 Set 集合的常用操作。

创建 RunSet.scala 文件，相关代码如下：

```
1  package scala07
2  import scala.collection.immutable.SortedSet
3  import scala.collection.mutable
4  object RunSet {
5    def main(args: Array[String]): Unit = {
```

视 频

Set 示例

```
 6      //== contain
 7      val s1=Set(1,2,3,3,2,5)
 8      val s2=Set(3,5)
 9      val s3=Set(4,5)
10      println(s1)
11      //2
12      println(s1.contains(1),s1.contains(6))
13      println(s1(2),s1(8))
14      println(s"s1 sub s2 ${s1.subsetOf(s2)}")
15      println(s"s1 sub s3 ${s1.subsetOf(s3)}")
16      println(s"s2 sub s1 ${s2.subsetOf(s1)}")
17      println(s"s3 sub s1 ${s3.subsetOf(s1)}")
18      //++ +=  - -=   immutable +    mutable +=
19      var imms= Set(4,5,6)
20      val imm1= imms + 3
21      val imm2= imm1+(22,33)
22      val imm3= imm2 ++ List(44,55)
23      //imms=imms+99
24      //imms +=99
25      println(imm3)
26      println(imms)
27      var ms= scala.collection.mutable.Set(7,8,9)
28      ms+=10
29      ms +=(11,12,12)
30      ms ++=Set(13,14)
31      println(ms)
32      ms.retain(_>9)
33      ms.remove(12)
34      ms.clear
35      println(ms)
36      val ss1=  mutable.SortedSet(10,3,11,2)
37      val ss3= SortedSet(7,3,11)
38      println(ss1)
39      println(ss3)
40      val ss2=  mutable.SortedSet("banana","apple")
41      println(ss2)
42      val lhs=mutable.LinkedHashSet(1,8,4)
43      println(lhs)
44      val p1= new Person0701("scala",12)
45      val p2= new Person0701("java",2)
46      val p3= new Person0701("c",20)
47      val p=  mutable.SortedSet(p1,p2,p3)
48      println(p)
49    }
50  }
51  class Person0701(var name:String,var age:Int) extends Ordered[Person0701] {
52    override def compare(that: Person0701): Int = {
53      if(this.age==that.age){
54        0
55      }else if (this.age<that.age) 1
56      else -1
57    }
58    override def toString = s"Person0701($name, $age)"
59  }
```

集合的不可重复性输出结果如图 8-2 所示。

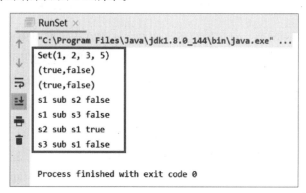

图 8-2　集合的不可重复性输出结果

第 7 行代码定义了一个 Set 集合 (1,2,3,3,2,5) 并赋值给 s1，打印 s1 输出结果为 (1,2,3,5)。由于 Set 集合的不可重复性，会自动删除重复的元素。第 12 行代码使用 s1 调用 contains(1) 判断集合 s1 中是否包含元素 1，如果包含则返回 true，否则返回 false。第 13 行代码通过 s1(2) 的方式判断集合 s1 中是否包含元素 2，如果包含则返回 true，否则返回 false。还可以判断一个集合是否包含另一个集合，如第 14 行代码通过调用 subsetOf() 方法判断 s1 是否是 s2 的子集。由于 s1 的范围比 s2 大，所以 s1 并不是 s2 的子集，因此返回结果为 false。如果判断 s2 是 s1 的子集，则结果返回 true。

集合的增加、删除、修改、查询、排序操作的输出结果如图 8-3 所示。

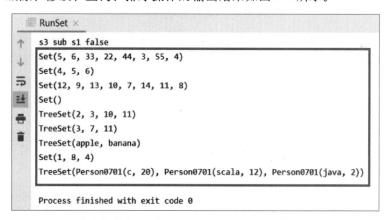

图 8-3　集合的增加、删除、修改、查询、排序操作的输出结果

由于执行效率的问题，对于不可变集合建议使用 + 方式添加集合元素，对于可变集合建议使用 += 方式添加集合元素。第 20 行代码通过 + 方式向集合 imms 中添加了一个元素 3，并赋值给一个新集合 imm1，结果返回 Set(4,5,6,3)，而不可变集合 imms 本身没有改变，结果返回 Set(4,5,6)。对于可变集合使用 + 方式添加一个或多个元素，通过 ++= 方式添加一个集合。第 30 行代码 ms ++=Set(13,14) 表示向集合 ms 中添加了一个集合。第 32 行代码 ms.retain(_>9) 表示 ms 集合调用 retain() 方法保留集合中大于 9 的元素。第 36 行代码通过调用 SortedSet 按照集合定义的类型，进行比较并排序，结果返回 TreeSet(2,3,10,11)。第 40 行代码定义了一个 String 类型的集合，调用 SortedSet 后会根据集合中每个字符串的首字母进行排序，结果返回 TreeSet(apple,banana)。对于排序，如果是自定义的类，则需要手动实现比较的方法。第 51 行代码定义了一个 Person0701 类继承 Ordered 类，实现比较的方法并排序。

8.2　Scala 的 Map 集合

Map 集合有两种类型，可变的与不可变的，区别在于可变对象可以修改，而不可变对象不可以修改。默认情况下 Scala 使用不可变 Map 集合，如果需要使用可变 Map 集合，则需要显式地使用 import 导入包。在 Scala 中，可以同时使用可变与不可变的 Map 集合，不可变的直接使用 Map，可变的使用 mutable.Map。

8.2.1　Scala 的 Map 继承关系

Scala 的 Map 继承关系如图 8-4 所示。HashMap 基于哈希表实现可变的版本，基于 HashTrie 实现不可变版本，与 HashSet 相似。WeakHashMap 相当于一个弱引用的 Map，当内存空间不足时，可以释放垃圾、回收空间。SortedMap 和 TreeMap 只提供了不可变版本，SortedMap 与 SortedSet 相似，TreeMap 同样也是基于红黑树实现的。LinkedHashMap 只提供可变的版本，保持插入集合元素的顺序不变，它也是基于哈希表实现的。ListMap 有可变的和不可变的版本，与 LinkedHashMap 相反。

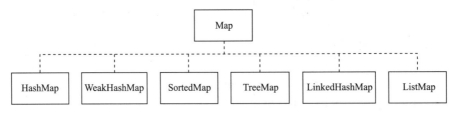

图 8-4　Scala 的 Map 继承关系

Map 集合中有一个对应的 SychronzedMap，Set 和 Seq 中也有类似的方法，该方法中有很多分支。SychronzedMap 使用多线程，保证线程安全。在多线程开发时，如果要保证线程的安全，可以选择以 Sychronzed 开头的集合。

8.2.2　Scala 的 Map 概述

Map（映射）是一种可迭代的键值对（Key/Value）结构，所有值都可以通过键来获取，Map 中的键都是唯一的。定义 Map 时，需要为键值对定义类型。

1. Scala 的 Map 的定义

在 Java 中，Map 是以键值对（K,V）的形式存在的，例如（Key1,V1）。在 Scala 中，Map 集合同样是以键值对的方式存在的，应用非常广泛。

2. Scala 的 Map 的创建

在 Scala 中，有两种创建 Map 的方式，分别是 Map(k1->v1,k2->v2,…) 和 Map((k1,v1),(k2,v2),…)。Map(k1->v1,k2->v2,…) 中的 k1->v1 表示第一个元素，k2->v2 表示第二个元素。第二种方式 Map((k1,v1),(k2,v2),…) 是通过元组的方式定义的。

3. Scala 的 Map 的分类

Scala 的 Map 有两种类型，即可变的和不可变的，这在之前介绍过。上述创建 Map 的方式是不可变的，如果想创建可变的 Map，需要导入指定的包，创建方式与不可变的方式相同。

8.2.3　Scala 的可变 Map 常用操作

Scala 的可变 Map 常用操作有增加、删除、修改、查询等，如表 8-2 所示。向 Map 中添加元素，可以直接使用 M(k)=v 的形式向集合中添加一个键值对。例如，定义一个 Map 集合，val m=Map(K1->V1,K2->V2)，通过 m(K3)=V3 向 m 中添加一个键值对。如果添加的 K 值存在，会使用新的 V 替换集合中原有的 V 值。

表 8-2 可变 Map 的常用操作

分 类	描 述
添加	M(k)=v、+=、++=、put
更新	M(k)=v
删除	Remove、-=、--=
查询	Get(key)、m(key)
遍历	For/foreach

另外，put 方法也可以使用 (K,V) 的形式添加，例如 put(K,V)，并返回一个 option 类型。+= 用于添加一个键值对；++= 用于添加一个集合。删除操作中的 Remove 方法会根据 K 指定的值进行删除，例如，remove(K1) 表示删除与 K1 对应的 V 值。调用 clear 方法会把元素清空。调用 retain() 方法可以根据 () 中表达式为真或假，判断是否保留元素。更新操作与 Java 中非常相似，通过 M(k)=v 的形式进行更新。

查询操作有两种方式，分别是 Get(key) 和 m(key)。通过 m(key) 方式中的 key 会返回对应的 V 值，如果不是对应的值，则会抛出异常。如果不想抛出异常，可以使用 Get(key) 的方式。如果 K 和 V 不对应，则会返回 None。提倡使用 Get(key) 的方式查询值，这样不会影响整体代码的执行效率。

8.2.4 Scala 的不可变 Map 常用操作

Scala 的不可变 Map 常用操作如表 8-3 所示。由于是不可变 Map，所以不可以进行更新操作。添加、删除、查询和遍历操作与之前介绍的操作方法相同，这里不再详细说明。

表 8-3 不可变 Map 常用操作

分 类	描 述
添加	+、+=
更新	不能
删除	-=、-
查询	Get(key)、m(key)
遍历	For/foreach

下面举例说明映射的增加、删除、修改和查询等操作。

创建 RunMap.scala 文件，相关代码如下：

视 频

```
1  package scala07
2  import scala.collection.immutable.ListMap
3  import scala.collection.mutable
4  object RunMap {
5    def main(args: Array[String]): Unit = {
```

Map 的 crud 示例

```
 6      //1.immutable
 7      val m1=  Map("scala1"->1,"scala2"->2)
 8      val m2 =m1+("scala3"->3)
 9      val m3=m2+("scala4"->4,"scala5"->5)
10      println(s"m3=$m3")
11      val m4=m3+("scala3"->30)
12      println(s"m4=$m4")
13      println(s"m3=$m3")
14      val m5=  m4 -"scala4"
15      println(s"m5=$m5")
16      val m6=  m5 -"scala4"-"scala3"
17      println(s"m6=$m6")
18      val v1=m1("scala1")
19      println(s"v1=$v1")
20      //option
21      val v3=m1.get("scala1")
22      println(s"v3=$v3")
23      val v4=m1.get("scala4")
24      println(s"v4=$v4")
25      val v5=m1.getOrElse("scala5","default")
26      println(s"v5=$v5")
27      //mutable +=,++=,-= -==
28      val mm1= mutable.Map("java1"->1,"java2"->2)
29      val r1= mm1.put("java3",3)
30      val r2 =mm1.put("java1",10)
31      println(s"r1=$r1")
32      println(s"r2=$r2")
33      println(s"mm1=$mm1")
34      val re1= mm1.remove("java1")
35      val re2= mm1.remove("java8")
36      println(s"re1=$re1")
37      println(s"re2=$re2")
38      println(s"reomve mm1=$mm1")
39      //mm1.clear
40      println(s"clear mm1=$mm1")
41      for((k,v)<-mm1)println(s" for key=$k,value=$v")
42      mm1.foreach(x=>println(s" foreach key=${x._1},value=${x._2}"))
43      mm1.keySet.foreach(println(_))
44      mm1.values.foreach(println(_))
45      if(mm1.contains("java2")) println("find "+mm1.get("java2")) else println("un find ")
46   }
47 }
```

不可变 Map 的添加和删除输出结果如图 8-5 所示。

第 7 行代码创建了一个不可变的 Map 并赋值给 m1，第 8 行代码通过 + 的方式向 m1 中添加一对 KV，即 ("scala3"->3)；也可以同时添加两对 KV，即 ("scala4"->4,"scala5"->5)。如果添加了相同 K 值，则后者会覆盖前者的 V 值，并返回新的集合。第 11 行代码中将 scala3 对应的 V 值由 3 更新为 30，并赋值给 m4，结果返回更新后的集合，m3 并没有改变。增加或删除元素都是以 K 为操作变量。第 14 行代码中通过 – 将 m4 中的 K 值 scala4 删除并赋值给 m5，结果 m5 中对应的 scala4 被删除。第 16 行代码中连续删除了 scala4 和 scala3 并赋值给 m6。

```
RunMap ×
"C:\Program Files\Java\jdk1.8.0_144\bin\java.exe" ...
m3=Map(scala4 -> 4, scala3 -> 3, scala2 -> 2, scala5 -> 5, scala1 -> 1)
m4=Map(scala4 -> 4, scala3 -> 30, scala2 -> 2, scala5 -> 5, scala1 -> 1)
m3=Map(scala4 -> 4, scala3 -> 3, scala2 -> 2, scala5 -> 5, scala1 -> 1)
m5=Map(scala3 -> 30, scala2 -> 2, scala5 -> 5, scala1 -> 1)
m6=Map(scala2 -> 2, scala5 -> 5, scala1 -> 1)

Process finished with exit code 0
```

图 8-5　不可变 Map 的添加和删除输出结果

Map 的查询和可变 Map 的添加、删除输出结果如图 8-6 所示。

```
RunMap ×
v3=Some(1)
v4=None
v5=default
r1=None
r2=Some(1)
mm1=Map(java3 -> 3, java2 -> 2, java1 -> 10)
re1=Some(10)
re2=None
reomve mm1=Map(java3 -> 3, java2 -> 2)
clear mm1=Map(java3 -> 3, java2 -> 2)
```

图 8-6　Map 的查询和可变 Map 的添加、删除输出结果

第 21 行代码中通过调用 get() 方法查询 m1 中 scala1 对应的 V 值，结果返回 Some(1)。如果查询的集合中没有对应的 V 值，则返回 None 对于可变集合的添加和删除操作。对于可变 Map 可以调用 put() 方法添加新元素，调用 remove() 方法删除对应的 K 值。

Map 的遍历输出结果如图 8-7 所示。

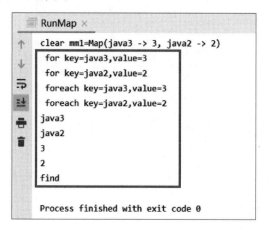

```
RunMap ×
clear mm1=Map(java3 -> 3, java2 -> 2)
 for key=java3,value=3
 for key=java2,value=2
 foreach key=java3,value=3
 foreach key=java2,value=2
java3
java2
3
2
find

Process finished with exit code 0
```

图 8-7　输出结果

第 41 行代码通过 for 循环的方式遍历了一个集合，输出结果会以元组的方式返回。由于此时的 mm1=Map(java3->3,java2->2)，因此输出的 key 值和 value 也会与 mm1 中对应。第 42 行代码通过 foreach() 遍历集合，在 foreach 中会把 () 中的 KV 对作为一个元组，可以以元素的方式取值，即

key=${x._1},value=${x._2}。第 43 行代码通过调用 keySet 可以获取所有的 K 值。第 44 行代码调用 values 可以直接获取所有的 V 值。

8.2.5　Scala 的 Map 的其他常用操作

前面介绍了可变 Map 和不可变 Map 的常用操作，下面介绍 Map 的其他常用操作，如表 8-4 所示。

表 8-4　Map 的其他常用操作

分 类	描 述
键值存在	contains
键值排序 / 过滤	Retain、filter
键值查找	max

可以使用 contains 判断 Map 中是否包含某一个 key 或 value。在排序时，可以按照某一个值或 key 进行从大到小或从小到大的顺序排序。排序的解决思路：首先要把 Map 转换成序列，例如 m.toSeq，可以通过调用序列的排序方法（如 Sortby，返回序列），然后把序列转换成 Map 即可。Sortby 方法只可以从低到高排序，如果想自定义排序方式，可以使用 SortWith 方法。

使用 filter 对集合进行过滤时，可以通过表达式返回的是真还是假来决定元素是否被过滤。可以通过 max 方式查找键值的最大值。

下面举例说明键值对操作。

（1）查找映射的最大键或值。

（2）按键或值排序。

（3）按键或值过滤。

创建 RunMapSFM.scala 文件，相关代码如下：

```scala
1  package scala07
2  import scala.collection.mutable
3  object RunMapSFM {
4    def main(args: Array[String]): Unit = {
5      //filter
6      val mp=  mutable.Map(1->"a",2->"b",3->"c")
7      mp.retain((k,v)=>k>2)
8      println(s"mp=$mp")
9      val m=  Map(4->"d",5->"e",6->"f")
10     val m1=  m.filterKeys(_>4)
11     println(s"m1=$m1")
12     val m2= m.filterKeys(Set(4,6))
13     println(s"m2=$m2")
14     val m3=  m.filter(x=>x._1>5)
15     println(s"m3=$m3")
16     //max/min
17     val mm=Map("ab"->12,"e"->4,"byyy"->99,"muuuuu"->17)
18     val mm1= mm.max
19     val min1=mm.min
20     println(s"max1=$mm1,min1=$min1")
21     val minv= mm.valuesIterator.min
```

```
22      val maxv= mm.valuesIterator.max
23      println(s"minv=$minv,maxv=$maxv")
24      val mink= mm.keysIterator.min
25      val maxk= mm.keysIterator.max
26      println(s"mink=$mink,maxk=$maxk")
27      //*****
28      val result= mm.keysIterator.reduceLeft((x,y)=>if(x.length>y.length) x else y)
29      println(s"result=${result}")
30      //sort
31      val sq1= mm.toSeq.sortBy(._1)
32      val sq2= mm.toSeq.sortBy(._2)
33      println(s"sq1=$sq1")
34      println(s"sq2=$sq2")
35      println(sq1.toMap)
36      println(sq2.toMap)
37      val sq3= mm.toSeq.sortWith(._2>._2)
38      println(s"sq3=$sq3")
39      println(sq3.toMap)
40    }
41 }
```

查询最大值和最小值以及过滤的输出结果，如图 8-8 所示。

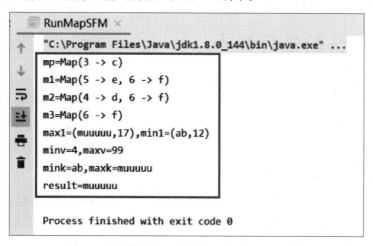

图 8-8　查询最大值和最小值以及过滤的输出结果

第 7 行代码调用 retain()，如果 () 中的表达式为真，则保留该值；如果为假，则过滤该值。对于不可变集合，第 10 行代码中根据 K 值进行过滤，调用 filterKeys() 方法。第 12 行代码根据传递的 Set 集合进行过滤，保留 K 值为 4 和 6 的元素，过滤掉 K 值不是 4 和 6 的元素。第 14 行代码调用 filter() 方法过滤元素，如果 () 中表达式的值为真，则保留元素；如果为假，则过滤元素。

第 18 行代码调用 max 方式根据 K 值输出集合中的最大值，与之相对的是调用 min 方式根据 K 值输出集合中的最小值。第 21 行代码 mm.valuesIterator.min 表示根据 V 值输出最小值，mm 首先调用 valuesIterator 以获取 values 的迭代器，然后通过调用 min 方法输出对应 V 值的最小值。

同样也可以先调用 keys 的迭代器 keysIterator 再调用 min 方式以获取最小的 V 值。第 28 行代码中首先获取 keys 的迭代器 keysIterator，然后调用 reduceLeft() 方法传递 x 和 y 并判断 x 和 y 的长度，返回 x 或 y。这种方式在实际编程中会经常用到，其优势在于代码灵活，可读性高。

排序的输出结果如图 8-9 所示。

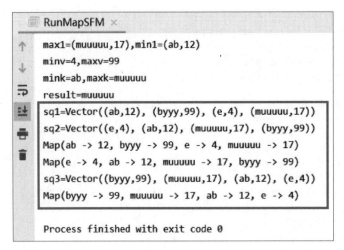

图 8-9　排序的输出结果

第 32 行代码通过调用 toSeq 转成序列然后调用 sortBy() 方法根据条件表达式进行排序，输出 Vector 集合。第 35 行代码中调用 toMap 可以将输出的 Vector 集合转换为 Map。第 37 行代码调用 sortWith() 根据 () 中的表达式降序排序。

8.3　Scala 的集合性能

···●视频

集合性能

在平时使用集合时，经常会选择 Scala 中的通用集合，如 Seq、Map、List 等，有时选择通用集合完全可以解决问题，但是当集合操作变得很复杂以至于涉及性能问题时，采用通用集合可能并不是一个好的选择。在不同场景下选择合适的集合可以使对于集合的操作更加高效。下面通过对比 Scala 的可变序列和不可变序列来阐述各个集合之间的性能差异。

8.3.1　Scala 的不可变序列

在 Scala 的不可变序列中，集合进行不同的操作会产生不同的时间复杂度。head 表示头部操作，tail 表示尾部操作，apply 表示利用索引操作，update 表示更新元素，prepend 表示在集合的头部扩展一个元素，append 表示在尾部扩展一个元素，insert 表示在集合中插入一个元素。Scala 的不可变序列如图 8-10 所示。

	head	tail	apply	update	prepend	append	insert
不可变序列							
List	C	C	L	L	C	L	-
Stream	C	C	L	L	C	L	-
Vector	eC	eC	eC	eC	eC	eC	
Stack	C	C	L	L	C	L	L
Queue	aC	aC	L	L	C	C	
Range	C	C	C	-	-	-	
String	C	L	C	L	L	L	

图 8-10　不可变序列

Stream 相当于 List 的懒加载，所以两者的时间复杂度相同。C 表示时间复杂度是一个常数，L 表示时间复杂度是线性的。由于这两者的 head 和 tail 操作都是常数，所以可以在集合的头部或尾部插入元素。Vector 中的大部分操作都是常数，如果集合涉及的操作既多又频繁，则首选 Vector。在实际开发中需要根据不同的场景选择不同的集合。

8.3.2　Scala 的可变序列

在 Scala 的可变序列中，ArrayBuffer 的更新操作的时间复杂度是一个常数，可以根据索引进行更新操作，并不是线性的。其他序列集合这里不再具体介绍，有兴趣可以结合源代码自行查看。Scala 的可变序列如图 8-11 所示。

	head	tail	apply	update	prepend	append	insert
可变序列							
ArrayBuffer	C	L	C	C	L	aC	L
ListBuffer	C	L	L	L	C	C	L
StringBuilder	C	L	C	C	L	aC	L
MutableList	C	L	L	L	C	C	L
Queue	C	L	L	L	C	C	L
ArraySeq	C	L	C	C	-	-	-
Stack	C	L	L	L	C	L	L
ArrayStack	C	L	C	C	aC	L	L
Array	C	L	C	C	-	-	-

图 8-11　可变序列

8.3.3　Scala 的集合和映射

在 Scala 的集合和映射中，Map 的首选是 HashMap，它的大部分操作是常数，与 Vector 类似。非负整型的优选集合是 BitSet，它的大部分操作是常数，并且节约空间。ListMap 的大部分操作都是线性的。Scala 的集合和映射如图 8-12 所示。

	lookup	add	remove	min
不可变序列				
HashSet/HashMap	eC	eC	eC	L
TreeSet/TreeMap	Log	Log	Log	Log
BitSet	C	L	L	eC1
ListMap	L	L	L	L
可变序列				
HashSet/HashMap	eC	eC	eC	L
WeakHashMap	eC	eC	eC	L
BitSet	C	aC	C	eC1
TreeSet	Log	Log	Log	Log

图 8-12　Scala 的集合和映射

8.4 Scala 的模式匹配

模式匹配是 Scala 中非常有特色、非常强大的一种功能，类似于 Java 中的 switch case 语法，即对一个值进行条件判断，然后针对不同的条件进行不同的处理。但是 Scala 的模式匹配的功能比 Java 中的功能要强大，Java 的 switch case 语法只能对值进行匹配。但是 Scala 的模式匹配除了可以对值进行匹配之外，还可以对类型、Array 和 List 等进行匹配。

模式匹配属于 Scala 中的高级特性，在 Scala 中占有非常重要的地位，Scala 程序的源代码中存在大量的模式匹配。在 Java 中，switch 具有匹配的作用，但是 switch 有匹配支持的类型不完善等缺点。Java 中的 switch 只支持 byte、short、int、char 和 String 以及枚举类型的模式匹配。

1. Scala 的模式匹配语法

Scala 中的模式匹配解决了 Java 中匹配存在的缺点，通过 match 实现模式匹配。Scala 中的模式匹配语法如下：

```
X match {
  case1
  case2
}
```

如果 X 匹配到 1，则输出 Out(1)；匹配到 2，则输出 Out(2)。不需要手动 break，在 Scala 中会自动匹配。

2. Scala 的模式数据类型

Scala 的模式匹配数据类型非常丰富，既可以是自定义的类，也可以是 Scala 本身的类。有 String、类、变量、常量以及其他复杂类型，其中类表示数据类型。匹配变量时需要结合守卫语句，通过添加守卫语句即条件判断，可以过滤一部分不必要的值。匹配其他复杂类型包括构造器、元组等。匹配构造器时会对构造器的参数和对应类的类型进行匹配。

下面举例说明 Scala 的模式匹配。

（1）常量。

（2）变量。

（3）构造器。

（4）序列。

（5）元组。

（6）类型。

（7）变量绑定。

创建 RunModel.scala 文件，相关代码如下：

```
1  package scala08
2  object RunModel {
3    def main(args: Array[String]): Unit = {
4      //1.
5      for (i <- 1 to 5) {
6        i match {
7          case 1 => println(1)
8          case 3 => println(3)
9          case 5 => println(5)
```

```
10        case _ => println("even")
11      }
12    }
13    def patternShow(x: Any) = x match {
14      case Nil => println("empty List")
15      case null => println("null")
16      case true => println("true")
17      case "scala" => println("scala")
18      case _ => println("default")
19    }
20  patternShow(List())
21  patternShow(null)
22  patternShow(100)
23  //2
24  def patterVarible(x: Any) = x match {
25    case x => println("varible")
26    case 1 => println(1)
27    case "String" => println("String")
28  }
29  patterVarible(1)
30  for (i <- 1 to 10) {
31    i match {
32      case x if (x % 2 == 0) => println("even")
33      case _ => println("odd")
34    }
35  }
36  //3.tuple
37  val t1 = (2, 3)
38  val t2 = (4, 5, 6)
39  val t3 = (7, 8, 9, 0)
40  val t4 = (1, 2, 3, 4, 5)
41  //(1,,,,,5)
42  def patterTuple(x: Any) = x match {
43    case(first, second) => println(s"first=$first,second=$second")
44    case(x1, x2, x3, x4) => println(s"first=$x1,second=$x2,x3=$x3,x4=$x4")
45    case(x1,x2,x3,x4,x5)=>println(s"first=$x1,second=$x2,x3=$x3,x4=$x4,x5=$x5")
46    case(x1, _, _, _, x5) => println(s"first=$x1,,x5=$x5")
47    case _ => println("others")
48  }
49  patterTuple(t1)
50  patterTuple(t2)
51  patterTuple(t3)
52  patterTuple(t4)
53  //Seq
54  val arr = Array(1, 3, 6, 7)
55  val list = List(2, 9)
56  val list1 = List(2, 3, 45, 56, 6, 0, 199)
57  val list2 = List(2)
58  def patterSeq(x: Any) = x match {
59    case Array(first, second) => println(s"first=$first,second=$second")
60    case Array(x1, x2, x3, x4) =>println(s"first=$x1,second=$x2,x3=$x3,x4=$x4")
61    //case List(x1,x2,x3)=> println(s"first=$x1,second=$x2,x3=$x3")
62    case List(first, s, _*) => println(s"*********first=$first,s=$s******")
63    case _ => println("others")
```

```
 64        }
 65        patterSeq(arr)
 66        patterSeq(list)
 67        patterSeq(list1)
 68        patterSeq(list2)
 69        //type
 70        def patterType(x: Any) = x match {
 71          case s:String=>println("match String type")
 72          case 88 =>println("match 88")
 73          case s:Int=>println("match int type")
 74          case s:Double=>println("match Double type")
 75          case a:A08=>println("match A08 type")
 76          case _ => println("others type")
 77        }
 78        patterType(3)
 79        patterType("scala")
 80        patterType(2.0)
 81        patterType(true)
 82        patterType(88)
 83        patterType(new B08())
 84        //constrcutor
 85        case class Dog08(var name:String,val age:Int)
 86        class Dog07(var name:String,val age:Int){
 87          override def toString = s"Dog07($name, $age)"
 88        }
 89        object Dog07{
 90          def apply(name: String, age: Int): Dog07 = new Dog07(name, age)
 91          def unapply(arg: Dog07): Option[(String, Int)] =if (arg!=null) Some(arg.
name,arg.age) else None
 92        }
 93        def patterConstrcutor(x: Any) = x match {
 94          // case Dog08(name,age)=>println(s"name=$name,age=$age")
 95          case Dog08(_,age)=>println(s"dog08 age=$age")
 96          //case Dog07(_,age)=>println(s"dog07 age=$age")
 97          case d@Dog07(_,age)=>println(s"dog07=$d")
 98          case _ => println("others Object")
 99        }
100        patterConstrcutor(Dog08("wangwang",30))
101        patterConstrcutor(Dog07("wangwang07",70))
102        //varible bind
103        val list_1=List(List(1,2,3,4),List(4,6,7,8,9,10))
104        def patterBind(x: Any) = x match {
105          case e1@List(_,e2@List(5,_*))=>println(s"e1=$e1,e2=$e2")
106          case _ => println("others list")
107        }
108        patterBind(list_1)
109      }
110    }
111  class A08
112  class B08 extends A08
```

　　常量匹配的输出结果如图 8-13 所示。

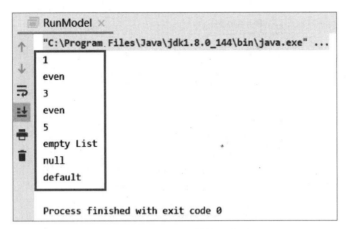

图 8-13　常量匹配的输出结果

模式匹配既可以作为独立的代码也可以放在方法体或方法块中。通过 for 循环，可以对常量进行模式匹配。除了要匹配的条件外，其他条件可以用占位符 _ 表示。第 10 行代码 case _ => println("even") 表示除了匹配指定的条件外，其他条件结果输出 even。第 13 行代码定义了一个 patternShow() 方法用于将匹配代码放入方法体中。第 14 行代码中的 case Nil 表示匹配一个空列表，第 16 行代码的 case true 表示匹配一个布尔型。在 Java 中，不支持匹配布尔型，而 Scala 中支持。第 20 行代码调用 patternShow(List()) 用于输出空列表。

变量匹配的输出结果如图 8-14 所示。

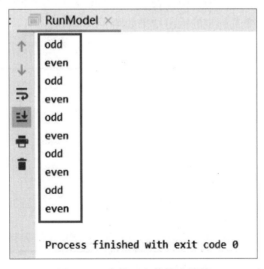

图 8-14　变量匹配的输出结果

第 25 行代码中 case x 表示匹配一个变量 x，当没有指定匹配的结果时会匹配变量对应的值，变量可以匹配任何条件，类似占位符 _ 的作用。如果将一个变量定义在了匹配条件的最前面，那么只会匹配到变量为止，不会继续向下匹配。第 32 行代码匹配变量 x，根据 if 语句中的条件匹配奇偶数。匹配数字 1 至 10，奇数输出 odd，偶数输出 even。如果使用变量进行匹配时，一定不要写在代码的最前面。

元组匹配和序列匹配的输出结果如图 8-15 所示。

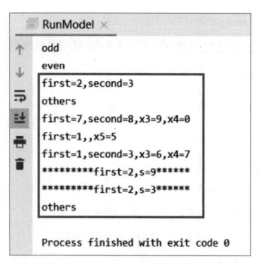

图 8-15　无组匹配和序列匹配的输出结果

第 43 行代码中的 case(first, second) 表示匹配一个元组。由于 t1 匹配到了 (first, second)，所以输出 first=2，second=3。由于 t2 没有任何匹配，所以输出 others。几乎所有的模式匹配都要使用占位符来匹配其他情况。第 46 行代码中 case(x1, _, _, _, x5) 表示匹配五个元素中的第一个元素和第五个元素。序列与元组的匹配方式比较相似，元组中有的功能序列几乎都可以使用。第 59 行代码中的 case Array(first, second) 表示匹配两个元素的数组。序列与元组的区别是序列支持多匹配，第 62 行代码中的 List(first, s, _*) 表示匹配了一个 List，first 表示匹配的首元素，_* 表示匹配剩余的所有元素。

类型匹配、构造器匹配和变量绑定的输出结果如图 8-16 所示。

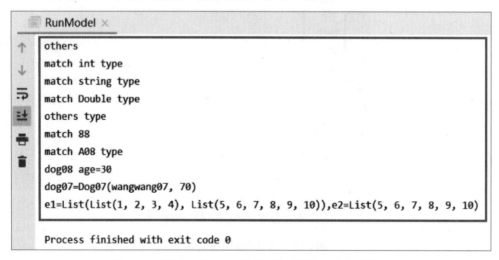

图 8-16　类型匹配、构造器匹配和变量绑定的输出结果

第 71 行代码中 case s:String 表示匹配一个字符串 s，第 73 行代码 case s:Int 表示匹配一个整型。第 75 行代码 case a:A08 表示匹配一个自定义的类型 A08。第 94 行代码 case Dog08(name,age) 表示匹配一个构造器，这种模式匹配与创建对象相反。创建对象是通过两个属性创建一个对象，这种模式匹配是通过对象解析成两个属性，这两种操作是一个逆过程。第 95 行代码 case Dog08(_,age) 中使用 _ 代替 name，输出 age。构造器的匹配需要和 case 类结合使用，如果不是 case 类，会报错。第 97 行代

码 case d@Dog07(_,age) 表示定义一个 d 并绑定变量，如果匹配到该构造器，会打印对象。第 105 行代码 case e1@List(_,e2@List(5,_*)) 表示定义 e1 绑定 List 集合。在 List 集合中使用占位符 _ 代替第一个元素，打印第二个元素使用 e2 绑定第二个元素。

小　结

视频 ●⋯⋯

总结

通过对 Set 和 Map 的学习，学生可以掌握如何操作一个集合和映射，如增加、删除、修改和查询等。通过集合的性能学习，学生可以了解在不同应用场景，如何编写高性能程序。另外，通过多种模式匹配的学习，学生可以掌握模式匹配的语法和如何应用模式匹配。

习　题

一、简答题

Scala 有哪些模式匹配？

二、编程题

1. 利用模式匹配编写一个 swap 函数，用于交换数组中的前两个元素的位置（数组长度 >2）。

2. 编写一个函数，计算 List[Option[Int]] 中所有非 None 值的和，不得使用 match 语句。

3. 使用列表制作只在叶子节点存放值的树。举例来说，列表 ((3 8) 2 (5)) 描述的树如下：

制作这样的树更好的做法是使用样例类。不妨从二叉树开始。

```
sealed abstract class BinaryTree
case class Leaf(value : Int) extends BinaryTree
case class Node(left : BinaryTree,right : BinaryTree) extends BinaryTree
```

编写一个函数计算所有叶子节点中的元素之和。

4. 编写一个函数，给定字符串，产生出一个包含所有字符下标的映射。举例来说，index("Mississippi") 应返回一个映射，让 'M' 对应集 {0}，'i' 对应集 {1,4,7,10}，依此类推。使用字符到可变集的映射。另外，如何保证集是经过排序的？

第 **9** 章

Scala 的隐式转换和 Java 交互

●···· 视 频

课程目标
●············

学习目标

- 学习 Scala 的模式匹配。
- 学习 Scala 与 Java 的交互。

    本章主要介绍 Scala 的隐式转换、Scala 与 Java 的环境搭建和交互。首先介绍 Scala 隐式转换的定义、隐式函数、隐式类、隐式参数和隐式值以及隐式对象，从定义到转换规则说明它们的应用。然后学习 Scala 与 Java 的环境搭建，提高项目的开发效率。最后通过 Scala 与 Java 的交互操作，介绍两者互相调用的方式。根据理论与相关案例的结合加深 Scala 隐式转换以及与 Java 交互的理解。

9.1　Scala 的隐式转换

●···· 视 频

隐式转换和隐
式函数
●············

    隐式转换函数是以 implicit 关键字声明的带有单个参数的函数,这样的函数将被自动应用,将值从一种类型转换为另一种类型。隐式转换函数的名称可以自定义，因为通常不会由用户手动调用，而是由 Scala 进行调用。

9.1.1　Scala 的隐式转换概述

    隐式转换与模式匹配都是 Scala 中提供的比较强大的特性，无论是在实际开发还是在阅读源代码的过程中，隐式转换与模式匹配都是无处不在。

1. Scala 的隐式转换定义

    在实际编程中，要想把一个不匹配的类型赋值，需要先转换成匹配的类型。Scala 的隐式转换会自动将一种类型转换成另一种类型。隐式转换就是 Scala 自动转换的，对用户编程而言不可见，不需要用户手动编写转换代码。

2. Scala 的隐式转换声明

    Scala 的隐式转换声明关键字为 implicit，定义的规则前面必须有 implicit 修饰。只有定义的规则前面有 implicit 修饰，Scala 才会去寻找这个规则；如果没有使用 implicit 关键字，那么 Scala 不会去寻找这条规则。

9.1.2　Scala 的隐式函数

    隐式转换函数就是通过 implicit 关键字修饰的且只有一个参数的函数。本节通过隐式转换函数的定义和注意事项介绍 Scala 的隐式函数。

1. Scala 的隐式转换函数

Scala 的隐式转换函数定义语法为：

```
implicit def 函数名
```

首先定义一个函数，通过函数进行转换。然后函数一定要使用 implicit 关键字修饰。假如要把 String 类型转换成 Int 类型，定义一个函数 def StringtoInt(S:try):Int={}，注意函数的参数必须是被转换的数据类型，函数返回值必须是要转换的数据类型。

2. Scala 的隐式转换函数名

Scala 的隐式转换注意事项：隐式转换与函数名无关；与函数签名有关。在定义函数进行隐式转换时，函数的名称可以自定义，但是为了增强代码的可读性，尽量规范定义函数名。与函数签名有关表示隐式转换与函数的参数和返回值有关。如果函数类型匹配，不会执行隐式函数。只有当函数赋值出错的情况下，Scala 才会执行隐式转换。

下面举例说明隐式函数的使用。编写一个隐式函数，将 Double 和 float 赋给整型。

创建 RunImplicitFunction.scala 文件，相关代码如下：

```scala
1  package scala09
2  object RunImplicitFunction {
3    def main(args: Array[String]): Unit = {
4      val i:Int=2.3f
5      println(s"i=$i")
6      val i1:Int=5
7      println(s"i1=$i1")
8      val i2:Int=new StringBuilder("10")
9      println(s"i2=$i2")
10     val i3:Int=new StringBuilder("100922")
11     println(s"i3=$i3")
12   }
13   implicit def floatToInt(f:Float):Int={
14     f.toInt
15   }
16   implicit def StringToInt(s:StringBuilder):Int={
17     s.toInt
18   }
19 }
```

输出结果如图 9-1 所示。

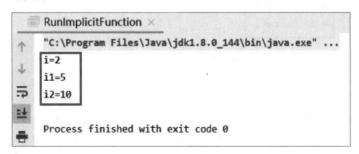

图 9-1　输出结果

第 13 行代码使用 implicit 关键字定义了一个隐式转换函数 floatToInt，将浮点型转换为整型。第 4

行代码将浮点类型的数值 2.3f 赋值给整型的 i，结果返回 2。通过调用 toInt 方法可以将浮点型转换为整型数值。如果在类型匹配的情况下，是不会通过隐式转换函数进行类型转换的。第 16 行代码定义了一个隐式类型转换函数 StringToInt，参数 s 定义为 StringBuilder 类型，将字符串转换为整型。只要是定义的数值字符串在整型数值的范围内，都可以进行隐式转换。如果定义的是非数值类型的字符串，在转换时会报错，即不会进行数值转换。

9.1.3 Scala 的隐式类

● 视 频

隐式转换类

Scala 的隐式类的作用和隐式函数相同，都是自动进行隐式转换。Scala 的隐式类定义语法如下：

```
implicit class 类名 ( 参数 ){
}
```

隐式类中参数只能定义一个，参数中的源类型与目标类型一一对应，只能从一种类型转换为另一种类型，不可以一对多或多对一。

下面举例说明 Scala 的隐式类的使用，进行隐式类的演练。

创建 RunImplicitClass.scala 文件，相关代码如下：

```
1  package scala09
2  object RunImplicitClass {
3    def main(args: Array[String]): Unit = {
4      val c1=  new Cat("cat1")
5      c1.printName()
6      "cat1".printName()
7    }
8    implicit class Cat(s:String){
9      def printName()={
10       println(s"name is $s")
11     }
12   }
13 }
```

输出结果，如图 9-2 所示。

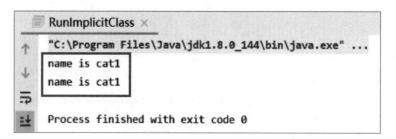

图 9-2　输出结果

第 8 行代码使用关键字 implicit 定义了一个隐式类 Cat，在类中定义了一个 printName() 方法，用于输出 name。第 4 行代码创建了一个 Cat 类的对象 c1 并传递了参数 cat1，c1 调用 printName() 方法输出结果为 name is cat1。另外，也可以直接通过要传递的参数调用 printName() 方法，输出结果与之前相同。隐式转换类必须有一个主构造器和一个参数，如果在隐式函数的参数列表中定义了多个参数，则转换会失效，不可以多对一。

9.1.4 Scala 的隐式参数和值

视 频 ●·····隐式参数和值 ●·····

下面学习 Scala 的隐式参数和隐式值，这两者往往成对出现，一起使用。通过隐式参数和隐式值的定义方式了解它们的使用方式。

1. Scala 的隐式参数

只要一个函数的参数前面加上 implicit 关键字，那么这个函数会让 Scala 自动去寻找规则。Scala 的隐式参数定义语法如下：

```
def 函数名 (implicit){
}
```

implicit 关键字在参数列表中只能出现一次，并且对整个参数列表生效。当一个函数有多个参数时，要想实现单个参数的隐式转换，可以使用柯里化的方式，并且把转换的参数定义在参数列表的最后。当使用隐式参数时，要么全部指定，要么不指定，不可以指定一部分。同一类型的隐式参数在同一个作用域内只能出现一次隐式值，不可以出现多个。字面量函数不可以使用隐式参数。

2. Scala 的隐式值

视 频 ●·····隐式参数示例 ●·····

Scala 中自动转换的规则通过隐式值定义。隐式值的定义方式为：

```
implicit val/var 变量名
```

变量名按照需求自定义，隐式值为隐式参数提供服务。

下面进行隐式参数和值的演练。

创建 RunFunction.scala 文件，相关代码如下：

```
1  package scala09
2  object RunFunction {
3    def main(args: Array[String]): Unit = {
4      //1.
5      val re1= getName("scala")
6      println(s"re1=$re1")
7      implicit val name="java"
8      val re2= getName
9      println(s"re2=$re2")
10     //2
11     println("all="+multiply(2,3))
12     implicit val defaultint=30
13     // implicit val defaultint1=20
14     println("without ="+multiply)
15     //3
16     println("add="+add(5))
17     println("add1="+add(5)(6))
18     //4
19     val f1=sub _
20     println("f1="+f1(9)(2))
21     val f2=sub(10) _
22     println("f2="+f2(2))
23     //5
24     // val f=(implicit x:Int,y:Int)=>x+y
25     /**
26      * 1.add
27      * x=> 拼接 3 : x+x+x
```

```
28      * int:x=>(x+x+x)*2
29      */
30    implicit val intadd=new AddInt
31    implicit val Stringadd=new AddString
32    println("AddInt="+addim(4))
33    println("AddString="+addim("4"))
34  }
35  trait Addal[T]{
36    def add(x:T):T
37  }
38  class AddInt extends Addal[Int]{
39    override def add(x: Int): Int = (x+x+x)*2
40  }
41  class AddString extends Addal[String]{
42    override def add(x: String): String = x*3
43  }
44  def addim[T:Addal](x:T)(implicit a:Addal[T])={
45    a.add(x)
46  }
47  def getName(implicit name:String): String ={
48    name
49  }
50  def multiply(implicit x:Int, y:Int)={
51    x*y
52  }
53  def add( x:Int)(implicit y:Int)={
54    x+y
55  }
56  def sub( x:Int)(y:Int)={
57    x-y
58  }
59 }
```

输出结果，如图 9-3 所示。

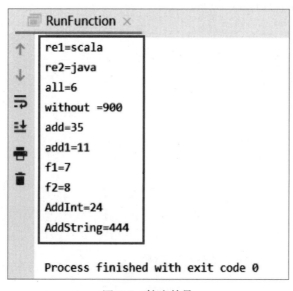

图 9-3 输出结果

第 47 行代码定义了一个 getName() 方法，参数列表中使用关键字 implicit 定义了一个隐式参数 name。虽然定义的是隐式参数，但是也可以通过正常的方式调用。在传递参数时，如果没有指定值，程序会报错。在不传递参数的情况下，Scala 会去寻找是否存在隐式值。如果存在，则会传递隐式值进行调用。第 7 行代码通过关键字 implicit 定义了一个隐式值 name。第 50 行代码定义了具有多个隐式参数的方法 multiply()，关键字 implicit 位于第一个参数之前，作用于整个参数列表。第 11 行代码中调用 multiply() 方法，返回 all=6。对于同一个类型的隐式值只可以出现一个，以免产生歧义。第 53 行代码定义了一个对部分参数作为隐式值的方法 add()，可以通过柯里化的方式定义这种类型的参数。使用柯里化时，隐式参数一定要放在参数列表的最后位置，关键字 implicit 只能出现一次。第 19 行代码通过 val f1=sub _ 的方式定义两个参数的偏函数，输出 f1 为 7。

第 36 行代码定义了一个 add() 方法，没有具体的实现，具体的实现由不同的子类来实现。第 38 行代码定义了一个 AddInt 类继承自 Addal[Int]，并实现 add() 方法。第 44 行代码通过对方法和参数指定泛型来推断传递的参数类型，根据传递的参数调用不同的类。对于整型数值，第 30 行代码创建了一个 AddInt 的对象并赋值给隐式参数 intadd，调用 addim() 方法并传递一个参数 4，结果返回 AddInt=24。对于字符串，第 31 行代码定义了一字符串的隐式值，调用 addim("4") 传递字符串 4，结果返回 AddString=444。对于整型数值 4 来说，由于传递的是整型，会调用 AddInt 类中的 add() 方法。对于字符串 "4" 来说，会调用 AddString 类中的 add() 方法，通过 x*3 的方式可以把字符串拼接三次。

9.1.5 Scala 的隐式对象

在 Java 中定义对象有两种方式，分别如下：

第一种方式：通过 new 关键字。

第二种方式：通过反射。

在 Scala 中，除了这两种方式外，还可以使用 object 直接声明一个单例对象。声明隐式对象的方式如下：

视频

隐式对象

```
implicit object 对象名 {
}
```

只要在常规的定义方式之前加上 implicit 关键字，就可以声明一个隐式对象。隐式对象与隐式值的作用相同，只是定义方式不同，即隐式对象与隐式参数一起使用。

下面举例说明如何改造隐式参数的加法案例。

创建 RunImplicitObject.scala 文件，相关代码如下：

```
1  package scala09
2  import scala09.RunFunction.{AddInt, AddString, Addal, addim}
3  object RunImplicitObject {
4    implicit object AddInt01 extends Addal01[Int]{
5      override def add(x: Int): Int = (x+x+x)*2
6    }
7    implicit object AddString01 extends Addal01[String]{
8      override def add(x: String): String = x*3
9    }
10   def main(args: Array[String]): Unit = {
11     // implicit val intadd=new AddInt01
12     println("AddInt="+addim01(4))
```

```
13      println("AddString="+addim01("4"))
14      val d:Double=5
15      println(s"d=$d")
16    }
17    trait Addal01[T]{
18      def add(x:T):T
19    }
20    class AddInt01 extends Addal01[Int]{
21      override def add(x: Int): Int = (x+x+x)*2
22    }
23    def addim01[T:Addal01](x:T)(implicit a:Addal01[T])={
24      a.add(x)
25    }
26  }
```

输出结果，如图 9-4 所示。

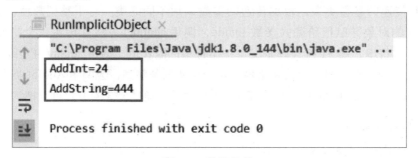

图 9-4　输出结果

第 4 行代码使用 implicit 关键字定义了一个 AddInt01 隐式对象。隐式对象应该定义在程序执行的上方，否则会报错。对于整数来说，使用的是隐式值；对于字符串来说，使用的是对象。隐式值和隐式对象可以起到相同的作用，只不过隐式对象可以调用其他方法，所以相对来说隐式对象更好一些。在同一个作用域内，同一个类型的隐式值只能有一个。

9.2　Scala 的隐式转换规则

视频

隐式转换规则

视频

隐式规则示例

下面介绍 Scala 的隐式转换规则，隐式转换的前提是不存在二义性，也就是不可以有歧义，隐式操作不能嵌套使用。代码能够在不使用隐式转换的前提下编译通过，就不会进行隐式转换。

Scala 中的隐式成员有方法 / 函数、属性成员、类成员、对象成员和参数。Scala 中的隐式成员都必须遵守隐式规则。Scala 中的隐式规则如下：

- 显式定义规则。
- 无歧义规则。
- 定义域规则。
- 不能多次转换原则。

无歧义规则指在同一作用域不可以有歧义，即当两个变量定义的类型相同时，只能保留一个。不能多次转换原则就是从源类型到目的地类型中间是一次转换的。

下面举例说明隐式转换的规则。

创建 RunImplicitOder.scala 文件，相关代码如下：

```scala
1  package scala09
2  object ImplicitValue{
3    implicit def fToI(f:Float)=f.toInt
4  }
5  object RunImplicitOder {
6    //  implicit def doubletoInt(x:Double)=x.toInt
7    implicit def dtoI(x:Double)=x.toInt
8    import ImplicitValue._
9    def main(args: Array[String]): Unit = {
10     //println(add0901(2.4,2.2))
11     //implicit val d:Double=2.5d
12     //println(add0901)
13     //implicit val i:Int=3
14     //println(add0901(3,6))
15     val x:Int=2.34d
16     println(s"double x= $x")
17     "dog".printName()
18     "cat".printName()
19     val i2:Int=2.3f
20     println(s"i2=$i2")
21     //4
22     new Animal1("wangwang").printNameWithAnimal2()
23   }
24   def add0901(implicit x:Double,y:Double): Double ={
25     x+y
26   }
27   //implicit class Animal(var name:String){
28     //def printName()={
29           //println(s"name is $name")
30     //}
31   //}
32   implicit class Animal1(var name:String){
33     def printName()={
34       println(s"Animal1 name is $name")
35     }
36   }
37   implicit class Animal2(var a1:Animal1){
38     def printNameWithAnimal2()={
39       println(s"Animal2 name ")
40     }
41   }
42 }
```

创建 RunMultiConvert.scala 文件，相关代码如下：

```scala
1  package scala09
2  object RunMultiConvert {
3    /**
4     * A b C
5     * a.printB(c)
6     */
7    class A09{
8      def printA: Unit ={
9        println("i am A")
10     }
11   }
```

```
12    class B09{
13      def printB(c:C09): Unit ={
14        println("i am B"+c)
15      }
16      override def toString = s"B09()"
17    }
18    class C09{
19      override def toString: String = "print c"
20      def printC: Unit ={
21        println("i am C")
22      }
23    }
24    implicit def AtoB(a:A09)={
25      println("A converted B")
26      new B09
27    }
28    implicit def BtoC(a:B09)={
29      println("b converted c")
30      new C09
31    }
32    def main(args: Array[String]): Unit = {
33      val a=new A09
34      a.printB(new B09)
35    }
36    override def toString = s"RunMultiConvert()"
37  }
```

隐式转换显式规则、无歧义规则和定义域规则的输出结果，如图 9-5 所示。

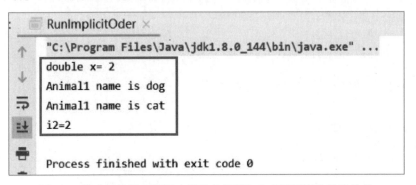

图 9-5　隐式转换显示规则、无歧义规则和定义域规则的输出结果

第 24 行代码定义了一个具有两个隐式参数的方法 add0901()，返回值为 Double 类型。第 10 行代码调用 add0901() 方法传递两个参数 2.4 和 2.2，这是通过最普通的方式调用 add0901() 方法。第 11 行代码定义了一个 Double 类型的隐式变量 d，在调用时可以不加任何参数，这是通过隐式转换的方式调用 add0901() 方法。第 13 行代码定义了一个整型的隐式变量 i，调用 add0901() 方法传递两个整型参数，根据显式定义规则，通过 Scala 进行转换。第 6 行代码定义了一个由 Double 类型转换为 Int 类型的隐式方法，第 15 行代码中将一个浮点型的数 2.34d 赋值给整型的 x，结果返回 2。如果再定义一个功能相同的方法，代码编译时会出错。由于定义了两个功能相同的方法，在调用方法时，会存在歧义。第 32 行代码中定义了一个名为 Animal 1 的隐式类，用于输出 name。传递任何一个字符串调用 printName() 都可以输出 name。如果再定义一个功能相同的类，在调用时就会出错。这种情况也会存

在歧义问题。第 3 行代码中在不同的作用域中定义了一个隐式转换的方法 fToI()，用于将 Float 类型转换为 Int 类型，赋值调用时会出错。这种情况需要在赋值作用域内引入该方法。

一次性转换原则的输出结果，如图 9-6 所示。

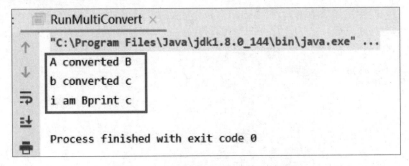

图 9-6　一次性转换原则的输出结果

在本示例中通过定义三个类 A09、B09 和 C09，实现类 A09 的对象调用类 B09 中的方法 printB()，传递类 C09 的对象。第 24 行代码定义了一个隐式转换的方法 AtoB()，用于将类 A09 的对象转换为类 B09 的对象。同理，第 28 行代码中定义了一个隐式转换方法 BtoC()，用于将 B09 的类 B09 的对象转换为 C09 的对象。第 33 行代码中定义了一个 A09 的对象 a，第 34 行代码通过 a 调用了 B09 中的方法 printB()，通过 new B09 调用了 C09 中的 toString 方法。这一次调用涉及两次隐式转换，源目标和目的目标在一次调用中可以有多个调用，但是从源目标到目的地中间必须只有一次转换。

9.3　Scala 与 Java 的环境搭建

在实际开发工程项目的过程中，会把整个工程项目按业务或功能划分为多个模块，这种情况会涉及 Java 和 Scala 之间相互调用的问题。Scala 运行在 JVM 上，它具有 Java 的开发环境。在开发 Scala 的过程中可以创建 Java 类，但是为了提升工程项目的开发效率，会使用 Maven 进行编译。下面介绍 Scala 和 Java 在混合开发中的环境搭建。

视频
Java 和 Scala
环境搭建

9.3.1　Scala 的环境准备

Java 中可以使用 Maven 管理和编译代码，Scala 中有两种方式构建 Scala 代码，分别是 SbT 和 Maven。如果项目模块都是通过 Scala 开发的，建议使用 SbT；如果是 Java 和 Scala 混合环境开发的，建议使用 Maven。

使用 Maven 管理 Java 和 Scala，需要准备的环境有 IDEA、JDK 1.8+、Scala 2.1x 和 Maven 3.3.9。

9.3.2　Maven 搭建

Maven 安装完成后，需要配置 Maven 的安装路径、Maven 的配置文件以及 Maven 仓库，如图 9-7 所示。在 Maven home directory 下拉列表中可以选择 Maven 的安装路径，也可以自己指定 Maven 的安装位置。User settings file 指定 Maven 从远程仓库下载文件至本地时，需要读取配置文件的路径，默认会安装到 .m2 路径下，这个路径也是可以改变的。Local repository 路径存放着 Maven 下载的仓库。

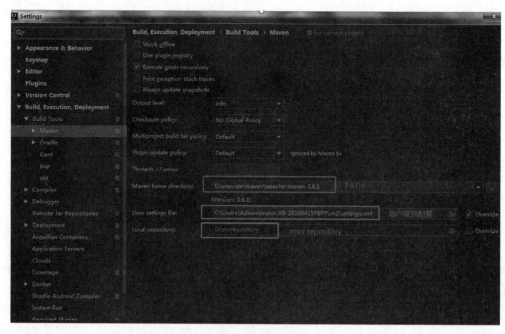

图 9-7　Maven 配置

9.3.3　选择插件

配置完毕后，可以新建一个项目，选择需要使用的插件，如图 9-8 所示。插件种类很多，可以选择 Java 插件或者 Scala 插件。这里选择了一个 Java 插件，也可以选择 Scala 插件。在这个列表框中存在许多不同类型的 Scala 插件，可以根据自己的需求选择不同功能的插件进行项目的开发。

图 9-8　选择插件

9.3.4 Scala 的设置

完成插件的选择后，为了单独管理项目，可以使用 Sources Root，如图 9-9 所示。可以通过 Sources Root 单独管理 Java 和 Scala，即 Java 单独一个 Sources Root，Scala 单独一个 Sources Root。

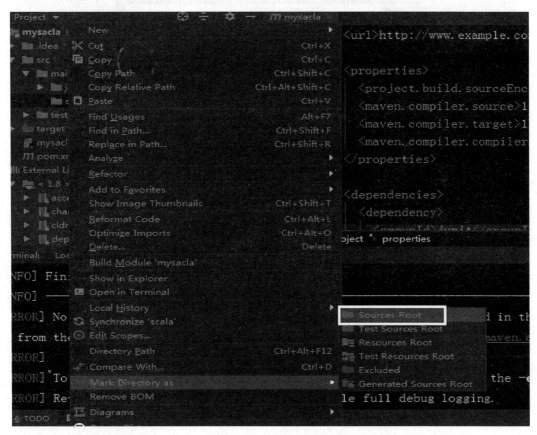

图 9-9　Sources Root

9.3.5 Scala 和 Java 的编译

完成安装和配置后，可以通过不同的方式验证 Scala 和 Java 的编译环境。mvn clean 和 mvn package 用于验证 Java 环境，可以新建一个 Java 类，如果编译和打包都没有问题，那么说明 Java 环境配置成功。同样通过 mvn clean scala:compile compile package 编译和打包验证 Scala。

Maven 尽量使用 3.9 以上的版本，方便和 JDK 配合。解压 Maven 并进入 Maven 的 conf 目录下，打开配置文件 settings.xml，该文件记录了需要配置的参数。仓库路径可以重新指定，也可以使用默认的环境。镜像可以配置也可以不配置，如果不配置镜像，则会使用默认的远程仓库。

另外，Maven 还需要配置环境变量。打开"系统属性"对话框，选择"高级"选项卡，单击"环境变量"按钮，打开"环境变量"对话框，在其中设置 MAVEN_HOME 和 Path 变量，如图 9-10 所示。

打开"编辑用户变量"对话框，指定 MAVEN_HOME 的变量值，如图 9-11 所示。

打开"编辑环境变量"对话框，设置 Path 变量中的 %MAVEN_HOME%\bin，如图 9-12 所示。

图 9-10　环境变量

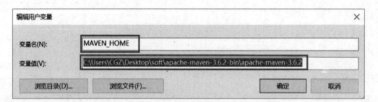

图 9-11　设置 MAVEN_HOME 变量

图 9-12　设置 Path 变量

验证 Maven 是否配置成功，可以打开命令提示符，输入 mvn -version 命令。如果出现 Maven 的版本信息，说明配置成功，如图 9-13 所示。如果出现的不是内部命令的提示，说明环境变量没有配置成功。

图 9-13　验证 Maven 的配置

使用 Maven 管理和创建 Java 和 Scala 的项目。选择 File → New → Project 命令，新建一个项目，如图 9-14 所示。也可以选择 Module 新建一个模块。

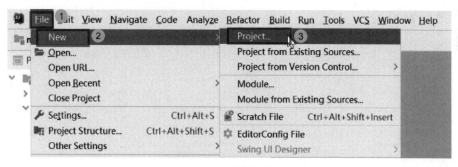

图 9-14　新建项目

在弹出的 New Project 对话框中，选择 Maven 选项，在右侧的列表框中选择需要的框架，单击 Next 按钮，继续下一步操作，如图 9-15 所示。

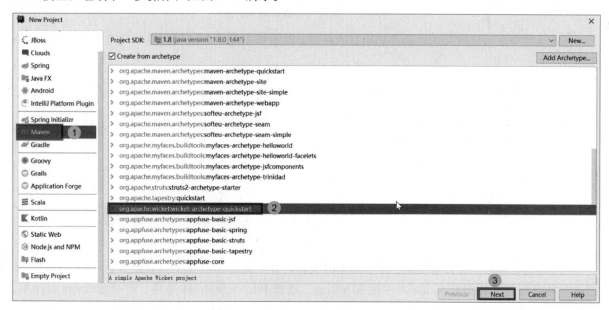

图 9-15　选择框架

在 GroupId 文本框中输入组名，在 ArtifactId 文本框中输入项目名称或模块，然后单击 Next 按钮，如图 9-16 所示。

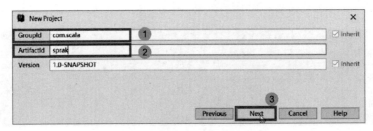

图 9-16　输入组名和项目名称

进入项目级别的 Maven 配置，可以设置配置文件的路径、Maven 库等。如果想覆盖 User settings file 指定的路径，可以勾选 Override 复选框，指定再设置其他路径。然后单击 Next 按钮，如图 9-17 所示。

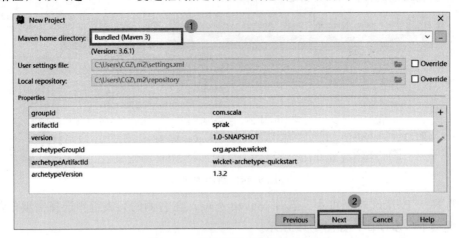

图 9-17　配置项目级别的 Maven

在此设置界面可以定义项目名称和项目的路径，然后单击 Finish 按钮完成项目的创建，如图 9-18 所示。

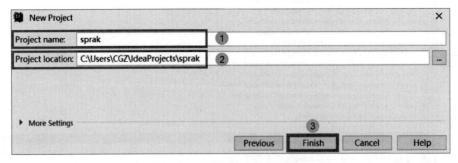

图 9-18　定义项目名称和路径

项目创建完成后，会自动生成一个 pom.xml 文件，并且会在 Maven 的远程配置仓库中下载包。要想进行项目的开发还需要在 IDEA 中配置 Maven。选择 File → Settings 选项，打开 Settings 对话框，选择 Maven 选项并进行相关配置，如图 9-19 所示。在 Maven home directory 中指定 Maven 的路径，还可以在 User settings file 中指定项目要读取的文件。

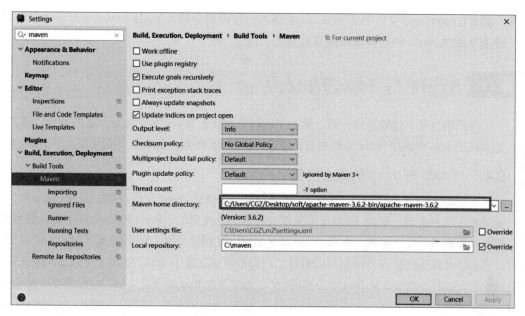

图 9-19　指定 Maven home

如果要在 Java 中创建 Scala 类，还需要设置 Global Libraries，如图 9-20 所示。选择 File → Project Structure 命令，在 Global Libraries 中增加一个 scala-sdk。这样才可以成功创建 Scala 项目或 Scala 类。

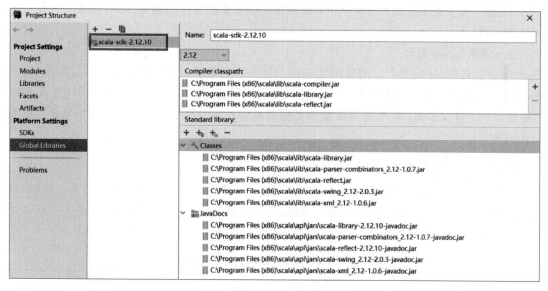

图 9-20　配置 Global Libraries

为了独立分开 Java 和 Scala，需要创建 Scala 目录，右击新创建的 Scala 目录，在弹出的快捷菜单中选择 Mark Directory as → Resources Root 命令，设置源文件根目录。之后通过代码验证 Java 和 Scala 的运行环境和打包情况即可。如果运行成功，则说明 Java 和 Scala 的混合开发环境已经搭建成功。

通过控制台方式验证编译环境，选择 View → Tool Windows → Terminal 命令，打开控制台。输入 mvn -version 命令验证 mvn 命令是否生效。如果生效，则输入 mvnclean 命令和 mvn package 命令验证 Java 的环境。可以通过 mvn clean scala:compile compile package 命令验证 Scala 环境。

另外，需要在 pom.xml 文件中添加 Scala 的版本，在控制台输入 scala -version 命令可以查看 Scala 的版本，还需要添加 Scala 的一些依赖配置和插件。

9.4　Scala 与 Java 的交互

下面围绕两个问题进行介绍，第一个问题是如何在 Scala 中调用 Java 中的成员，第二个问题是如何在 Java 中调用 Scala 中的成员。通过介绍 Scala 和 Java 的相互调用来深入学习两者的交互。

9.4.1　Scala 与 Java 的集合交互

无论是 .java 文件还是 .scala 文件，最终都要被编译成 .class 文件，然后运行在 Java 的 JVM 上。正是由于这种原理，Scala 和 Java 的大部分特性都是通用的。Scala 和 Java 交互要满足两大原则，第一个原则是一般性原则，指 Scala 和 Java 是可以互相调用的。Scala 在编译时，即把成员编译成字节码时，它会尽可能地映射为 Java 对等的特性。一般性原则决定了 Scala 和 Java 可以很好地兼容。第二个原则是特殊性。Scala 中的 trait 是 Java 中没有的特性。如果要把 trait 编译成 .class 文件，需要手动特殊处理。

Java 与 Scala 交互时，在 Scala 中需要特殊处理的有 trait、集合、泛型、注解、Javabean、通配符的类型以及新的版本兼容特性等。

1. Scala 调用 Java 集合

在 Scala 中定义的 Java 集合需要满足 Scala 中的语法。在调用时需使用 Java 中的方法，而不是 Scala 中的方法。如果想要使用 Scala 中的方法调用，则需要把集合转换成 Scala 的集合，每一个集合都有对应的关系。

2. Java 调用 Scala 集合

在 Java 中定义 Scala 的集合，需要满足 Java 的语法。只能通过 Scala 的集合方法调用，而不可以调用 Java 中的方法。同样，如果想使用 Java 中的方法，需要转换成 Java 的集合。无论是在 Java 中调用 Scala 集合，还是在 Scala 中调用 Java 集合都需要满足对应的语法。如果想要使用集合，则需要进行集合的转换。

9.4.2　Scala 与 Java 的集合双向

Scala 和 Java 中可以相互转换的集合如表 9-1 所示。表中的 <=> 符号表示双向转换。例如 Scala 中的迭代器和 Java 中的迭代器可以互相转换，Scala 中可变集合转换成 Java 中对应的集合，Java 中大部分都是可变的集合。Scala 和 Java 之间的集合转换不涉及集合的拷贝，因此效率很高。

表 9-1　Scala 和 Java 中集合的相互转换

Scala	符号	Java
Iterator	<=>	java.util.Iterator
Iterator	<=>	java.util.Enumeration
Iterator	<=>	java.util.Collection
Iterator	<=>	java.lang.Iterable
mutable.Buffer	<=>	java.util.List
mutable.Set	<=>	java.util.Set
mutable.Map	<=>	java.util.Map
mutable.ConcurrentMap	<=>	java.util.concurrent.ConcurrentMap

9.4.3　Scala 与 Java 的集合单项操作

有些集合是不可以进行双向转换的，只能单向转换。=> 表示单向转换。Scala 与 Java 中集合的单向操作如表 9-2 所示。例如，Scala 中的 Seq 集合只能转换成 Java 中的 List 集合，而 Java 中的 List 不可以转换成 Scala 中的 Seq 集合。

表 9-2　Scala 与 Java 中集合的单向操作

Scala	符号	Java
Seq	=>	java.util.List
mutable.Seq	=>	java.util.List
Set	=>	java.util.Set
Map	=>	java.util.Map

下面演示 Scala 的集合和 Java 的集合如何相互调用。

在 Scala 中创建 Car.scala 文件，相关代码如下：

视频 ●······

集合调用示例

```
1  package scala09
2  import com.shf.Person
3  class Car(var name:String) {
4    def printName: Unit ={
5      println(s"car is $name")
6    }
7    override def toString = s"Car($name)"
8  }
9  object RunJava{
10   def main(args: Array[String]): Unit = {
11     val p=new Person("suyoupeng")
12     p.getName()
13   }
14 }
```

在 Java 中创建 RunScala.java 文件，相关代码如下：

```
1  package com.shf;
2  import scala09.Car;
3  public class RunScala {
4    public static void main(String[] args) {
5      Car car= new Car("bmw");
6      System.out.println("car="+car);
7      car.printName();
8    }
9  }
```

在 Java 中创建 Person.java 文件，相关代码如下：

```
1  package com.shf;
2  public class Person {
3    private String name=null;
4    public Person(String name){
5      this.name=name;
```

```
 6    }
 7    public void getName() {
 8      System.out.println("person name is "+name);
 9    }
10  }
```

在 Scala 中创建 RunCollection.scala 文件，相关代码如下：

```
 1  package scala09
 2  import java.util
 3  class RunCollection {
 4  }
 5  object RunCollection{
 6    //scala  use java
 7    def main(args: Array[String]): Unit = {
 8      val javalist=getJavaList
 9      javalist.forEach(println(_))
10      import scala.collection.JavaConverters._
11      println("------scala-------")
12      val scalalist=javalist.asScala
13      scalalist.foreach(println(_))
14      val scalatojava= scalalist.asJava
15      println(s"javalist = scalatojava ? ${javalist eq(scalatojava)}")
16    }
17    def getJavaList ={
18      val javalist =new java.util.ArrayList[String]()
19      javalist.add("java")
20      javalist.add("scala")
21      javalist
22    }
23  }
```

在 Java 中创建 RunScalaCoccletion.java 文件，相关代码如下：

```
 1  package com.shf;
 2  import scala.collection.JavaConverters;
 3  import scala.collection.mutable.HashMap;
 4  import java.util.Map;
 5  public class RunScalaCoccletion {
 6    public static void main(String[] args) {
 7      HashMap map=new HashMap<String,String>();
 8      map.put("spark","scala");
 9      map.put("hadoop","java");
10      //1
11      for(Object key: JavaConverters.asJavaCollection(map.keySet())){
12      String key1=(String)key;
13      System.out.println("manner 1 key="+key1+", value="+map.get(key1).get());
14      }
15      //2.
16      Map map1 = JavaConverters.mapAsJavaMap(map);
17      for(Object key: map1.keySet()){
18      String key1=(String)key;
19        System.out.println(" manner 2 key="+key1+", value="+map1.get(key1));
```

```
20        }
21     }
22 }
```

Java 中调用 Scala 类的输出结果如图 9-21 所示。

```
RunScala ×
"C:\Program Files\Java\jdk1.8.0_144\bin\java.exe" ...
car=Car(bmw)
car is bmw

Process finished with exit code 0
```

图 9-21　Java 中调用 Scala 类的输出结果

在 Scala 中定义类 Car，在类中定义了一个 printName() 方法用于输出 name，然后重写 toString()
方法。在 Java 中通过 Car car= new Car("bmw") 的方式创建类 Car 的对象，然后输出对象 car，结果返
回 car=Car(bmw)。使用对象调用 printName() 方法，结果返回 car is bmw。

Scala 调用 Java 类的输出结果如图 9-22 所示。

```
RunJava ×
"C:\Program Files\Java\jdk1.8.0_144\bin\java.exe" ...
person name is suyoupeng

Process finished with exit code 0
```

图 9-22　Scala 调用 Java 类的输出结果

在 Java 中创建 Person 类，创建 name 属性，然后通过构造器传递值。定义一个 getName() 方法，
用于打印 name。在 Scala 中创建 Person 类的对象 p，传递参数 suyoupeng。通过对象 p 调用 getName()
方法，结果返回 person name is suyoupeng。

在 Scala 中调用 Java 集合的输出结果如图 9-23 所示。

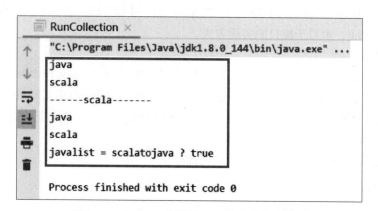

```
RunCollection ×
"C:\Program Files\Java\jdk1.8.0_144\bin\java.exe" ...
java
scala
------scala-------
java
scala
javalist = scalatojava ? true

Process finished with exit code 0
```

图 9-23　在 Scala 中调用 Java 集合的输出结果

在 Scala 中创建 RunCollection.scala 文件，定义一个 getJavaList 方法，用于获取 Java 集合。在 Scala 中创建 Java 的集合需要符合 Scala 的语法。通过 new java.util.ArrayList[String]() 的方式创建集合并赋值给 javalist，使用 javalist 调用 add() 方法。在调用时只能使用 Java 的集合方法，第 9 行代码中 javalist 调用的 forEach() 方法与 Scala 无关，这是 Java 1.8 中的一个新特性。第 10 行代码引入了 scala. collection.JavaConverters._ 包，引入该包后可以调用 asScala 将 Java 集合转换为 Scala 集合。再次把 Scala 集合转换为 Java 集合时，使用的是同一个引用。

在 Java 中调用 Scala 集合的输出结果如图 9-24 所示。

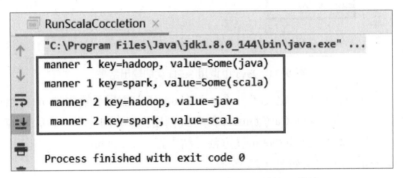

图 9-24　在 Java 中调用 Scala 集合的输出结果

在 Java 文件 RunScalaCoccletion.java 中创建一个 Scala 集合。在 Java 中引用 Scala 的 HashMap，需要导入 scala.collection.mutable.HashMap 包，并且要符合 Java 的语法。第 7 行代码通过 new HashMap<String,String>() 的方式创建了一个 HashMap 集合，并调用 put() 方法传递参数。调用 asJavaCollection 将 Scala 集合转换为 Java 集合，输出 key 和 value。另外一种解决方式是通过调用 mapAsJavaMap() 转换为 Java 中的 Map。

9.4.4　Scala 的 trait 在 Java 中调用

● 视频

trait 交互

trait 是 Scala 中特有的一种特性，Java 中有一个类似 trait 的特性称为接口。在 JDK 1.7 中，接口只有抽象方法。在之前的旧版本中，trait 相当于 Java 中的接口和抽象类。在 JDK 1.8 中，接口既有抽象成员也有非抽象成员。

1. Java 使用 trait

在 Java 中要想使用 Scala 中定义的 trait，可以通过定义一个类实现 trait，即类 implementstrait，类似于接口的实现方式。

2. 使用 trait 方式

调用 trait 的方式有两种，即对 trait 扩展和直接调用。在 Scala 中定义一个类继承 trait，Java 中的类继承该类，对 trait 进行扩展。如果 trait 中是抽象方法，可以直接在类中实现抽象方法；如果是具体的实现，类相当于继承了具体实现的方法，可以通过 new 新建一个对象调用这个方法。

下面举例说明 Scala 的 trait 在 Java 中的使用。

在 Scala 中创建 SqlDao.scala 文件，相关代码如下：

```
1 package scala09
2 trait SqlDao {
3   def delete(id:String):Boolean
```

```
4    def add(s:String):Boolean={
5      println("scala add "+s)
6      true
7    }
8    def update(s:String):Int
9    def query(id:String):List[String]
10 }
11 class SqlDaoImplScala extends SqlDao{
12   override def query(id: String): List[String] = {
13     null
14   }
15   override def delete(id: String): Boolean = {
16     true
17   }
18   override def update(s: String): Int = {
19     println("scala update "+s)
20     0
21   }
22 }
```

在 Java 中创建 SqlDaoImplJava.java 文件，相关代码如下：

```
1  package com.shf;
2  import scala.collection.immutable.List;
3  import scala09.SqlDao;
4  import scala09.SqlDaoImplScala;
5  public class SqlDaoImplJava implements SqlDao {
6    @Override
7    public boolean delete( String id) {
8      System.out.println("delete "+id +" by java implments");
9      return false;
10   }
11   @Override
12   public boolean add( String s) {
13     System.out.println("java add "+s);
14     return false;
15   }
16   @Override
17   public int update( String s) {
18     return 0;
19   }
20   @Override
21   public List<String> query( String id) {
22     return null;
23   }
24   public static void main(String[] args) {
25     SqlDaoImplJava sqlDaoImplJava = new SqlDaoImplJava();
26     sqlDaoImplJava.delete("3");
27     sqlDaoImplJava.add("spark");
28     SqlJavaDao sqlJavaDao = new SqlJavaDao();
29     sqlJavaDao.update("kafka");
30   }
31 }
32 class SqlJavaDao extends SqlDaoImplScala{
33   @Override
```

```
34    public int update(String s){
35      System.out.println("java update "+s);
36      return 0;
37    }
38  }
```

输出结果，如图 9-25 所示。

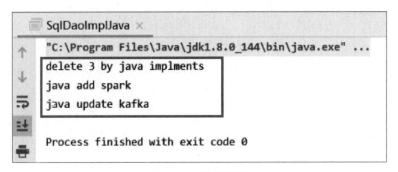

图 9-25　输出结果

在 Scala 中定义了 4 个方法，delete() 方法用于根据 id 删除字符串并返回布尔类型；add() 方法用于添加字符串并返回布尔类型；update() 方法用于更新数据并返回整型数值；query() 方法根据 id 进行查询并返回 List。在 Java 中，可以像使用接口一样使用 Scala 中的 SqlDao，分别调用这 4 个方法传递参数。

在 Scala 中定义一个 SqlDaoImplScala 类继承 SqlDao，在类中分别重写这些方法。然后在 Java 中定义一个类 SqlJavaDao 继承 SqlDaoImplScala，实现方法。在 Java 中创建一个 SqlJavaDao 类的对象 sqlJavaDao，使用 sqlJavaDao 对象调用 update() 方法。

小　结

● 视　频

总结

Scala 的隐式转换在 Scala 语言中无处不在，通过对隐式转换的定义、原理和重要规则的学习，使读者掌握了 Scala 的重点特性，为学生编写高质量代码和阅读源代码（如 Spark）奠定良好的基础。通过 Java 与 Scala 在异常、集合和接口等方面的交互学习，使读者掌握了实际工作中如何使用 Java 和 Scala 联合开发。

习　题

一、简答题

1. Scala 有哪些常见的隐式转换和隐式转换规则？

2. –> 的工作原理是什么？或者说，"Hello" –> 42 和 42 –> "Hello" 怎么会和对偶("Hello", 42) 和 (42, "Hello") 扯上关系呢？

提示：Predef.any2ArrowAssocScala 多态。

3. 表达式 "abc".map(_.toUpper) 的结果是一个 String，但 "abc".map(_.toInt) 的结果是一个 Vector。为什么会这样？

二、编程题

1. 定义一个操作符 +%，将一个给定的百分比添加到某个值。举例：120 +% 10 应得到 132。

提示：由于操作符是方法，而不是函数，所以需要提供一个 implicit。

2. 定义一个！操作符，计算某个整数的阶乘。举例：5! 应得到 120。需要一个类和一个隐式转换。

3. 比较 java.awt.Point 类的对象，按词典顺序比较（即依次比较 x 坐标和 y 坐标的值）。

4. 继续前一个练习，根据两个点到原点的距离进行比较。如何在两种排序之间切换？

第 10 章

Scala 类型参数

　　本章主要介绍 Scala 的泛型和型变，通过理论知识与案例相结合的方式学习有关泛型的应用、界定范围等。首先通过泛型的定义、应用以及泛型通配符等对 Scala 中的泛型有一个初步的认知，然后进一步学习 Scala 的泛型界定，通过 4 种界定类型的介绍了解它们的应用方式，最后介绍 Scala 型变中的 3 种类型。

10.1　Scala 的泛型

· 视 频

Java 泛型概念

　　Scala 的泛型大部分特性与 Java 兼容，如类的泛型、方法的泛型和接口 /trait 的泛型等。它们的用法大部分情况下与 Java 相同，只有个别在语法上有偏差。在 JDK 1.5 中才出现泛型，为了向后兼容，Scala 针对 Java 中的不足做出了改进，增加了一些新的特性，例如对数组、泛型做了一些改进。

10.1.1　Scala 的泛型概念

　　在泛型还没有出现之前，Java 中的 List 可以存放任何对象。集合在编译时，不会检查集合中存放的数据类型。基于这种情况会出现两个问题，第一个是出现异常，第二个是必须要进行类型转换。为了解决这类问题，引入了泛型。

　　下面举例说明 Java 中泛型的应用，创建 ListTest.java，相关代码如下：

```
1   package com.shf.scala10;
2   import java.util.ArrayList;
3   import java.util.List;
4   public class ListTest {
5     public static void main(String[] args) {
6       ArrayList<String> arrayList = new ArrayList<>();
7       arrayList.add("spark");
8       arrayList.add("scala");
9       // arrayList.add(3);
10      arrayList.forEach(str-> System.out.println(((String)str).length()));
11      ArrayList<String> sList = new ArrayList<>();
12      ArrayList<Integer> iList = new ArrayList<>();
```

```
13      System.out.println(sList.getClass());
14      System.out.println(iList.getClass());
15      //  Object ob=sList instanceof ArrayList<String> ? null : null;
16      System.out.println(iList.getClass()==sList.getClass());
17    }
18 }
19 class Person<T>{
20    // static T name;
21    public void setName(T name ){
22    }
23 }
```

Java 泛型的输出结果如图 10-1 所示。

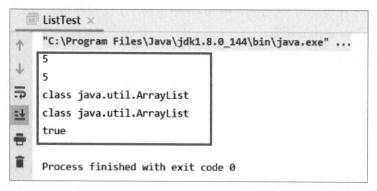

图 10-1　Java 泛型的输出结果

第 10 行代码中需要转换类型为 String 类型，才可以打印字符串的长度，可以调用字符串的其他方法。如果不转换只能用 Object 方法，因为集合并不知道具体的类型。第 11 行和 12 行代码中定义了两个泛型的集合，第 13 行和第 14 行代码中分别调用了 getClass() 方法查看泛型是否属于同一个类，即使属于不同的类型，也会属于同一个类，即 ArrayList 类。第 16 行代码中通过判断 sList 和 iList 引用是否相等，来确定是否引用了同一个内存空间。如果返回 true，则说明它们引用了同一内存空间。第 19 ～ 23 行代码中定义了一个类 A 并指定泛型 T，由于泛型不可以在静态成员中使用，所以定义一个非静态成员才不会出错，这里定义了一个 setName() 方法。

1. 泛型定义

泛型的定义为参数化类型，即所有操作的数据类型被指定为一个参数。有了泛型，一个类就可以有多种类型。当定义泛型并传值时，可以传递 String 或 Integer 等其他类型。假设定义一个 Apple 类并添加泛型，在 Java 中定义的方式如下：

```
1 class Apple<T>{
2    public set(T name ){
3    }
4 }
```

当使用 new 创建对象时，可以传递字符串或整型，即 new Apple<String>()。如果传递的是 String 类型，那么 set(T name) 中的 T 就是 String 类型。

2. 类与类型

在没有泛型的情况下，对象的类型和类是一一对应的。泛型存在的情况下，会导致一个类对应多个类型。产生的多个类型对应的类是相同的，泛型不可以应用于静态的成员、类等。

10.1.2　Scala 的泛型应用

泛型用于指定方法或类可以接受任意类型的参数，参数在实际使用时才被确定，泛型可以有效地增强程序的适用性，使用泛型可以使得类或方法具有更强的通用性。泛型的典型应用场景是集合及集合中的方法参数，与 Java 相同，Scala 中的泛型无处不在。

1. Scala 泛型应用概述

在 Java 中，泛型可以应用到类、接口、方法、匿名内部类中。Scala 中泛型可以应用到类、特质、函数中。其中 Scala 中的特质对应 Java 中的接口，Scala 中的函数对应 Java 中的方法。Scala 中也有匿名内部类。

2. Scala 泛型语法

在 Java 中声明一个泛型使用 <> 方式，而 Scala 中声明一个泛型使用 [] 方式。这两者除了语法上的不同，其他应用与 Java 中十分相似。

10.1.3　Scala 的泛型类和泛型特质

一般情况下，使用泛型类是需要对类中的某些成员进行统一的类型限制，这样可以保证程序的健壮性和稳定性。本节主要介绍类与特质的泛型，类与特质的用法几乎相同，唯一不同的是声明一个类使用 class，声明一个特质使用 trait。

1. Scala 泛型类

在 Scala 中定义泛型类可以使用 class 类名 [T](参数) 和 class 类名 [S,T…](参数) 两种方式，其中 T 表示类型。当定义一个泛型后，可以把泛型当作一个类型，不同的类型对应同一个类。类的泛型可以应用于类内部的所有成员上。通过 class 类名 [S,T…](参数) 的方式可以定义多个泛型类，在 [] 中使用逗号分隔。在继承重写方法时，如果类 A1 继承了类 A，指定的泛型是 String 类型，在类中方法的返回值也必须是 String 类型。

2. Scala 泛型 trait

Scala 中泛型特质的声明方式有两种，分别是 trait 类名 [T] 和 trait 类名 [S,T…]。泛型特质与泛型类应用相同，但它们的定义语法不同。

下面举例说明 Scala 的泛型类和泛型特质。

创建 RunCTrait.scala 文件，相关代码如下：

```
1  package Scala10
2  class RunCTrait {
3  }
4  object RunCTrait {
5    def main(args: Array[String]): Unit = {
6      val animal = new Animal[String, Int]("wangwang", 5)
7      // val animal1:Animal[String, Int]=new Animal("abc",19)
8      println(s" age =${animal.getAge()},type=${animal.getAge().getClass.getSimpleName}")
9      println(s" name =${animal.getName()},type=${animal.getName().getClass.getSimpleName}")
10     animal.setAge(9)
11     animal.setName("laipigou")
12     println(s" age =${animal.getAge()},type=${animal.getAge().getClass.getSimpleName}")
13     println(s" name =${animal.getName()},type=${animal.getName().getClass.getSimpleName}")
14     val d=new Dog("dog1",100)
15     println(s" dog age =${d.getAge()},type=${d.getAge().getClass.getSimpleName}")
16     println(s"dog  name =${d.getName()},type=${d.getName().getClass.getSimpleName}")
```

```
17        val language=new BigData()
18        println(language.getLanguage("hadoop"))
19    }
20 }
21 class Animal[T1, T2](var name: T1, var age: T2) {
22    def getName(): T1 = {
23      name
24    }
25    def getAge(): T2 = {
26      age
27    }
28    def setName(name: T1): Unit = {
29      this.name = name
30    }
31    def setAge(age: T2): Unit = {
32      this.age = age
33    }
34 }
35 class Dog(name:String,age:Int)extends Animal[String,String]("aninmal","99"){
36    override def getAge(): String = "88"
37 }
38 trait LanguageMap[A,B]{
39    def getLanguage(key:A):B
40 }
41 class BigData extends LanguageMap[String,String]{
42    val map=Map("spark"->"scala","hadoop"->"java","kafka"->"scala")
43    override def getLanguage(key: String): String = map.getOrElse(key,"c")
44 }
```

输出结果如图 10-2 所示。

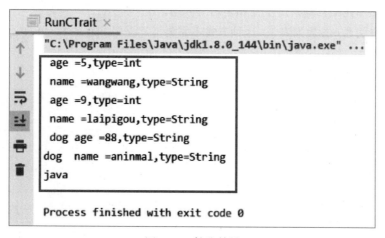

图 10-2 输出结果

第 21 行代码定义了一个多泛型的类 Animal，属性 name 的泛型为 T1，属性 age 的泛型为 T2。当定义了一个泛型后，可以在泛型所在的类中使用。在类中定义了 4 个方法，getName() 方法返回值为 T1；getAge() 方法返回值为 T2；setName() 方法的属性 name 类型为 T1；setAge() 方法的属性 age 类型为 T2。此处泛型应用到了构造器的参数中和方法的返回值和属性中。第 6 行代码中使用 new Animal[String, Int] 方式创建 Animal 对象并传递参数，传递的参数类型要与泛型中的类型对应。对象 animal 调用 getClass 和 getSimpleName 获取类型的简单名称。结果返回 age 的类型为 Int，name 的类型为 String，与泛型中的类型相匹配。第 35 行代码定义了一个类 Dog 继承自类 Animal，指定 Animal 的泛型都为 String 类型。在类中重写方法 getAge()，由于泛型都是 String 类型，则方法返回 类型也是 String 类型。第 39 行代码定义方法 getLanguage()，定义 key 的类型为 A 类型，返回 B 类型。getLanguage() 的实现通过 BigData 类定义。创建类 BigData 的对象 language，通过对象调用 getLanguage() 方法，结果返回 java。返回结果的类型与方法 getLanguage() 的返回类型相同。

10.1.4 Scala 的泛型函数

● 视 频

泛型方法

在 Scala 中，类、方法和函数都可以是泛型，前面与 Java 对比介绍了泛型类和泛型特质， 下面将介绍 Scala 的泛型函数，与 Java 中一样，只是泛型在定义时的位置和符号不同，其他 都是相同的。

1. Scala 泛型函数的定义

Scala 泛型函数的使用方式与 Java 中的完全相同。Scala 泛型函数的定义语法如下：

```
def 方法名 [S,T]( 参数列表 ){
  }
```

通过 def 关键字声明方法，泛型定义在方法名之后，通过 [] 的形式定义泛型。泛型可以有多个， 通过逗号分隔。类的泛型可以在整个类中使用，方法的泛型只在参数列表、方法体和方法返回值中有效， 超出范围后不可用。

2. Scala 函数泛型使用

Scala 函数泛型的使用方式分别如下：

第一种方式：方法名 [S,T](参数列表)。这种方式需要指定泛型，参数列表中的类型必须与泛型相 同。如果指定的类型不匹配，则会产生互相矛盾的问题。

第二种方式：方法名 (参数列表)。这种方式不需要指定泛型，通过 Scala 自动推断类型即可。

下面定义一个方法，将一个数组的元素复制到一个 List 集合中。

创建 RunFunction.scala 文件，相关代码如下：

```
1  package Scala10
2  import scala.collection.mutable.ListBuffer
3  object RunFunction {
4    def main(args: Array[String]): Unit = {
5      add(2,"scala")
6      add("java","hadoop")
7      add[String,Int]("flume",3)
8      val c= copy(Array("123","java"),ListBuffer[String]())
9      println(c)
10   }
11   def add[S,T](x:S,y:T): Unit ={
12     println(s"x=$x,type=${x.getClass.getSimpleName},y=$y,type=${y.getClass.getSimpleName}")
13   }
14   def copy[T](arr:Array[T],lb:ListBuffer[T]): ListBuffer[T] ={arr.foreach(x=>lb+=x)
15     lb
16   }
17 }
```

输出结果如图 10-3 所示。

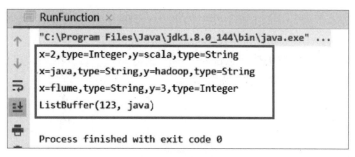

图 10-3　输出结果

第 11 行代码定义了方法 add()，泛型为 [S,T]，参数 x 为 S 类型，y 为 T 类型。第 5 行代码中调用 add() 方法，传递参数 2 和 scala。调用 getClass.getSimpleName 返回 x 和 y 的类型，结果返回 x 的类型为 Interger，y 的类型为 String。如果调用 add() 方法传递两个字符串，则返回的参数类型都是 String。如果在调用 add() 方法时指定泛型，则不可以随意指定类型。第 7 行代码中通过 add[String,Int]("flume",3) 的方式传递了两个不同类型的参数，结果返回值与泛型一致。第 14 行代码定义了一个方法 copy() 指定泛型 T，将数组中的元素通过 foreach() 遍历的方式复制到集合中。

10.1.5　Scala 的泛型通配符

在 Java 中也有通配符的概念，Java 中的通配符使用 ?，有通配符上限和下限用于解决不同的问题。Scala 中的通配符为了解决 Java 中的通配符和原始类型差除的兼容性问题，并没有采用 Java 中通配符的语法。下面主要介绍 Scala 单参数和多参数通配符。

1. Scala 单参数通配符

Scala 单参数通配符的标准定义语法为：

```
def 方法名 ( 类型 [T] forSome {type T}){
}
```

T 表示定义的类型，而 () 中的类型表示 List、Array 等。假设定义一个方法 def a(Array [T] forSome {type T})，方法 a() 可以接受任何类型的参数，比如传递 Array[Int]、Array[String] 等。

Scala 单参数通配符的定义语法的简写形式为：

```
def 方法名 ( 类型 [_]){
}
```

使用通配符 _ 替换了标准形式中的 "类型 [T] forSome {type T}"。

2. Scala 多参数通配符

Scala 多参数通配符的标准定义语法为：

```
def 方法名 ( 类型 [T,U…] forSome {type T:type U:…}){
}
```

传递多个通配符时，type T 与 type U 之间使用分号隔离，每一个通配符都使用 type 修饰。Scala 多参数通配符的简写形式的定义语法为：

```
def 方法名 ( 类型 [_,_...]){
}
```

简写形式中的 [_,_…] 替换 [T,U…] forSome {type T；type U；…} 形式。通常情况下使用简写的形式更方便记忆。

下面举例说明如何在 List 集合中使用通配符。

创建 RunSymbol.scala 文件，相关代码如下：

```
1  package Scala10
2  object RunSymbol {
3    def main(args: Array[String]): Unit = {
4      printAll(List[String]("spark","flink"))
5      printAll(List[Int](2,3))
6      printAllsimple(List[String]("hadoop","hbase"))
7      printMap(Map[String,String]("spark"->"Scala","flink"->"java"))
8      printMap(Map[String,Int]("spark"->2,"flink"->1))
9    }
10   def printAll(list: List[T] forSome {type T}): Unit ={
11     list.foreach(x=>print(s"x=$x,type=${x.getClass.getSimpleName} ,"))
12     println()
13   }
14   def printAllsimple(list: List[_] ): Unit ={
15     list.foreach(x=>print(s"x=$x,type=${x.getClass.getSimpleName} ,"))
16     println()
17   }
18   def printMap(map:Map[_,_])={
19     map.foreach(x=>println(s"key=${x._1},keyType=${x._1.getClass.getSimpleName},
value=${x._2},valueType=${x._2.getClass.getSimpleName}"))
20   }
21 }
```

输出结果如图 10-4 所示。

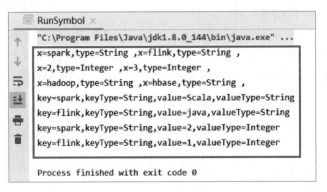

图 10-4　输出结果

第 10 行代码定义了 printAll() 方法，用于打印集合中的元素，在参数列表中定义 (list: List[T] forSome {type T})。第 4 行代码传递了两个参数，通过方法体中调用的 getClass.getSimpleName 方法输出参数类型。第 14 行代码定义了 printAllsimple() 方法，在参数列表中定义了 list: List[_] 类型。传递参数 List[String]("hadoop","hbase")，输出结果类型为 String，与泛型指定一致。第 18 行代码定义了一个 printMap() 方法，参数列表中定义了 map:Map[_,_] 类型。x._1 表示获取 Map 中的第一个元素，x._2 表示获取 Map 中的第二个元素。第 8 行代码传递参数 Map[String,Int]("spark"->2,"flink"->1)，输出 key 和 value 以及元素类型。

10.2   Scala 的泛型界定

本节主要从泛型的界定概念和泛型的四种界定类型介绍有关 Scala 的 4 种界定类型的定义和用法，再结合界定的相关案例加深对这几种界定类型的理解。

10.2.1   Scala 的界定

界定可以理解为限制泛型传递的类型范围。假设在 Scala 中有 5 种类型 A、B、C、D、E，方法 a() 需要传递泛型 T。如果不限制传递的类型范围，那么这 5 种类型都可以传递给 T。当 B 传递给 T 时，T 就是 B 类型；C 传递给 T 时，T 就是 C 类型。当限制 T 的传递范围后，只有符合传递条件，才可以传递类型。Scala 的传递条件，即 Scala 的界定有四种，分别为上下界界定、视图界定、上下文界定和多重界定，下面分别介绍这四种界定。

10.2.2   Scala 的上下界界定

Java 中通配符有上限和下限，实际上，Java 中通配符的上限 (? extends U) 类似于 Scala 中的上界 (T:<U)，下限 (? super U) 类似于下界 (T:>L)。上界 (T:<U) 表示泛型 T 必须是 U 或 U 的子类，例如 def print[T<:Person](List[T]) 表示定义的泛型 T 必须是 Person 类的子类。下界 (T:>L) 表示泛型 T 必须是 L 的父类或 L 类，例如 def print[T:>Person](List[T]) 表示定义的 T 必须是 Person 类的父类或者是 Person 类，比如在 Scala 中 T 可以是 Any 或 AnyRef 等父类。

下面定义一个能比较任意对象大小的方法。

创建 RunCompare.scala 文件，相关代码如下：

```
1  package Scala10
2  object RunCompare {
3    def main(args: Array[String]): Unit = {
4      val r1= compare("1","2")
5      println(s"r1=$r1")
6      val r2 =compareWithInt(4,5)
7      println(s"r2=$r2")
8      val bigperson=  compare(Person("java",30),Person("scala",5))
9      println(s"bigperson=$bigperson")
10   }
11   def compare[T<:Comparable[T]](x:T,y:T): T ={
12     if(x.compareTo(y)>0){
13       x
14     }else{
15       y
16     }
17   }
18 }
19 case class Person(var name:String ,var age:Int) extends Comparable[Person]{
20   override def compareTo(o: Person): Int ={
21     if (this.age>o.age) 1
22     else if(this.age==o.age) 0
23     else -1
24   }
25 }
```

视 频
泛型上下界

输出结果如图 10-5 所示。

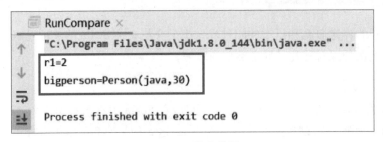

图 10-5　输出结果

第 11 行代码定义了一个 compare() 方法，然后定义泛型的上界 [T<:Comparable[T]]，调用 compareTo() 方法。如果只定义 [T]，那么不一定会实现调用 compareTo() 方法，因为 Scala 并不能确定 T 的类型。在 if 语句中调用 compareTo() 方法判断 x 和 y 的大小。第 4 行代码传递的两个字符串参数 1 和 2，结果返回值为 2。如果传递的是整型数值，则会出现错误提示整型没有 Comparable 子类的对象，传递的类型不匹配。第 19 行代码定义了一个 case 类 Person 继承 Comparable[Person]，在类中需要重写 compareTo() 方法。根据 age 判断大小，返回整型。第 8 行代码传递参数 Person("java",30) 和 Person("scala",5)，结果返回 Person("java",30)。

10.2.3　Scala 的视图界定

视 频

视图界定

Scala 的视图界定 T<%V 中的 T 必须是 V 的子类，T 也可以转换成中间类型。如果中间类型是 V 的子类也可以进行视图界定。假设定义了一个 Person 类有两个子类 Student 和 Teacher，定义一个方法 def a[T<%Person]，那么 T 可以传递 Person 类的子类 Student 和 Teacher。如果有一些隐式转换可以把某一个类 A 转换成 Person 类，那么 A 也可以进行传递。

下面举例说明修改上下文界定比较任意对象大小的方法，使其接受整型比较。

创建 RunCompare.scala 文件，相关代码如下：

```
1  package Scala10
2  object RunCompare {
3    def main(args: Array[String]): Unit = {
4      val r2 =compareWithInt(4,5)
5      println(s"r2=$r2")
6    }
7    def compareWithInt[T<%Comparable[T]](x:T,y:T): T ={
8      if(x.compareTo(y)>0){
9        x
10     }else{
11       y
12     }
13   }
14 }
```

输出结果如图 10-6 所示。

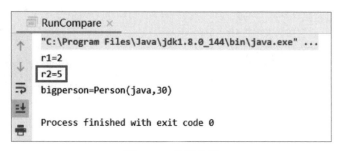

图 10-6　输出结果

第 7 行代码定义了一个视图界定 [T<%Comparable[T]]，T 可以是子类也可以是子类的包装类。这里整型的隐式转换不需要手动完成，由 Scala 自动完成从整型到父整型的隐式转换。由于父整型可以实现 Comparable 接口，所以这里只需要定义视图界定即可。在 compareWithInt() 方法中调用 compareTo() 方法，通过 compareWithInt(4,5) 传递参数 4 和 5，比较这两个整型数值的大小，结果返回 5。这里的原理就是把整型转换为父整型，然后传递父整型作为 T 的泛型。

10.2.4　Scala 的上下文界定和多重界定

下面介绍上下文界定和多重界定。多重界定综合了上下界界定、视图界定和上下文界定，是对界定的进一步补充说明。

1. Scala 的上下文界定

Scala 的上下文界定与前面介绍的视图界定的作用相似，视图界定通过隐式转换实现，上下文界定通过隐式值实现。上下文界定 T:M 表示在作用域范围内存在 M[T] 的隐式值。

2. Scala 的多重界定

Scala 的多重界定是对界定关系的一种补充，需要同时满足多个界定条件。Scala 的多重界定分为以下几种：

- T<%V1[T] <%V2[T]。<% 是视图界定的表示符号，这种是多个视图界定的多重界定。T 可以同时隐式转换为 V1[T] 和 V2[T]。
- T:M:U。: 是上下文界定的表示符号,这种是多重上下文界定,要求同时存在两个隐式值，即 M[T] 和 U[T]。
- T>:L<:U。>: 和 <: 是上下界定的表示符号，表示变量 T 同时有上界界定和下界界定。
- [T<:A with B]。<: 是上界界定，表示 T 同时是 A 和 B 的子类。
- [T>:A with B]。>: 是下界界定，表示 T 同时是 A 和 B 的父类或超类。

视 频
多重界定

下面举例说明 Scala 的上下文界定和多重界定的使用。

（1）使用外部比较器比较任意对象大小。

（2）演示多重视图和多重上下文界定。

创建 RunExternalCom.scala 文件，相关代码如下：

```
1  package Scala10
2  object RunExternalCom {
3    def main(args: Array[String]): Unit = {
4      implicit val po=new pOdering
5      val p= new Pair[Person](Person(2),Person(10))
6      println(p.com(new pOdering ))
```

```
 7        println(p.com)
 8      }
 9      implicit val po=new pOdering
10      class Pair[T:Ordering](val x:T,val y:T){
11        def com(implicit ord:Ordering[T]) ={
12          if(ord.compare(x,y)>0){
13            x
14          }else{
15            y
16          }
17        }
18      }
19      case class Person(val age:Int){
20        println(s"age====$age")
21      }
22      class pOdering extends Ordering[Person]{
23        override def compare(x: Person, y: Person): Int = {
24          if(x.age>y.age) 1
25          else -1
26        }
27      }
28    }
```

创建 RunMulti.scala 文件，相关代码如下：

```
 1    package Scala10
 2    object RunMulti extends App {
 3      class A[T]
 4      class B[T]
 5      implicit val a=new A[String]
 6      implicit val b=new B[String]
 7      def test1[T:A:B](x:T)={
 8        println(x)
 9      }
10      test1("test1")
11      implicit def  tToA[T] (x:T)=new A[T]
12      implicit def  tToB[T] (x:T)=new B[T]
13      def test2[T <% A[T]<% B[T]](x:T)={
14        println(x)
15      }
16      test2("test2")
17    }
```

使用外部比较器比较大小的输出结果，如图 10-7 所示。

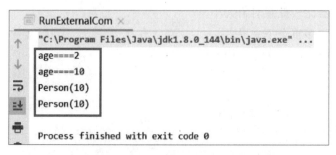

图 10-7　使用外部比较器比较大小的输出结果

在 RunExternalCom.scala 文件中定义外部比较器来比较大小。第 10 行代码指定类 Pair 的泛型为 [T:Ordering]，类中定义方法 com() 用于比较 x 和 y 的大小。在参数列表中使用关键字 implicit 修饰 ord:Ordering[T]。第 19 行代码定义了一个 case 类 Person，用于输出 age。使用比较功能需要调用 com() 方法，Ordering 相当于一个外部比较器。第 22 行代码定义了一个 Ordering 的实现类 pOdering，重写方法 compare() 以达到实现比较参数大小的功能。pOdering 继承自 Ordering[Person]，传递了泛型 Person 类。compare() 方法的参数列表中 x 和 y 都是 Person 类型。通过 if 语句判断 x.age 和 y.age 的大小。第 5 行代码传递了两个参数 Person(2) 和 Person(10)，通过 p 对象调用 com(new pOdering)，() 中传递了 pOdering 的对象，结果返回值为 Person(10)。如果通过在不传递参数的情况下调用 p.com，则需要在类 Pair 中定义泛型 [T:Ordering]。第 4 行代码定义了一个 pOdering 类的隐式对象 po，如果隐式值定义在作用域之外，则不起作用。使用这种定义要求必须存在 Ordering[T] 类型的隐式值，通过这种定义在不传递参数的情况下，即对象 p 直接调用 com，会通过隐式值调用方法。

多重界定输出结果如图 10-8 所示。

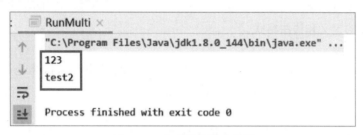

图 10-8　多重界定输出结果

在 RunMulti.scala 文件中定义多重界定。第 7 行代码中定义方法 test1()，传递泛型 [T:A:B]，这种方式需要定义两个类 A[T] 和 B[T]。在调用 test1() 方法时必须通过隐式参数传递值，第 5 行和第 6 行代码中分别定义两个隐式值 a 和 b，传递的泛型为 String 类型。第 13 行代码定义方法 test2()，定义多重泛型 [T <% A[T]<% B[T]]，传递参数 x。第 11 行代码定义了一个隐式转换方法 tToA()，将参数转换为 A 类型 A[T]。第 12 行代码定义了一个转换为 B 类型的方法 tToB()，并传递泛型 T。多重界定要求必须同时符合界定条件，必须有两个隐式转换的方法 tToA[T] 和 tToB[T]。

10.3　Scala 的型变

Java 中的 List 可以存入 List<object> 泛型，也可以存入 List<String> 泛型。虽然 String 是 Object 的子类，但是 List<String> 泛型类型并不是 List<object> 泛型类型的子类，不可以将 List<String> 类型的值赋值给 List<object>。如果 Java 支持这种赋值，会引起类型安全问题，所以 Java 中不支持这种语法。在 Scala 中，对 Java 的这种型变做了一些改进，比 Java 更灵活。

10.3.1　Scala 的型变概念

Scala 的型变类型有三种，分别是不变、协变和逆变。不变就是指 List<String> 类型不可以赋值给 List<object>。协变支持这种赋值，子类可以赋值给父类的泛型，例如 List<object>=List<String>。逆变与协变正好相反，支持父类赋值给子类的泛型，例如 List<String>=List<object>。

视　频

Scala 型变概念

10.3.2　Scala 的不变

不变是 Scala 型变类型中的默认类型，本节主要介绍 Scala 的不变定义和语法，这一点与 Java 中的相关知识相同。Scala 中的不变是一种正常的泛型约束，如果泛型类型不存在继承关系，则不可以进行赋值操作。

1. Scala 的不变定义

Scala 的不变定义：当类型 S 是类型 T 的子类型时，则 A[S] 与 A[T] 不存在子类关系。由于 A[S] 与 A[T] 不存在子类关系，所以 A[S] 不可以赋值给 A[T]。

2. Scala 的不变语法

Scala 的不变语法为 A[T]，这种定义形式是默认的泛型。与 Java 中的语法相同，Java 中的语法相当于 Scala 型变中的一种，Java 中默认定义的泛型为 List<T>。

10.3.3　Scala 的协变

协变中的子类对象可以赋值给父类，发生了类似于 Java 中的上转型，即把类型参数转换成参数的父类。下面介绍协变的定义和语法格式。

1. Scala 的协变定义

Scala 的协变定义：当类型 S 是类型 T 的子类型时，则 A[S] 也可以认为是 A[T] 的子类型。也就是被参数化类型的泛化方向与参数类型的方向是一致的。

2. Scala 的协变语法

Scala 的协变语法为 A[+T]，协变的定义语法比不变多了一个 +。如果泛型的类型有继承关系，那么泛型对应的类型也有继承关系，A[S] 可以赋值给 A[T]。对于某些类 class List[+A]，使 A 成为协变对于两种类型 A 和 B 来说，如果 A 是 B 的子类型，那么 List[A] 就是 List[B] 的子类型。这允许用户使用泛型来创建非常有用和直观的子类型关系。

10.3.4　Scala 的逆变

逆变是相对于协变而言的，泛型约束是 [-T]，与上面介绍的协变相反，就是把类型参数转换成参数的子类。下面介绍逆变的定义和语法格式。

1. Scala 的逆变定义

Scala 的逆变定义：当类型 S 是类型 T 的子类型时，则 A[T] 可以认为是 A[S] 的子类型。也就是被参数化类型的泛化方向与参数类型的方向是相反的。

2. Scala 的逆变语法

Scala 的逆变语法为 A[-T]，与协变的定义相反，[] 中是一个减号。泛型之间存在子父类关系，A[T] 可以赋值给 A[S]。对于某个类 class W [-A]，使 A 逆变对于两种类型 A 和 B 来说，如果 A 是 B 的子类型，那么 W[B] 是 W[A] 的子类型。

视频

型变示例

下面举例说明 Scala 的不变性、逆变和协变的使用。

（1）自定义 Container 演示不变性。

（2）自定义 Printer 演示逆变。

（3）利用集合演示协变。

创建 RunTypeVarible.scala 文件，相关代码如下：

```
1  package Scala10
2  import Scala10.RunTypeVarible.Person10
3  object RunTypeVarible extends App{
4  //1
5    class Container[T](value:T){
6      private var _value=value
7      def getValue()={
8        _value
9      }
10     def setValue(value:T): Unit ={
11       _value=value
12     }
13   }
14   abstract class Person10{
15     def name:String
16   }
17   case class Student10(name:String) extends Person10
18   case class Teacher10(name:String) extends Person10
19   val s1:Person10=new Student10("s101")
20   val s2:Container[Student10]=new Container[Student10](Student10("stu02"))
21   //val c2:Container[Person10]=s2
22   //2
23   def printAll(persons:List[Person10]): Unit ={
24     persons.foreach(person=>println(person.name))
25   }
26   val students=List[Student10](Student10("stu05"),Student10("Stu06"))
27   val teachers=List[Teacher10](Teacher10("tea05"),Teacher10("tea06"))
28   println(students)
29   println(teachers)
30   printAll(students)
31   printAll(teachers)
32   //3
33   abstract class Printer[-T]{
34     def printName(value :T)
35   }
36   class PersonPrinter extends Printer[Person10]{
37     override def printName(value: Person10): Unit = {
38       println(s"person name is ${value.name}")
39     }
40   }
41   class StudentPrinter extends Printer[Student10]{
42     override def printName(value: Student10): Unit = {
43       println(s"student name is ${value.name}")
44     }
45   }
46   def printStudent(value:Printer[Student10]): Unit ={
47     value.printName(Student10("studentprinter"))
48   }
49   val stuprinter=new StudentPrinter
50   val perprinter=new PersonPrinter
51   printStudent(stuprinter)
52   printStudent(perprinter)
53 }
```

输出结果如图 10-9 所示。

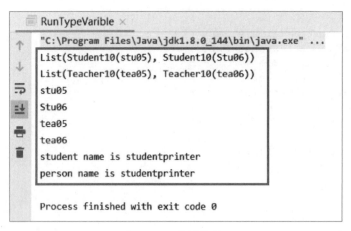

图 10-9　输出结果

定义一个类的不变需要使用泛型，第 5 行代码定义了类 Container[T]，变量 value 也是 T 类型。在类中定义了一个私有的属性 _value，类中的 getValue() 方法用于获取 _value，返回泛型 T；在 setValue() 方法中，将 value 赋值给 _value。第 14 行代码定义了一个抽象类 Person10，在类中定义了一个抽象方法 name。分别定义两个 case 类 Student10 和 Teacher10 继承 Person10。第 19 行代码中将 Student10 类的对象赋值给 Person10 类型，因为子类可以赋值给父类。但是由于泛型之间没有子类关系，所以 Student10 的泛型不可以赋值给父类 Person10 的泛型。

第 23 行代码定义方法 printAll() 用于打印集合中的所有元素。第 26 行代码定义泛型 List[Student10]，传递参数 Student10("stu05"),Student10("Stu06") 并赋值给 students。同理，第 27 行代码中定义泛型 List[Teacher10]，通过 List 集合传递两个参数 Teacher10("tea05"),Teacher10("tea06") 并赋值给 teachers。在 Java 中子父类的集合没有关系，Scala 中集合可以直接赋值。

第 33 行代码定义抽象类 Printer 并定义逆变泛型 [-T]，在类中定义抽象方法 printName()，参数 value 为泛型 T。第 36 行代码定义 PersonPrinter 继承 Printer[Person10]，传递的泛型为 Person10，在类中实现 printName() 方法，用于输出 name。第 41 行代码定义 StudentPrinter 继承 Printer[Student10]，传递的泛型为 Student10，重写 printName() 方法时，传递的 value 的泛型也是 Student10。第 46 行代码定义 printStudent() 方法用于将父类的泛型传递给子类，方法参数的类型为 Printer[Student10]。定义 StudentPrinter 的对象 stuprinter，调用 printStudent(stuprinter)，结果输出 student name is studentprinter。定义 PersonPrinter 的对象 perprinter，调用 printStudent(perprinter)，结果输出 person name is studentprinter。通过协变把父类的类型 [Person10] 泛型赋值给了子类的泛型 [Student10]。Student10 类是 Person10 类的子类，但是变成泛型后，Printer[Person10] 是 Printer[Student10] 的子类，即可以把 Printer[Person10] 赋值给 Printer[Student10]。由于 printStudent() 方法只接受 Printer[Student10] 类型，perprinter 相当于是父类的泛型变成了子类。

● 视频

10.3.5　Scala 的型变注意事项

Scala 的型变中协变和逆变应该注意的事项，这里涉及两个概念，即协变点和逆变点。逆变点就是指泛型参数在方法的参数位置，协变点指泛型参数在返回值的位置。

Scala 的协变注意事项：如果 T 是协变，则不能直接在成员方法参数中使用，定义形式为：

逆变点

```
class P [+A]{ def 方法 [A](x:A){} }
```

假设定义一个类 A，泛型 T 是协变类型，当在类中定义方法时，泛型 T 不可以用在方法参数中。这种操作会使逆变参数在协变的位置上，违背了面向对象中的里氏替换原则。

有两种方式可以解决这种问题，分别如下：

第一种方式：通过逆变方式。

第二种方式：`class P [+A]{ def 方法 [R>:A](x:R){} }`。

使用协变的方式，使方法只接受 A 或 A 的父类，只能使用父类作为参数。

小 结

通过对 Java 泛型的重点概念介绍，帮助读者更好地理解和学习 Scala 的泛型。着重介绍了 Scala 泛型上的新特性，如变量界定、视图界定和上下文界定等。通过与 Java 的对比学习，如协变和逆变等新特性，使读者了解了 Scala 参数类型解决了 Java 的哪些不足。然后在各个概念的基础上，通过操作实际代码，帮助读者加深对 Scala 类型参数的理解。

视频 ●·····
总结

习 题

一、简答题

1. 为什么 RichInt 实现的是 Comparable[Int] 而不是 Comparable[RichInt]？

2. 查看 Iterable[+A] 特质。哪些方法使用了类型参数 A ？为什么在这些方法中类型参数位于协变点？

二、编程题

1. 定义一个不可变类 Pair[T,S]，带一个 swap 方法，返回组件交换过位置的新对偶。

2. 定义一个可变类 Pair[T]，带一个 swap 方法，交换对偶中组件的位置。

3. 给定可变类 Pair[S, T]，使用类型约束定义一个 swap 方法，当类型参数相同时可以被调用。

附 录

练 一 练答案

第1章

1．请指出以下哪些选项是合法的标识符。若判断为不合法的标识符，请给出原因。

A．age   B．abc#@   C．salary   D．a b   E．name_+

F．_value   G．_1_value   H．$salary   I．yield   J．123abc

K．def   L．implicit   M．For   N．-salary

答案：合法的标识符选项是 A、C、E、F、G、H、M。选项 B 中包括一些其他符号 #、@，所以不合法；选项 D 中 a 和 b 之间有一个空格，所以不合法；选项 I、K、L 都是 Scala 的关键字，所以不合法；选项 J 以数字开头，所以不合法；N 中的 - 不是下画线，所以不合法。

2．判断以下语句是否为合法的语句。

```
val s = hello" println(s)
```

答案：以上语句不合法。定义了一个 s 字符串并打印这个字符串。首先缺了一个双引号，第二点，之前强调过，对于两个表达式，这里定义变量是一个表达式，打印语句又是一个表达式，如果两个表达式在同一行，Scala 是不会自动推断分号的，也就是说要求必须强制加上这个分号。以上不合法语句的正确写法应该为：

```
val s = "hello"; println(s)
```

3．如果 x=2，y=3，根据以下代码段分别求 z 的值。

A．z=x*   B．z=x   C．z=(x

   y   *y   *y）

答案：A．z=6；B．z=2；C．z=6

4．以下哪些是合法的语句。若判断为不合法的语句，请给出原因。

A．val a=10   B．var b:String=100

C．val s= "hello";   D．var age=10;

     s=" 您好 "   age=20

答案：选项 A、D 是合法的语句。选项 A 中声明变量 a 时只是赋值而没有声明变量类型，但由于 Scala 中声明变量时可以不指定类型，因此是正确的，Scala 会自动根据所赋的值 10 推断出变量类型为整型；选项 B 中声明变量 b 的类型为字符串型，可是为变量赋的值却是整型，即声明变量时指定的数据类型与所赋变量值的数据类型不匹配，所以是不合法的；选项 C 中使用了 val 来声明变量，但是使用 val 声明的变量只能访问不可修改，而这里刚开始为 s 所赋的值为 "hello"，后面又修改成 " 您好 "，所以是不合法的；选项 D 中使用了 var 来声明变量，而使用 var 声明的变量既可以访问也可以修改，所以这里刚开始为变量 age 所赋值为 10，之后修改为 20 是可以的。

5．以下代码中标注的①、②、③哪个是合法的语句。

```
class Person {
  val name="Scala"
  val sex="wo"
  var age=20
}
val person=  new Person
  person. name="scala"        // ①
  person. age=30              // ②
  person=  new Person         // ③
```

答案：①错误，Person 类里的 name 属性是用 val 定义的，所以其属性值不可更改；②正确，Person 类里的 age 属性是用 var 定义的，所以可以被重新赋值；③错误，变量 person 是用 val 定义的，所以不能再给它赋一个新值。

第 2 章

1．判断以下哪些语句是合法的语句。

    A．val a\u0042\u0046=10

    B．val octonray=038

    C．val binary=0B10101010

    D．val a:Short=123

    E．val a:Short=32768

答案：

选项 A 是合法的，因为 Unicode 编码可以出现在 Scala 解释器的任意位置。

选项 B、C 是不合法的，因为 Scala 不支持以 0 开头的字面量。

选项 D 是合法的，这里是将 123 赋给变量 a 并指定变量的数据类型为 Short，如果不指定数据类型的话，Scala 会自动推断数据类型为整型。该项语句在 Scala 解释器中运行的效果如下图所示。

```
scala> val a:Short=123
a: Short = 123
```

选项 E 是不合法的，执行后会报类型不匹配的错误，提示 32768 是一个整型值，而定义变量时指定的数值类型却是 Short 型的，如下图所示。

```
scala> val a:Short=32768
<console>:11: error: type mismatch;
found    : Int(32768)
required: Short
      val a:Short=32768
```

那么 Scala 为什么会将赋给 Short 型变量的值 32768 推断成整型值呢？在 Scala 的解释器中输入 Short.MaxValue 并按【Enter】键，可以看到 Short 型数值的最大值是 32767，如下图所示，而赋给变量的值 32768 大于 Short 型数值的最大值，所以 Scala 会转而自行推断 32768 为整型值。

```
scala> Short.MaxValue
res8: Short = 32767
```

2．提取字符串"123456"的偶数部分，返回一个新字符串。

答案：

（1）在 Scala 解释器中输入 val num="123456" 并按【Enter】键，定义一个字符串变量，如下图所示。

```
scala> val num="123456"
num: String = 123456
```

（2）使用 for 循环进行遍历，并在 for 循环后面紧跟一个 if 语句对字符串进行过滤，使其仅保留偶数部分，然后用 yield 语句进行返回，最后将返回值赋给一个变量。在 Scala 解释器中输入 val s=for(i<-num if(i%2==0)) yield i 并按【Enter】键，可以看到变量值为 246，也就是成功返回了字符串"123456"的偶数部分，如下图所示。

```
scala> val s=for(i<-num if(i%2==0))yield i
s: String = 246
```

💡**注意：**步骤（2）中 for 循环 +if 语句 +yield 的烦琐实现其实可以直接使用高阶函数 filter 完成（这个后面讲到高阶函数时会详细讲解），所以在整个编程过程中能使用高阶函数的地方尽量使用高阶函数完成，这样会非常方便，同时这也充分体现出了 Scala 面向函数式编程的特性。

3．判断身份证号是否是北京市身份证。

答案：

（1）在 Scala 解释器中输入 val iden="110111193212343444" 并按【Enter】键，定义一个字符串变量，如下图所示。

```
scala> val iden="110111193212343444"
iden: String = 110111193212343444
```

（2）用 startsWith 方法判断字符串是否以指定的前缀开头，并把判断的结果赋给一个变量。在 Scala 解释器中输入 val a=iden.startsWith=("110111") 并按【Enter】键，可以看到返回的结果为布尔值 true，如下图所示，这说明 iden 字符串变量确实是以"110111"开头的。

```
scala> val a=iden.startsWith("110111")
a: Boolean = true
```

（3）用上一步同样的方法判断字符串是否以"110114"开头。在 Scala 解释器中输入 val a=iden.startsWith=("110114") 并按【Enter】键，可以看到返回的结果为布尔值 false，如下图所示，这说明 iden 字符串变量不是以"110114"开头的。

```
scala> val a=iden.startsWith("110114")
a: Boolean = false
```

所以这一题只需要按照上面介绍的方法对字符串变量的值进行判断即可，若结果为 true，就打印"北京"；若结果为 false，则打印"非北京"。

4．将字符串 "123456" 变成 "234567"。

答案：

（1）在 Scala 解释器中输入 val num1="123456" 并按【Enter】键，定义一个字符串变量，如下图所示。

```
scala> val num1="123456"
num1: String = 123456
```

（2）对字符串变量调用 map 方法，并将返回值赋给一个变量。由于是将字符串 "123456" 变成 "234567"，也就是对字符串 "123456" 中的每一个字符都 +1 即可，因此直接将 map 中作为参数的函数的方法体写为函数的输入 +1，即 x+1，看看能否得到正确结果。在 Scala 解释器中输入 val str=num1.map=(x=>x+1) 并按【Enter】键，发现返回的结果并非是预期中的 "234567"，而是 "505152535455"，如下图所示。造成这一结果的原因是使用 map 进行遍历时，传给 x 的是字符串中的每一个字符，这样 x+1 操作的实质是把每个字符对应的编码值 +1 后传给 x。例如，字符 1 对应的编码值是 49，+1 操作后就是把 50 传给 x，这样自然得不到预期的结果。

```
scala> val str=num1.map(x=>x+1)
str: scala.collection.immutable.IndexedSeq[Int] = Vector(50, 51, 52, 53, 54, 55)
```

（3）为了避免重蹈上一步的覆辙，在作为 map 参数的函数体中先将字符转成字符串，再将字符串转成整型，最后才进行 +1 操作。在 Scala 解释器中输入 val str=num1.map=(x=>x.toString().toInt+1) 并按【Enter】键，可以看到这次返回了预期的结果 "234567"，如下图所示。

```
scala> val str=num1.map(x=>x.toString().toInt+1)
str: scala.collection.immutable.IndexedSeq[Int] = Vector(2, 3, 4, 5, 6, 7)
```

> 💡**注意**：课堂练习中的三个例子在实现时也可以使用其他两种方法来完成，只是在当前题目的场景下选择了最方便和最合适的一种进行了讲解，感兴趣的读者可以自行尝试用其他两种方法完成同样的效果。

5．完成如下各项中的位运算。

A．5&9   B．5|9   C．5^9

D．~(–5)   E．5<<2 和 –5<< 2   F．–5>>2 和 –5>>>2

答案：

5 的原码是 0000……0101，9 的原码是 0000……1001。对于正数来说，补码 = 原码 = 反码；对于负数来说，原码 = 对反码除符号位外的其他位取反，而补码 = 反码 +1。

选项 A 中求 5&9，就是对 5 和 9 两个整数的每一个二进制位进行与运算，所以操作的结果是 0000……0001，即整数 1。

选项 B 中求 5|9，就是对 5 和 9 两个整数的每一个二进制位进行或运算，所以操作的结果是 0000……1101，即整数 13。

选项 C 中求 5^9，就是对 5 和 9 两个整数的每一个二进制位进行异或运算，所以操作的结果是 0000……1100，即整数 12。

选项 D 中求 ~(–5)，就是对 –5 这个整数的每一个二进制位进行取反操作，由于这里是负数，原码不等于补码，所以需要根据 –5 的原码求相应的补码。根据 –5 的原码 1000……0101，可求得它的反码是 1111……1010，而补码 = 反码 +1，故 –5 的补码是 1111……1011。所以对 1111……1011 按位取反的结果是 0000……0100，即整数 4。

选项 E 中求 5<<2 和 –5<<2，也就是分别对整数 5 和 –5 左移两位。首先是对整数 5 左移两位，5 的补码是 0000……0101，左移两位后就是 000……10100，即整数 20；然后是对整数 –5 左移两位，–5 的补码是 1111……1011，左移两位后补码是 11……101100，由于最终需要的是原码，所以还需要把 11……101100 转换成原码，先对补码 –1 求得反码为 11……101011，再对除符号位的其他位取反求得原码为 10……010100，即整数 –20。

选项 F 中求 –5>>2 和 –5>>>2，也就是对整数 –5 分别右移两位和无符号右移两位。首先是对整数 –5 右移两位，–5 的补码是 1111……1011，右移两位后的补码是 1111……1110，由于最终需要的是原码，所以还需要把 1111……1110 转换成原码，先对补码 –1 求得反码为 1111……1101，再对除符号位的其他位取反求得原码为 1000……0010，即整数 –2；然后是对整数 –5 无符号右移两位，–5 的补码是 1111……1011，无符号右移两位后就是 0011……1110，即整数 1073741822（$2^{30}-2$）。

6．根据前面所学的知识判断下列各项表达式的返回值。

A．5==5.0   B．97=='a'   C．5>3&&'6'>10

D．4>=5||'C'>'a'   E．4>=5^'c'>'a'

答案：

选项 A 表达式中的 == 用于判断运算符两边的数值是否相等，显然 5 和 5.0 是相等的，所以选项 A 的返回值是 true。

选项 B 表达式中的 'a' 在与数值一起进行运算或比较时，会转换成对应的 Unicode 编码值 97，所以选项 B 的返回值是 true。

选项 C 的表达式属于一个混合运算，里面包含逻辑运算和关系运算。因为关系运算的优先级大于逻辑运算，所以这里先对 5>3 和 '6'>10 进行判断，最后再进行与运算。5>3 显然返回的是 1；对于 '6'>10，由于 '6' 对应的 Unicode 编码值是 54，所以 54>10 返回的也是 1。1&&1 的结果也是 1，故选项 C 的返回值是 true。

选项 D 的表达式属于一个混合运算，里面包含逻辑运算和关系运算。因为关系运算的优先级大于逻辑运算，所以这里先对 4>=5 和 'C'>'a' 进行判断，最后再进行或运算。4>=5 显然返回的是 0；对于 'C'>'a'，由于 'C' 对应的 Unicode 编码值是 67，'a' 对应的 Unicode 编码值是 97，所以 67>97 返回的也是 0。0||0 的结果是 0，故选项 D 的返回值是 false。

选项 E 的表达式属于一个混合运算，里面包含逻辑运算和关系运算。因为关系运算的优先级大于逻辑运算，所以这里先对 4>=5 和 'c'>'a' 进行判断，最后再进行异或运算。4>=5 显然返回的是 0；对于 'c'>'a'，由于 'c' 对应的 Unicode 编码值是 99，'a' 对应的 Unicode 编码值是 97，所以 99>97 返回的是 1。0^1 的结果是 1，故选项 E 的返回值是 true。